BASSIN HOUILLER DE LA LOIRE

MINISTÈRE DES TRAVAUX PUBLICS

ÉTUDES

DES

GITES MINÉRAUX

DE LA FRANCE

PUBLIÉES SOUS LES AUSPICES DE M. LE MINISTRE DES TRAVAUX PUBLICS
PAR LE SERVICE DES TOPOGRAPHIES SOUTERRAINES

BASSIN HOUILLER DE LA LOIRE

PAR

L. GRÜNER

Inspecteur général des Mines

PREMIÈRE PARTIE

DESCRIPTION GÉNÉRALE DU BASSIN

TEXTE

PARIS

IMPRIMERIE DE A. QUANTIN
7, RUE SAINT-BENOIT

1882

AVANT-PROPOS

La description géologique du département de la Loire parut en 1857. En préparant ce travail, mon attention se porta naturellement aussi sur le terrain houiller ; mais je reconnus bientôt que je ne pouvais insérer, dans le volume relatif au département entier, la description proprement dite du bassin carbonifère, sans écourter cette étude spéciale.

Je me bornai donc à mentionner brièvement la formation houillère dans l'avant-propos du volume, consacré à la géologie générale du département, et j'annonçai en même temps que le terrain houiller ferait l'objet d'une publication détaillée, tout à fait distincte. C'est cette étude que je publie aujourd'hui.

A la vérité, je ne pensais pas, en 1857, que ce second volume ne paraîtrait qu'après un laps de temps de vingt-quatre années ! Ce long retard, je dois bien le dire, ne saurait m'être imputé. Le travail était prêt dès 1860, et fut de nouveau complété en 1867. Malheureusement, aux deux époques, l'administration ne put disposer des fonds nécessaires pour la publication du volume en question. Je dus attendre des temps plus propices. Enfin on m'avertit, peu avant 1879, que mon étude pourrait être imprimée. Mais il fallut alors la refondre et la remettre à jour, car de 1867 à 1879 les travaux souterrains avaient marché; plusieurs questions, douteuses en 1867, avaient pu être résolues depuis lors. Je me remis donc à l'œuvre, désirant que le texte et les cartes fussent, autant que possible, l'image vraie de l'état actuel des choses.

Cela dit, il ne sera pas inutile de donner quelques détails sur la façon dont les éléments de cette étude ont été rassemblés et mis en œuvre.

Une première description du bassin houiller de la Loire parut, en 1813, sous la direction de M. Beaunier, alors ingénieur en chef des mines à Saint-Étienne. A cette époque, à cause du faible développement des travaux souterrains, il était impossible de fixer les rapports vrais des diverses parties du dépôt houiller. On se contenta de décrire isolément les districts sans se préoccuper de leur âge relatif, et d'en publier une carte réduite portant le tracé des affleurements connus.

A la brochure imprimée correspondait cependant un important manuscrit, déposé au bureau des mines de Saint-Etienne. Il se composait d'un atlas complet du bassin, de vingt à vingt-cinq feuilles, dressé à l'échelle de 1 à 5000, cartes sur lesquelles on avait figuré les puits et les fendues, ainsi que les affleurements et les plus importantes galeries souterraines; à cet atlas étaient joints plusieurs registres de nivellement, donnant les cotes de niveau des points remarquables du bassin, tous rapportés au niveau du Rhône à Givors, dont l'altitude absolue, au-dessus de la Méditerranée, avait été fixée par des observations barométriques.

Ces premiers documents facilitèrent mes études et leur servirent de base. Les nivellements et les cartes au cinq millième me furent surtout d'une grande utilité. Sur les plans anciens, mis à jour, je représentai les couches principales du bassin par des courbes de niveau, tracées de dix en dix mètres et rapportées au mur des couches, système que Chatélus venait d'adopter pour le district spécial de Rive-de-Gier.

Ce premier travail m'occupa de 1840 à 1845; je traçai moi-même les courbes de niveau sur les plans minutes des mines, dressés à l'échelle de 1/1000, et les reportai ensuite sur les cartes réduites au cinq millième. Ce n'était pas d'ailleurs un simple travail de bureau, car les plans minutes étaient à cette époque souvent incomplets et mal tenus ; je les vérifiai sur les lieux et visitai les mines, pour observer moi-même l'allure des couches et tous les détails des nombreux accidents qui affectent leur régularité. Les ingénieurs ou contremaîtres, chargés de la direction des travaux, me prévenaient dès qu'un fait insolite se présentait dans leurs mines. Je pus ainsi suivre pas à pas, pendant dix ans, les travaux souterrains du bassin de la Loire, et en noter toutes les particularités.

C'est à la suite de cette première étude que je publiai, en 1847, une carte résumée du bassin avec texte explicatif à l'appui. Je cherchai à prouver, dans ce mémoire, que le bassin était formé de quatre étages à couches de houille, et de cinq étages stériles, parmi lesquels trois spécialement remarquables : la brèche de la base, un puissant poudingue entre Rive-de-Gier et Saint-Étienne, et un dernier poudingue quartzo-ferrugineux, au sommet du quatrième étage houiller.

Depuis lors, quoique d'une façon moins directe, à cause de mon séjour à Poitiers de 1848 à 1852 et de ma nomination à l'École des mines de Paris en 1858, je continuai à me tenir au courant de la marche des travaux ; et deux fois, comme je l'ai dit, je remis mes plans et coupes à jour, après de nouveaux séjours plus ou moins prolongés à Saint-Étienne. Pour ces revisions je réclamai, bien entendu, le concours bienveillant et toujours empressé des nombreux ingénieurs du pays, qui, je dois le dire, ne m'a jamais fait défaut, et auxquels je tiens à témoigner ici ma vive reconnaissance. Je ne puis les nommer tous, mais je tiens au moins à citer parmi eux MM. Locard, Devillaine, Luyton, Evrard, Villiers, Chanselle, Mirc, Pinel, etc.

Enfin, lorsqu'en 1879 l'administration m'annonça que mes études pourraient être publiées, je dus encore me remettre à l'œuvre une dernière fois, mais alors ma santé et mon âge ne me permirent plus de visiter les travaux souterrains.

Pour compléter et corriger mes plans et coupes de 1867, je dus réclamer le concours de forces plus jeunes. Je m'adressai à deux ingénieurs zélés et consciencieux, connaissant bien le bassin de la Loire, à M. Henry (Adolphe) pour Rive-de-Gier, et à M. Grand'Eury, le savant auteur de la flore carbonifère de la Loire, pour Saint-Étienne. Les nommer, c'est dire que, sous leur surveillance, les corrections ont été faites avec le plus grand soin et la plus entière compétence. M. Grand'Eury surtout a consacré à ce travail de revision un temps considérable. Je le prie de recevoir ici publiquement, ainsi que M. Henry, mes remerciements les plus chaleureux et les plus sincères. Sans leur aide, il m'eût été impossible de remettre au courant, une dernière fois, la partie graphique de mon étude.

Quelques mots maintenant sur les diverses parties dont se compose le travail.

Il comprend un volume de texte, en deux parties, et un atlas de vingt-huit planches, dont deux doubles.

L'une des planches doubles représente en plan l'ensemble du bassin, à l'échelle de 1/40,000, avec neuf coupes transversales et une longue coupe de direction, partant des limites ouest du bassin, entre Saint-Victor-sur-Loire et Roche-la-Morlière, et aboutissant à la combe d'Allier, près de Saint-Romain, située à mi-chemin entre Rive-de-Gier et Givors. Dans toutes les coupes, l'échelle des hauteurs est la même que celle des distances horizontales.

Des teintes variées permettent de distinguer les principaux étages dans le plan et dans les coupes.

Dans un angle de la carte d'ensemble, on a figuré le canevas réduit de la position respective des vingt cartes de détail, dressées à l'échelle d'un à cinq mille. A vingt cartes, ou plans, succède une carte supplémentaire n° 21, spécialement consacrée à la huitième couche, aujourd'hui exploitée sous les plaines du Treuil et de Bérard. Mais cette feuille a aussi un autre but. La planche X, qui représente ces plaines, comprend spécialement la grande couche supérieure (troisième), située à 240 mètres au-dessus de la huitième. Elle fut exploitée, il y a trente à quarante ans, à une époque où la surface du sol différait complètement de son état actuel, par les bâtiments, les puits, les voies ferrées, les chemins ordinaires, etc. J'ai donc conservé à la planche X sa physionomie ancienne de 1845 et 1850, tandis que la planche XXI représente la situation actuelle des choses. J'ajoute que cette double représentation de la surface et de l'intérieur, à trente ans d'intervalle, était moins nécessaire sur d'autres points, parce que nulle part les modifications n'ont été aussi considérables que dans les deux plaines du Treuil et de Bérard, à cause de l'établissement de la manufacture d'armes dans la première de ces deux régions et de la gare de Saint-Étienne dans la seconde.

A la suite des plans viennent les coupes, deux planches pour Rive-de-Gier et cinq pour Saint-Étienne.

Les courbes de niveau des couches et toutes les coupes sont rapportées au niveau de la mer. Les repères du nivellement Beaunier ont été corrigés d'après les résultats du nivellement Bourdaloue ; et plusieurs des nivellements partiels ont été refaits, ces dernières années, par les Compagnies houillères. On a pu donner ainsi aux cotes principales une précision plus grande.

Le texte est fort étendu, trop étendu peut-être pour la plupart des lecteurs. Il m'a paru cependant qu'il était nécessaire d'y consigner tous les détails qui pouvaient être utiles aux exploitants futurs, ou servir à dévoiler les secrets du mode de formation du bassin. J'ai tenu surtout à faire connaître l'important rôle des nombreuses failles et accidents divers qui affectent le terrain houiller de la Loire. Pour répondre néanmoins aux justes exigences des lecteurs, j'ai divisé le travail en deux parties : dans la première, les généralités, pour ceux qui se placent au simple point de vue du géologue ; dans la seconde, la description détaillée de tous les districts, pour ceux qui désirent spécialement connaître le bassin en vue de son exploitation future.

J'avais pensé d'abord clore mon travail par l'inventaire des richesses houillères encore disponibles. J'y ai renoncé à cause de la part trop grande des hypothèses auxquelles il faut avoir recours en pareille matière.

Si le prolongement *géologique* des couches peut être admis sans conteste, il n'en est plus de même de celui des massifs *exploitables*. Les exemples de disparition des couches par érosion et dépôt incomplet, ou de leur transformation en schistes charbonneux, sont trop fréquents pour que l'on puisse se livrer avec quelque sécurité à des cubages exacts des réserves houillères. Les détails que j'ai donnés sur l'existence plus ou moins probable des diverses couches dans chaque district, permettront à tout ingénieur d'évaluer ces réserves, d'après les idées particulières qu'il se forme sur la continuité des gîtes en profondeur.

Paris, décembre 1881.

L. GRÜNER.

INTRODUCTION

I

DIVISION GÉNÉRALE DE LA PÉRIODE CARBONIFÈRE

§ 1. — On trouve des combustibles minéraux à tous les niveaux géologiques; cependant la période carbonifère proprement dite ne comprend en réalité que les SYSTÈMES PERMIEN, HOUILLER et DÉVONIEN ; elle n'est même riche en houille que dans le deuxième de ces trois groupes, celui que l'on appelle, par ce motif, système HOUILLER. Or, le système houiller est généralement divisé en deux terrains :

Le CALCAIRE CARBONIFÈRE à la base ; le TERRAIN HOUILLER proprement dit, au-dessus.

D'autre part, d'après les récents travaux de M. Grand'Eury, le TERRAIN HOUILLER se subdivise lui-même en deux terrains très distincts, dont chacun est pour le moins aussi important que le calcaire carbonifère ; en sorte que le SYSTÈME HOUILLER se compose en réalité de trois depôts, que l'on peut désigner, en allant du plus récent au plus ancien, par les noms de :

TERRAIN HOUILLER SUPÉRIEUR,

TERRAIN HOUILLER MOYEN,

TERRAIN HOUILLER INFÉRIEUR (comprenant à sa base le calcaire carbonifère.)

Le premier de ces terrains passe au *postcarbonifère* du système permien ; le dernier succède au *précarbonifère* du système dévonien, l'étage *ursien* de M. Heer, qui se rencontre surtout à l'île des Ours (Spitzberg).

Chacun des trois termes du système houiller se divise à son tour en plusieurs étages.

§ 2. — Le plus ancien, le TERRAIN HOUILLER INFÉRIEUR, comprend de haut en bas :

La *grauwacke moderne* (des Allemands) ;

Le *culm* ;

Le *calcaire carbonifère* proprement dit.

Cette dernière formation renferme, au reste, non seulement des bancs calcaires plus ou moins bitumineux, mais le plus souvent aussi des schistes argilo-charbonneux et des grès de nuance foncée, contenant çà et là des couches de houille.

Le *culm* est surtout une formation argilo-charbonneuse, parfois imprégnée de pyrite de fer, et alors exploitée par les fabricants de couperose et d'alun. Ailleurs il renferme de l'anthracite en couches irrégulières.

La *grauwacke moderne* comprend des grès quartzo-feldspathiques que l'on a parfois assimilés, en Allemagne, au *millstone grit* anglais. Il est possible, en effet, que sur quelques points, la grauwacke moderne passe réellement au *millstone grit* proprement dit, mais M. Grand'Eury a montré que le *millstone grit* anglais forme, par ses plantes fossiles comme par sa position stratigraphique, la base du TERRAIN HOUILLER MOYEN, tandis que la *grauwacke moderne* se rattache, ainsi que le *culm*, par ses empreintes, au calcaire carbonifère.

§ 3. — Le TERRAIN HOUILLER MOYEN est formé d'un grès poudingue plus ou moins grossier à la base, d'une alternance de grès, de schistes et de couches de houille vers le haut.

Les Anglais appellent l'étage inférieur *millstone grit* (pierre meulière) ; le supérieur, *coal-measures* ; les Allemands, le premier, *grès inférieur stérile* ; le second, *productive kohlen-formation* (formation contenant des couches de charbon).

Cet étage moyen, beaucoup plus puissant que l'inférieur, se subdivise, selon les pays, en deux ou plusieurs *zones* ou *faisceaux*, renfermant chacune plusieurs couches de houille, et, entre ces zones, des massifs stériles plus ou moins puissants. On distingue ainsi, dans les divers bassins houillers, la *zone* ou le *faisceau* du *mur*, la *zone* ou le *faisceau* du *toit;* puis encore, le *faisceaux intermédiaire*, etc.; ailleurs on désigne les faisceaux d'après la nature de la houille :

Faisceau des houilles à longue flamme (vers le haut) ;

Faisceau des houilles grasses (au centre);

Faisceau des houilles maigres (à la base).

§ 4. — Le TERRAIN HOUILLER SUPÉRIEUR se compose comme la *partie productive* du terrain moyen, de grès, de schistes et de couches de houille, et lui aussi se divise en *zones,* ou *faisceaux,* entre lesquels se sont déposés des massifs stériles, principalement formés de poudingues et de grès grossiers.

Les grès, et surtout les grès à gros grains, abondent d'ailleurs, en général, dans le terrain supérieur; tandis que les schistes et les grès schisteux fins caractérisent plutôt le terrain houiller moyen.

Constatons, enfin, que le TERRAIN MOYEN renferme surtout des *couches de houilles régulières peu puissantes, mais nombreuses;* tandis que le TERRAIN SUPÉRIEUR est caractérisé par des couches de houilles souvent *très puissantes,* mais aussi *peu continues, peu régulières,* et relativement *peu nombreuses.*

Ce sont même parfois des amas plutôt que de *véritables couches.*

§ 5. — Les trois terrains dont je viens de parler sont représentés en France.

Le *calcaire carbonifère* est connu dans le Nord, dans l'Ouest et dans le Centre de la France. Il se montre en particulier dans le nord du département de la Loire; le calcaire proprement dit à Regny, Saint-Germain-la-Val, Néronde, etc.[1].

Le *culm,* avec ses couches anthraciteuses, à Amions et Bully, sur la rive gauche de la Loire; à Saint-Symphorien, Lay, Combres, etc., sur la rive

---

1. Voir la *Description géologique du département de la Loire,* par L. Gruner. Paris, imprimerie impériale, 1857; p. 273 et suivantes.

droite de la Loire[1]. Il existe aussi à Thann, dans les Vosges. Enfin, le *grès supérieur* couvre tout le plateau de Neulize, entre les plaines du Forez et de Roanne.

J'ajouterai seulement que, dans la description géologique que je viens de rappeler, j'ai rapproché le grès à anthracite du Roannais plutôt du millstone grit que du calcaire carbonifère. L'étude des plantes fossiles a montré que le grès du Roannais, comme la grauwacke supérieure des Allemands en Westphalie, fait plutôt partie du terrain carbonifère inférieur.

Cette grauwacke supérieure n'est du reste pas partout stérile, comme dans le Roannais. D'après M. Grand'Eury, les houilles maigres de la basse Loire, de la Mayenne et de la Sarthe appartiendraient à cet étage.

Le TERRAIN HOUILLER MOYEN constitue les bassins du Nord et du Pas-de-Calais ; il comprend d'ailleurs non seulement le prolongement de notre bassin du Nord, au travers de la Belgique jusqu'à Liège et au delà, mais encore la presque totalité des dépôts houillers allemands, anglais, américains, etc.

Dans le reste de la France, le terrain houiller moyen n'existe que dans la Vendée, à Vouvant.

Les nombreux petits dépôts houillers, qui sillonnent ou bordent le plateau central, appartiennent tous sans exception au terrain SUPÉRIEUR, qui repose presque partout directement sur les roches cristallines anciennes.

Cependant ce TERRAIN SUPÉRIEUR n'est complètement développé qu'à Saint-Étienne. Partout ailleurs, dans les divers bassins du plateau central, on ne rencontre qu'un seul, ou un petit nombre, des étages du terrain supérieur et non le dépôt entier.

Quelques-uns de ces lambeaux se retrouvent aussi en Allemagne, en Angleterre et en Amérique ; mais partout très incomplets et en stratification discordante sur le terrain moyen.

On peut citer, d'après M. Grand'Eury, Ottweiler et Saint-Wendel, dans le bassin de Saarbrück, Ilefeld au Hartz ; Ilmenau en Saxe, etc.

---

[1]. Voir *Description géologique*, du même auteur, p. 291.

§ 6. — J'ai montré, il y a longtemps[1], que le *terrain houiller de la Loire* se divise en *six faisceaux*, dont deux stériles et quatre plus ou moins riches en houille. Ce sont, de bas en haut :

1° L'étage ou faisceau houiller de Rive-de-Gier.

2° L'étage stérile de Saint-Chamond entre le faisceau de Rive-de-Gier et ceux de Saint-Étienne.

3° L'étage houiller *inférieur* de Saint-Étienne.

4° L'étage houiller *moyen* de Saint-Étienne.

5° L'étage houiller *supérieur* de Saint-Étienne.

6° L'étage stérile servant de couronnement au terrain stéphanois.

M. Grand'Eury a constaté que chacun de ces six étages est caractérisé par une flore spéciale, qui se modifie graduellement par l'apparition de nouveaux types et l'extinction des anciens.

La flore du premier étage a encore des types communs avec le terrain houiller moyen, tandis que le sixième renferme déjà d'assez nombreuses plantes permiennes.

Ajoutons que les deux étages *stériles* du bassin de la Loire renferment des empreintes qui ont permis d'étudier leur flore spéciale; et que ces étages, *stériles* dans la Loire, sont *houillers* sur quelques autres points du plateau central.

Ainsi le massif de grès et de poudingues qui sépare Rive-de-Gier de Saint-Étienne correspond au faisceau exploité à Bessèges (Gard); de là le nom d'*étage des Cévennes* que lui donne M. Grand'Eury; de même le sixième étage, qui se compose à Saint-Étienne de poudingues et de grès stériles, plus ou moins ferrugineux, correspond aux schistes bitumineux d'Autun et aux schistes et houilles de Fréjus (Var).

M. Grand'Eury l'appelle *étage permo-carbonifère*, parce qu'il contient déjà de nombreuses plantes permiennes, et marque le passage au terrain permien proprement dit, qui est représenté, en France, par les houilles de Bert (Allier).

---

1. *Carte du bassin houiller de la Loire*, avec texte explicatif, 1847.

II

CONFIGURATION ET ÉTENDUE DU BASSIN HOUILLER DE LA LOIRE

§ 7. — Nous venons de faire connaître les étages dont se compose le terrain houiller de la Loire [1].

Indiquons maintenant sa disposition générale.

Il repose directement sur les terrains cristallins primaires, le gneiss, le micaschiste et le granite, et cela sans trace de terrains paléozoïques entre deux; aussi la superposition est-elle partout complètement discordante.

Le dépôt houiller de la Loire occupe une dépression à peu près triangulaire, limitée au Sud-Sud-Est par la chaîne du Pilat; au Nord-Nord-Ouest par la chaîne parallèle de Riverie; à l'Ouest par les derniers contreforts de la chaîne du Forez.

Au pied du Pilat, le terrain primaire se compose surtout de micaschiste plus ou moins talqueux. La chaîne opposée est principalement formée de bancs de gneiss, et le bord Ouest à peu près exclusivement de granite éruptif à mica brun, qui contient toujours des fragments empâtés de gneiss et de micaschiste.

Le bassin houiller s'étend depuis le Rhône à Givors, jusqu'à la Loire au delà de Firminy. Il suit les deux vallées qui longent le pied de la chaîne du Pilat : d'une part, celle de Janon et du Gier, allant de Terrenoire (ligne de faîte entre les deux mers) au Rhône; de l'autre, la vallée de l'Ondène qui va de la Croix de l'Orme à la Loire. La correspondance entre

---

1. Je ne parle ici que d'un seul bassin houiller. En réalité, on en connaît deux dans le département de la Loire : celui de Saint-Étienne et Rive-de-Gier, et celui de Sainte-Foy-l'Argentière, situé plus au nord, dans la vallée parallèle de la Brevenne; si je ne m'occupe pas de ce dernier c'est qu'il appartient réellement au département du Rhône et ne pénètre dans celui de la Loire que par sa pointe occidentale tout à fait stérile. (Voyez la *Carte géologique du département de la Loire*.)

les deux vallées et le bord du bassin houiller n'est pourtant pas complète. Depuis Givors jusqu'à Rive-de-Gier, le dépôt houiller occupe le flanc gauche de la vallée et même plutôt le plateau que le *thalweg* proprement dit. A partir de Rive-de-Gier, par contre, le bassin houiller coïncide bien avec la vallée actuelle, si ce n'est qu'au Sud, il s'arrête au pied même de la chaîne du Pilat, tandis qu'au Nord il monte assez haut contre le flanc de la chaîne de Riverie. A Saint-Chamond il atteint même le sommet du premier chaînon, le mont Crépon (821 mètres).

Au delà de Saint-Chamond, le bassin houiller s'élargit notablement; il se partage entre deux vallées parallèles, celle du Janon, prolongement direct de celle du Gier, au pied du Pilat, et celle du Langonan, qui monte, le long de la chaîne de Riverie, depuis Saint-Chamond vers Sorbiers. Entre les deux vallées s'élève d'ailleurs une assez haute crête houillère (671 mètres), le *Crêt du Ronzy* ou de *Saint-Jean de Bonnefond*.

A la naissance de ces deux vallées on arrive aux cols de Terrenoire (537 mètres) et de Sorbiers (502 mètres), qui tous deux appartiennent à la ligne de partage des eaux de l'Océan et de la Méditerranée. Au delà vient le plateau de Saint-Étienne, le centre même du dépôt houiller. Jusque-là, les deux vallées houillères du Janon et du Langonan, avec le crêt du Ronzy, situé entre deux, sont rigoureusement alignées comme les massifs anciens du Pilat et de Riverie, entre lesquels le dépôt houiller se trouve emprisonné. Au delà, on constate encore l'influence prédominante de la chaîne du Pilat, dans la vallée de l'Ondène, allant de la Croix de l'Orme à Firminy; mais au Nord, où le bassin s'élargit, règne la direction NNO-SSE, sensiblement normale à la précédente. Elle se manifeste surtout par quatre vallées parallèles, qui correspondent, comme nous le verrons, aux plus importantes failles *transversales* du bassin houiller. Ce sont, en allant de l'Est à l'Ouest : la partie inférieure de la vallée de l'Izérable, le long du pied oriental du coteau de Montheil; celle de Furens, passant à Saint-Étienne, la plus large des quatre vallées; ensuite celle qui descend du Cluzel à Villards, et, enfin, la vallée de Roche-la-Molière, près de la lisière ouest du bassin.

La longueur du bassin est de 46 kilomètres, ou même de 50, si l'on y ajoute le lambeau de Ternay et Communay, sur la rive gauche du Rhône, qui semble bien être le prolongement oriental du bassin de la Loire. Il se pourrait même, comme nous le verrons, qu'il allât rejoindre, sous les dépôts secondaires et tertiaires du Dauphiné, le terrain anthracifère des Alpes.

La largeur du dépôt houiller est des plus variables : à Givors, où il surgit brusquement de dessous les alluvions du Rhône, elle est de 1.000 à 1,500 mètres. Plus haut, en avançant vers Tartaras et Rive-de-Gier, à Saint-Romain, par exemple, la zone houillère s'amincit parfois à moins de 100 mètres, ou se trouve même complètement coupée en deux par les protubérances du terrain ancien (voyez la carte d'ensemble), comme aux Perraux et à la Madeleine. A Tartaras, où la largeur est maximum entre Givors et Rive-de-Gier, elle atteint à peine 250 à 300 mètres.

A partir de Besançon le dépôt se renfle assez brusquement et conserve ensuite une largeur de 2,000 à 2,500 mètres sur une longueur de 6 kilomètres, c'est-à-dire jusqu'à la grande faille transversale du Dorlay, près de la Grand'Croix. Cette étendue de 6 kilomètres, sur 2,000 à 2,500 mètres de largeur, forme ce que l'on peut appeler le *district* ou *territoire* de Rive-de-Gier.

A partir de la vallée du Dorlay, nouveau renflement qui se poursuit jusqu'auprès de Saint-Chamond ; c'est le *district* de la Grand'Croix et du Plat de Gier.

Auprès de Saint-Chamond, la largeur atteint 6,000 mètres. Au delà, où la vallée se divise en deux, comme nous venons de le dire, les deux lisières Nord et Sud divergent plus encore. Enfin à Saint-Étienne la largeur atteint 8,000 mètres. Au delà, à la Fouillouse, on arrive au maximum de 12,000 mètres, mesurés entre le sommet et la base du bassin triangulaire, au pied du Pilat.

Depuis ce point, la largeur décroît rapidement. Au Chambon et à Firminy elle se trouve déjà réduite à 5,000 mètres ; et entre Fraisse et Cornillon le dépôt se termine en pointe vers les bords de la Loire, ou plutôt, le dépôt s'y divise en deux branches parallèles, séparées l'une de l'autre par un promontoire du terrain ancien.

La carte d'ensemble du bassin montre que la forme triangulaire, dont nous venons de parler, n'est régulière que le long de sa base; les deux autres côtés sont plus ou moins dentelés, ou plutôt formés d'une série de lignes brisées. La différence entre les deux lisières provient surtout des failles du terrain houiller.

Au pied du Pilat les assises houillères viennent buter contre une énorme faille de direction, qui a redressé les couches et souvent limité les failles transversales.

Au Nord et à l'Ouest, où les bancs du terrain houiller reposent en pente faible sur les strates verticales, ou renversées, du gneiss, le relief, dû aux grandes failles transversales, s'est plus ou moins conservé malgré les dénudations postérieures dont on constate partout les traces évidentes.

Le triangle de 46 kilomètres de longueur sur 12 kilomètres de hauteur embrasse 27,600 hectares; mais, grâce aux dentelures de la lisière Nord, la véritable superficie du dépôt houiller entre la Loire et le Rhône n'est que de 20,690 hectares[1].

Le terrain de la Loire, dont nous venons de faire connaître la forme et l'étendue, constitue en réalité un *bassin unique,* malgré les locutions encore employées, de bassin de Rive-de-Gier, bassin de Saint-Étienne, bassin de Firminy, etc. [2].

Il n'y a bien réellement qu'un *seul* bassin, comme je l'ai prouvé dès 1847. Mais ce bassin unique comprend *six étages,* déjà mentionnés dans le paragraphe précédent. D'autre part, comme plusieurs parties du bassin ne renferment qu'un certain nombre de ces étages, parfois un ou deux seulement, les environs de Rive-de-Gier par exemple, il convient de distinguer ces différentes parties du dépôt. Je les désignerai, à l'avenir, par

1. MM. Dufrénoy et Élie de Beaumont indiquent à tort 27,355 hectares. Beaunier estimait la superficie à 22,143 hectares; mais alors on ne connaissait encore qu'imparfaitement les limites réelles du bassin. Enfin, la surface concédée, abstraction faite de la partie située à l'est de Tartaras, est de 22,432 hectares; chiffre plus élevé que l'étendue réelle du bassin, parce que, en plusieurs points, les concessions empiètent sur le terrain inférieur.

2. On verra cependant que le dépôt houiller ne s'est pas formé partout dans les mêmes conditions.

les termes de *territoires*, ou de *districts* ; ainsi on distinguera les districts de *Tartaras*, de *Rive-de-Gier*, de *la Grand'Croix*, de *Saint-Chamond*, de *Sorbiers*, de *Terrenoire*, etc. Quelques-uns de ces districts correspondent à une concession unique, la plupart en comprennent deux ou un plus grand nombre. Pour éviter les redites, je me bornerai, dans la description détaillée du bassin, à étudier les districts, et ne citerai qu'accessoirement les concessions dont se compose chaque territoire.

L'unité du bassin ressort de toutes les études de détail auxquelles je me suis livré. On trouve partout les mêmes roches, les mêmes variétés de houille, les mêmes accidents, les mêmes directions, etc. Par ce motif, il convient de commencer l'étude du bassin par celle de ses éléments communs et de ses caractères généraux.

Nous ferons donc connaître successivement, dans une première partie :

1° **Les roches du terrain houiller.**

2° **L'allure générale des assises du bassin.**

3° **Les accidents qui troublent la régularité du dépôt.**

4° **Les substances utiles du terrain houiller,** c'est-à-dire, les *houilles*, les *minerais de fer*, les *pierres de construction*, etc.

5° **Les restes organiques** du terrain houiller supérieur, et quelques détails sur le mode de formation de ce terrain.

6° **Les produits des éruptions volcaniques et hydrothermales** de la période houillère.

7° **L'influence des roches houillères sur l'hydrologie** et la nature **agricole** de la contrée.

Ensuite, je montrerai comment je suis arrivé à diviser, dès 1847, le bassin de la Loire [1] en six étages, dont quatre houillers et deux stériles ; puis

---

1. Je tiens à justifier le terme de *bassin*, dont je persiste à me servir, pour désigner les divers dépôts houillers, malgré la défaveur que Fournet a cherché à jeter sur ce terme dans son travail sur *l'extension du terrain houiller*.

Ce savant géologue, en assimilant le terrain houiller aux autres dépôts sédimentaires, est arrivé à cette conclusion que ce terrain, pas plus que les autres terrains, n'était limité, au moment de sa formation, à un bassin circonscrit, mais devait s'étendre au loin sous la pleine mer. Il y a là une double

je passerai, dans une *deuxième partie,* successivement en revue les divers districts dont se compose le bassin, et ferai connaître les étages et couches que l'on trouve dans chacun d'eux.

erreur. D'abord, il est beaucoup de terrains, sans parler des dépôts lacustres, qui sont bornés dans leur étendue ou changent de nature s'ils s'étendent au loin. On peut citer les dépôts salifères qui n'ont pu se former que dans des lagunes séparées de la pleine mer par des cordons littoraux; on peut mentionner aussi la plupart des formations arénacées grossières qui portent le cachet de dépôts remaniés par les vagues. Enfin, d'après les données aujourd'hui bien élucidées sur le mode de formation de la houille, il est évident que les couches de houille n'ont pu se déposer dans une mer agitée par les marées, ni sous une grande profondeur d'eau. Il résulte de là que si certains dépôts houillers marins se prolongent au loin sous d'autres formations, on ne peut s'attendre à y trouver des couches de combustible. Celles-ci n'ont pu se former que dans des *lagunes closes,* ou au milieu de véritables marécages; c'est-à-dire, au sein de *bassins* plus ou moins restreints.

PREMIÈRE PARTIE

CHAPITRE Iᵉʳ

ROCHES DU TERRAIN HOUILLER

§ 8. — Les éléments du terrain houiller de la Loire proviennent des terrains anciens qui lui servent de base. L'influence des roches primaires sous-jacentes est partout évidente.

Au pied du Pilat, formé de micaschiste à rognons de quartz, on rencontre surtout, comme roche dominante, les poudingues quartzo-micacés. Le long de la lisière ouest, dont le sous-sol est granitique, ce sont des grès quartzo-feldspathiques; au centre du bassin, des grès fins et des schistes, les uns feldspathiques, les autres argileux ou micacés, selon le rivage dont émanent les sédiments. Il semble cependant, d'après la prédominance des éléments granitiques, que le principal courant, qui a amené les éléments du terrain houiller, ait dû venir de la vaste région granitique de l'ouest.

Les roches normales de la formation houillère comprennent trois types : des *conglomérats,* des *grès* et des *schistes.*

Outre cela, on y rencontre des roches subordonnées que je ferai connaître dans un paragraphe spécial.

Les *conglomérats* caractérisent les régions stériles; ils apparaissent à certains niveaux et servent de limites aux étages productifs.

Les *grès* constituent ces étages eux-mêmes. Enfin, les *schistes* abondent au voisinage immédiat des veines de houille et les remplacent quelquefois. On peut ajouter que les bancs de grès semblent dominer au nord, à l'ouest et au centre; les schistes vers la lisière sud.

En prenant l'ensemble du bassin, on peut noter encore que les poudingues l'emportent, par leur fréquence, sur les autres roches; les grès viennent après, les schistes en troisième ligne.

Ces mêmes rapports s'observent au reste dans tous les bassins du plateau central, tandis que la proportion inverse caractérise le grand bassin du nord, en France, en Belgique et en Westphalie. Cette différence tient à la nature du sous-sol géologique. Les nombreux bassins du plateau central reposent tous transgressivement sur les roches-cristallines primaires; tandis que les dépôts houillers moyens du nord succèdent parallèlement, et souvent sans lacune sensible, aux assises du terrain houiller inférieur, ou à celles du dévonien.

Dans le centre de la France, le marécage houiller ne semble avoir été nulle part en relation directe avec la haute mer; on n'y connaît que des restes de plantes sans mollusques marins. Les poissons n'apparaissent que là où le dépôt houiller passe à la formation permienne, comme à Bert et à Bussière-la-Grue. Dans le Nord et dans le pays de Galles, il y a eu plutôt passage graduel de l'eau salée à l'eau douce; ce devait être par suite une lagune saumâtre, séparée de la haute mer par des cordons littoraux, en dedans desquels la végétation terrestre a pu se développer à l'abri des marées et des vagues.

I

CONGLOMÉRATS (Poudingues et brèches)

§ 9. Les conglomérats du bassin de la Loire sont de deux sortes :

Les uns sont de véritables **brèches,** les autres des **poudingues** proprement dits. Les brèches se composent de débris anguleux; les poudingues, d'une pâte arénacée fine enclavant des galets arrondis de grosseur variée.

La *brèche* caractérise la base de l'étage de Rive-de-Gier; les *poudingues* se montrent à tous les niveaux du dépôt houiller.

§ 10. **Brèches.** — La brèche est formée d'un amas confus de blocs de toutes grosseurs. Il en est qui mesurent plus d'un mètre cube. Les arêtes des fragments sont en général peu émoussées; et si, sur quelques points, on voit de faibles indices de stratification, du sable et des galets mêlés aux fragments anguleux, l'ensemble du dépôt ne saurait être le résultat d'une sédimentation ordinaire. Ni les galets du rivage de la mer ni les blocs que roulent les torrents, n'affectent ce caractère de mélange irrégulier de débris anguleux de toute grosseur. Ce ne peut être que le résultat d'un grand éboulement, ou plutôt celui d'une série d'effondrements le long des failles qui limitent le bassin.

D'autre part cependant, ces nombreux débris, provenant d'éboulements du sous-sol ancien, durent être parfois remaniés par les eaux, puisqu'on y rencontre çà et là, comme je viens de le dire, des blocs roulés et des bancs à demi stratifiés. Toutefois, je le répète, l'ensemble du dépôt n'a aucun des caractères habituels des sédiments formés au sein des eaux.

La puissance de la brèche est des plus variables. Au-dessus de Saint-Chamond, au mont Crépon, elle atteint plusieurs centaines de mètres; à Rive-de-Gier, et surtout à Tartaras, moins de 50 mètres. Une pareille variabilité, à des distances aussi faibles, serait difficile à expliquer dans l'hypothèse d'un dépôt neptunien, tandis qu'elle s'accorde parfaitement avec les caractères ordinaires des brèches d'éboulement.

Les éléments de la brèche proviennent des massifs anciens qui bordent directement le bassin houiller; ce sont des granites, des gneiss et des schistes micacés ou talqueux, plus rarement des schistes amphiboliques; d'une façon exceptionnelle, du porphyre quartzifère et des débris du terrain de transition. Ces dernières roches sont généralement transformées en galets, et semblent annoncer une provenance plus lointaine.

§ 11. **Poudingues.** — Les poudingues diffèrent de la brèche par la forme de ses éléments et l'apparence stratifiée de l'ensemble du massif. Ce sont de grossiers grès, empâtant de véritables galets, dont les plus volumineux sont de la grosseur de la tête d'un enfant, mais dont la taille habituelle est rarement supérieure à celle du poing. Les mineurs de la Loire les désignent sous le nom générique de *grate*, et caractérisent ses principales variétés de grosseur par les termes de *grosse grate*, *grate ordinaire*, et *taille grateuse*. On donne ce dernier nom au poudingue fin qui passe au grès, que l'on peut utiliser comme pierre de taille à la façon du grès houiller ordinaire. L'apparence des poudingues dépend aussi des roches dont ils sont formés : il en est qui résultent principalement de la destruction des micaschistes; ce sont les poudingues *quartzo-micacés*; d'autres, comme la taille grateuse, proviennent plutôt d'éléments granitiques.

Lorsque les débris sont de nature schisteuse, la forme aplatie des fragments se conserve intacte; les galets sont alors minces et les arêtes peu émoussées; tels sont les poudingues de la montagne du Ronzy, près de Saint-Jean-Bonnefond, vers le haut de l'étage inférieur de Saint-Étienne. Ces poudingues schisteux se rapprochent, à quelques égards, des roches bréchiformes, mais sans que l'on puisse cependant les confondre avec la brèche proprement dite de Rive-de-Gier. Dans cette dernière, comme je l'ai déjà dit, les bancs stratifiés forment l'exception, tandis que les poudingues proprement dits sont toujours stratifiés, même là où ils renferment des galets anguleux.

La *grosse grate* est surtout abondante au toit des couches de Rive-de-Gier. Tous les puits de ce district la traversent, sur une hauteur de 100 à 300 mètres, avant d'atteindre les grès fins et les schistes au milieu desquels se trouvent les couches de houille.

Dans la *grate* ordinaire, sorte de poudingue de moyenne finesse, les éléments les plus gros sont de la taille d'une noix. Ils se composent surtout de roches dures. Une trituration prolongée transforme les masses tendres en sable fin; les micaschistes disparaissent les premiers, puis viennent les gneiss, les porphyres et les granites. Le quartz résiste davantage. Aussi les poudingues à galets fins sont-ils surtout remarquables par la prédominance des nodules quartzeux blancs. Lorsque la roche provient de la destruction des micaschistes, elle se compose presque exclusivement d'une pâte argilo-micacée au milieu de laquelle apparaissent de nombreux nodules quartzeux d'un blanc vitreux. Tels sont, en particulier, les poudingues micacés de Saint-Chamond et du mont Reynaud, dans la partie haute de l'étage stérile de Rive-de-Gier; et celui de la Richelandière, du bois d'Aveize et du Deveix, au toit de l'étage supérieur de Saint-Étienne.

Le poudingue quartzo-micacé, entremêlé de grès schisteux micacé, est l'une des roches les plus communes du bassin de la Loire. Elle est en général irrégulièrement stratifiée. Les bancs sont ondulés et d'épaisseur inégale. Souvent ils se présentent sous forme de lentilles aplaties, entourées de feuillets concentriques à grains fins, formés des mêmes éléments que la pâte du poudingue. Ce sont les caractères d'un dépôt torrentiel souvent

Fig. 1

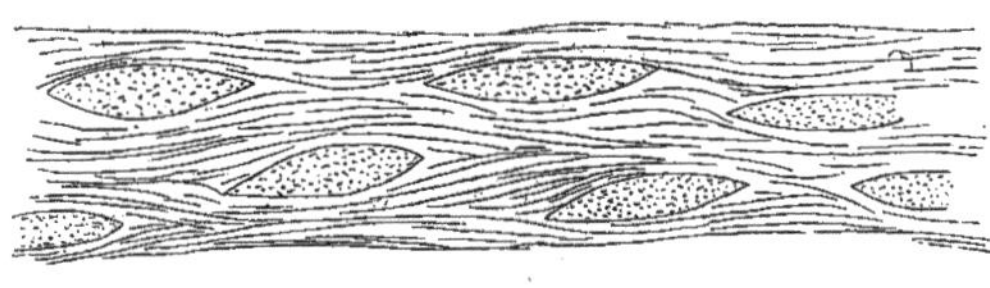

remanié (fig. 1). Le mica argentin y est tellement abondant que la roche brille au soleil plus que le micaschiste lui-même. Sa teinte générale est le gris-perle passant au vert-clair. Sur quelques points cependant la nuance verte, due au silicate de fer, passe, par suroxydation, au rouge violacé. C'est le *grès*, ou plutôt, la *grate rouge* des mineurs de la Loire, sorte de roche micacée, sableuse, plus ou moins chargée de galets quartzeux blancs. Entre Saint-Chamond et Firminy, le grès et le poudingue micacé rouge se montrent à plusieurs niveaux, en masses considérables, au pied du Pilat. En suivant la route neuve, qui va de Saint-Étienne à Rochetaillée par Valbenoîte et le Rey, on constate, dans les tranchées du chemin, au moins dix gros bancs de grès ou de poudingue rouge, au milieu du conglomérat ordinaire quartzo-micacé, de nuance grise ou verte. On le rencontre également au bois d'Aveize, à la colline de Saint-Roch au-dessus de Chantegrillet, au puits de la Vogue de la concession de Villebœuf, sur la rive droite de l'Ondène au-dessus du Chambon, etc. Sur tous ces points, il est bien supérieur au grès rouge des puits de la Péronnière et du Plat-de-Gier. Ce dernier ne saurait, par conséquent, caractériser un niveau géologique déterminé, comme on l'avait supposé il y a quinze ou vingt ans.

Dans les parties centrales du bassin et surtout au voisinage du granite et du gneiss, dans les districts de Roche-la-Molière et de Sorbiers, abonde la *taille grateuse* des mineurs. C'est un poudingue dont le ciment se compose de grès houiller ordinaire, et dont les galets quartzeux et granitiques ne dépassent guère la taille d'une noisette. Il alterne en gros bancs réguliers avec le grès lui-même, et n'est au fond qu'une sorte de grès devenu caillouteux par places.

II

GRÈS

§ 12. — En dehors des grands massifs stériles, presque entièrement formés de poudingues, le *grès* est la roche dominante du terrain houiller

de la Loire. La variété la plus abondante et la plus caractéristique est celle
que l'on utilise comme pierre de taille et que les ouvriers appellent *taille*
par ce motif. Ce grès n'est au fond que la pâte qui constitue la *taille grateuse*.
C'est une sorte d'agrégat uniforme de grains quartzeux et feldspathiques,
reliés entre eux par une pâte d'origine kaolinique. Sa couleur ordinaire est
le blanc passant au gris clair, plus rarement au jaune ocreux pâle. La
roche est toujours plus ou moins micacée et à ciment argileux; mais à ce
ciment se mêle en général un peu de carbonate de chaux; car les acides
provoquent souvent une effervescence assez marquée. On trouve même, çà
et là, dans les fissures de la roche, de minces veinules de chaux carbo-
natée spathique.

Les grains feldspathiques sont blancs opaques, le quartz gris translu-
cide. Dans le bassin de la Loire on ne rencontre pas, comme à Blanzy, des
grès à feldspath rose, ou du moins ils y sont extrêmement rares.

La grosseur des grains est assez variable; dans l'espèce ordinaire, qui
ne passe ni au grès schisteux ni au poudingue, ce diamètre mesure 1 à
3 millimètres. Les variétés fines et peu dures sont appelées *taille douce*. On
recherche ces dernières pour les façades sculptées, quoiqu'elles s'y prêtent
assez mal. Le grès houiller est plus ou moins *gélif;* il se délite à cause de
sa porosité, ainsi que le prouvent les arêtes émoussées des anciens édifices
de Saint-Étienne. Plusieurs circonstances favorisent d'ailleurs la désagréga-
tion. L'élément calcaire se nitrifie, le fer carbonaté uni au ciment argilo-
calcaire se suroxyde, et les pyrites blanches, disséminées dans la roche,
tendent à s'effleurir. Aussi voit-on partout les anciennes pierres de taille
de qualité ordinaire couvertes de taches ocreuses. Peu de blocs sont
d'ailleurs exempts de débris charbonneux, ou d'empreintes houillères.

La stratification des grès est partout bien marquée; mais tandis que
certains bancs mesurent 10 à 20 mètres, d'autres massifs apparaissent
divisés, par de minces lits d'argile schisteuse, en strates de 0^m,50 à 2 mètres
de puissance.

Le premier cas est de beaucoup le plus fréquent. Je citerai les bancs
exploités au Mouillon près de Rive-de-Gier, au Parterre près de Saint-

Chamond au Treuil près de Saint-Étienne, à Roche-la-Molière, etc. Je mentionnerai encore les puissantes masses qui séparent, au Treuil et à Bérard, les couches n° 4 et 5; et celles non moins fortes que l'on rencontre entre les diverses couches de l'étage inférieur de Saint-Étienne, à Chaney, la Chazotte, Roche-la-Molière, Firminy, etc.

Un exemple caractéristique de la seconde manière d'être nous est fourni par les grès qui servent de toit à la couche n° 8, dans les concessions de Montsalson et du Cluzel. On peut observer la succession régulière des assises minces, en suivant l'ancienne route de Saint-Étienne à Saint-Just, à la descente de Côte-Chaude dans la vallée de Cluzel.

La distinction dont je viens de parler n'est pourtant pas absolue. De grands massifs, où tout indice de stratification manque en certains points, se partagent ailleurs en bancs fort apparents.

La puissance des strates semble dépendre en partie de la finesse de la roche : les bancs sont d'autant moins forts que le grain de la roche est moins gros. La taille grateuse et les grès grossiers forment d'épais massifs; les grès les plus fins se partagent en strates de 1 à 2 mètres. Ceux-ci, à leur tour, se transforment en grès schisteux lorsque les grains échappent à l'œil nu. Il suit de là que certains massifs, ou certains bancs, ne sont pas limités par des surfaces parallèles. Les plans de stratification convergent du côté où le grain est fin. Il en résulte des bancs en forme de *coins* qui s'amincissent et disparaissent tantôt dans le sens de la direction et tantôt dans celui de la pente. Nous en citerons des exemples dans le paragraphe consacré aux accidents du terrain houiller. (Voy. § 21.)

Outre la roche ordinaire, appelée *taille,* dont je viens de parler, le terrain de la Loire renferme plusieurs autres variétés de grès. Lorsque les grains sont moyennement fins et entremêlés de paillettes micacées, la roche se divise souvent en plaques régulières, que l'on recherche pour dalles de trottoirs, ou marches d'escaliers, et souvent aussi pour meules à aiguiser. Tels sont les bancs qui couvrent les couches n° 1 et 2 au quartier Gaillard, et ceux qu'on exploite, dans l'étage inférieur, à Roche-la-Molière et à Firminy.

Le grès à *dalles* se transforme à son tour *en grès schisteux* proprement dit, lorsque les éléments deviennent menus. Les mineurs en distinguent trois sortes : le *gros gore*, le *grès manifer* et le grès *schisteux-micacé*, dit *lose* ou *lause*[1].

Le *gros gore* est un grès fin schisteux, argilo-charbonneux, passant au schiste houiller proprement dit, appelé *gore*. Il est en général peu dur, coloré en gris noir, plus ou moins foncé; il se délite à l'air, et s'y transforme rapidement en une masse argilo-sableuse peu consistante. Ses feuillets sont couverts d'empreintes végétales; mais, à cause de la grosseur du grain de la roche, les plantes sont le plus souvent assez mal conservées.

Le *manifer* est un grès schisteux dur et consistant, qui doit sa ténacité à un mélange intime de carbonate de fer. La proportion ordinaire de ce ciment ferrugineux est de 12 à 15 pour 100. Dans deux échantillons exceptionnels de Rive-de-Gier, passant au minerai houiller, *Berthier* a constaté des teneurs de 22 et 40 pour 100 (voir le *Traité des essais par la voie sèche*, tome 2, p. 258).

Les gros gores et les manifers se rencontrent, tantôt au milieu des grandes masses de schistes, tantôt à la séparation des schistes et des grès; plus rarement au toit immédiat des couches de houille.

A Rive-de-Gier, on les connaît surtout entre la grande couche et les bâtardes.

A Saint-Étienne, dans l'étage moyen, entre les couches n°ˢ 1 à 3 et 5 à 7.

Le grès *schisteux-micacé* n'est autre chose que le poudingue de même nom, privé de ses galets quartzeux. Il alterne avec ce poudingue; il est comme lui essentiellement composé de paillettes de mica, et comme lui aussi, tour à tour coloré en vert ou en rouge, selon le degré d'oxydation du silicate ferreux. Les mineurs l'appellent *lose*[1], quand le grès verdâtre passe au

---

1. Les mineurs de la Loire donnent surtout le nom de *lose* au schiste friable, micacé ou talqueux, du terrain ancien; mais, par extension, ils appellent aussi ainsi le schiste argilo-micacé *recomposé* du terrain houiller. Ce mot de *lose* fut probablement importé, comme beaucoup d'autres termes de mines, par les mineurs allemands. *Loses gestein* signifie roche tendre sans consistance. Je dois rappeler cependant que, dans les Hautes-Alpes, les ardoises du pays sont appelées *lauses* et que plusieurs localités, où l'on exploite des ardoises, se nomment *Lauzet*.

schiste friable, presque entièrement formé d'argile micacée, et *gore rouge* lorsque le fer s'y trouve suroxydé.

J'ai déjà dit, en parlant du poudingue quartzo-micacé, combien le grès schisteux-micacé était répandu à tous les niveaux du terrain houiller, le long du pied de la chaîne du Pilat, entre Saint-Chamond et Firminy. Il domine aussi au toit de la huitième couche de Saint-Étienne et caractérise en outre la partie haute de l'étage supérieur, ainsi que l'étage stérile de Saint-Chamond.

L'ancien chemin de fer de Montrambert traverse ces roches en tunnel sous le village de la Béraudière. C'est un grès micacé verdâtre, dur à percer, mais tombant en sable sous l'influence réunie de l'air et de l'eau ; il contient sur ce point de nombreux nodules sphériques de fer carbonaté lithoïde, peu riche, de la grosseur d'un œuf.

Au toit de la huitième couche, et dans l'étage inférieur de Saint-Étienne, le grès micacé est plus solide ; il passe au poudingue quartzo-micacé. Sa teinte est d'un gris perle argenté, sa stratification irrégulière et ondulée. On peut l'observer, au nord de Saint-Étienne, au Mont-Reynaud et à Longiron au mur des étages stéphanois, et, au toit de la huitième couche, dans la tranchée du chemin de fer de Lyon, coupant le coteau qui relie Montheil à Monthieux.

Le *gore rouge* se montre, près du Chambon, dans les parties les plus hautes de la formation houillère. Au premier abord, il semble assez ferrugineux ; aussi dans des prospectus, devenus célèbres, n'a-t-on pas craint, il y a trente ou trente-cinq ans, de le qualifier de minerai de fer ; quoique sa teneur réelle ne fût pas supérieure à 7 ou 8 pour 100, et celle des échantillons les plus riches à 10 ou 12 pour 100. Ce grès ferrugineux avait, au reste, déjà frappé l'ingénieur Guényneau en 1809. Dans un mémoire sur les richesses minérales du département de la Loire, cet ingénieur le décrit, à Valbenoîte, sous le nom de *fer micacé rouge*[1].

Il me reste à dire quelques mots d'une dernière espèce de grès, sorte d'*arkose*, qui semble, au premier abord, ne pas appartenir au terrain houiller, tant son faciès est étrange.

[1]. *Journal des mines*, t. XXV, p. 469.

Sur divers points du bassin de la Loire, mais toujours au même niveau géologique, à peu près vers le milieu de l'étage stérile de Saint-Chamond, on rencontre un grès dur, à ciment siliceux, tantôt compacte et dense, tantôt faiblement celluleux. Quelquefois la silice domine au point de former de grandes masses lenticulaires de calcédoine, blanche, jaune, ou bleuâtre, stratifiées parallèlement aux bancs du terrain. Mais ces masses passent toujours graduellement à la roche arénacée siliceuse, et celle-ci à son tour au grès houiller ordinaire.

On connaît depuis longtemps, sous ce rapport, la butte de Saint-Priest et le petit Mont-Reynaud, au nord de Saint-Étienne. Mais ces points ne sont pas isolés. Une roche identique se montre au coteau de Chana, entre Sorbiers et le mont Maga; et surtout près de la lisière du bassin houiller, entre Landuzière et Chichivieux, dans le district de Roche-la-Molière. Ce grès siliceux, entremêlé de grosses lentilles de quartz calcédoine, offre un véritable intérêt géologique. Je m'en occuperai d'une façon spéciale dans le chapitre consacré aux produits hydro-thermaux de la période houillère.

Nous verrons, en effet, que le ciment calcédonieux doit provenir de sources siliceuses, comme ailleurs, dans le bassin houiller, le carbonate de fer, les pyrites et les autres sulfures de sources minérales d'une nature plus complexe.

M. Grand'Eury a découvert un banc analogue, plus ou moins remanié, non loin de la Péronnière, dans le poudingue stérile supérieur de Rive-de-Gier. Il offre même sur ce point un intérêt particulier, car le quartz est rempli de graines et de fruits silicifiés de la période houillère.

III

SCHISTES ET ARGILES SCHISTEUSES

§ 13. — Le grès schisteux passe au schiste houiller lorsque les éléments de la roche se fondent en une masse d'apparence homogène. C'est une argile durcie, uniformément colorée par des particules charbonneuses, et, selon les lieux, plus ou moins grasse, sableuse, ou micacée.

D'une dureté moyenne au sein de la terre, les schistes se délitent à l'air et s'y couvrent promptement d'efflorescences blanches, dues à l'oxydation de pyrites microscopiques, dont la roche semble plus ou moins criblée.

Les schistes houillers, vulgairement appelés *gores* dans le bassin de la Loire, offrent tous les degrés de finesse, depuis le manifer, ou grès schisteux, jusqu'à l'argile charbonneuse la plus douce et la plus savonneuse. De là les noms de *gros gore, gore fin, gore menu.* Dans le premier, on distingue encore les paillettes micacées; dans le gore fin, tout semble homogène.

Le mineur appelle *matafane,* ou *frassé,* les schistes fins charbonneux, transformés par frottement en plaquettes ondulées lisses. On les rencontre au toit immédiat de certaines couches de houille, et surtout dans les parties étranglées, le long des failles où le terrain schisteux semble avoir été laminé. C'est en effet presque toujours un produit de frottement.

Entre les feuillets schisteux du gore, on rencontre souvent des empreintes végétales ou de minces veinules de houilles, ou encore des rognons de fer carbonaté lithoïde.

Je n'ai jamais vu dans le bassin de la Loire, comme à Autun et à Bussières-la-Grue (Allier), de vraies schistes *bitumineux;* mais les schistes à veinules de houille, dont je viens de parler, donnent, comme ces derniers,

par la distillation, de l'huile légère et du goudron. On trouve, en général,
ces schistes au toit des puissantes couches de houille; je citerai spécialement les couches n° 2, 3, 8 et 13 de Saint-Étienne. C'est l'une des causes
les plus fréquentes des incendies de mines. Les schistes s'éboulent lorsqu'on exploite la houille, dont ils forment le toit, et alors la masse charbonneuse broyée s'échauffe rapidement par l'absorption graduelle de l'oxygène de l'air.

Parmi les schistes ordinaires du bassin de la Loire, il en est cependant
qui ne renferment pas trace de matière charbonneuse; c'est le *gore blanc*
des mineurs. A la Béraudière on en connaît deux assises : l'une de 4 mètres,
au toit de la couche dite la *Crue;* l'autre de 2 à 3 mètres entre la *grande
couche* et celle dite des *trois gores.* C'est une roche blanche feuilletée, douce
au toucher, presque exclusivement composée de débris feldspathiques ou
kaoliniques. Son extension horizontale est faible. On ne le rencontre plus,
au même niveau géologique, à la distance de 1,000 à 1,500 mètres, dans les
mines voisines des Littes et de Montrambert.

A Rive-de-Gier on donne le même nom à une roche tout à fait différente,
qui a plutôt les caractères d'un grès, ou d'une sorte de tuf d'apparence
porphyrique. C'est un composé de débris feldspathiques et dioritiques, dont
la teinte générale est le gris-blanc, nuancé de vert passant au jaune. La
roche verte est surtout développée à la Péronnière; elle forme le coteau
au pied duquel est situé le puits Pinay. Sa puissance est d'une vingtaine de
mètres.

On la rencontre aussi, quoique avec une puissance moindre, dans les
mines contiguës de la Grand'Croix, du Plat-de-Gier et de Combérigol; et
l'on assure même qu'elle se trouve, dans la plupart des puits de Rive-de-
Gier, à une distance à peu près uniforme de la grande couche de houille,
de façon à marquer une sorte de niveau géologique. Je ne puis cependant
garantir le fait; il est difficile à vérifier, parce que la roche est souvent
tendre comme les schistes ordinaires; ce qui oblige de murailler complètement les puits sur ces points. En tout cas, si la roche existe dans la
partie orientale du district de Rive-de-Gier, elle y est moins puissante qu'à

la Péronnière, et s'y rapproche davantage des schistes ordinaires. Nous reviendrons, au reste, sur ce *gore blanc* de Rive-de-Gier en traitant des masses éruptives de la période houillère. Cette roche a fourni à MM. Lescure et Mallard et à M. Maussier, le sujet de deux intéressantes notices, qui ont paru dans le *Bulletin de la Société de l'industrie minérale* (1872).

Il me reste à parler d'une dernière sorte de schiste qui se rencontre au mur immédiat des couches de houille, roche que les Anglais appellent *under-clay* (*sous-sol argileux*), à cause de sa situation spéciale. Sous la plupart des couches de houille, on aperçoit, en effet, un banc terreux d'un gris noir foncé, dont la puissance ordinaire est de $0^m,10$ à $0^m,20$; c'est une sorte de *magma*, assez semblable à la vase des marais supposée durcie. On y voit une multitude de bandelettes noires, sortes de folioles végétales carbonisées, sillonnant la masse dans tous les sens, tandis que les empreintes houillères ordinaires sont toujours couchées suivant le plan des feuillets de la roche.

Ces folioles carbonisées sont des radicelles de *stigmaria* ou de quelques autres végétaux arborescents, dont les troncs se rencontrent au mur des couches de houille. On voit donc que ce magma schisteux, d'apparence vaseuse, représente en réalité la terre végétale sur laquelle s'est développée la végétation houillère.

En Angleterre, les *under-clays* sont souvent exploités comme argile réfractaire. La fameuse terre de Stourbridge, dans le Staffordshire, provient de là. J'ai essayé plusieurs *under-clays* du bassin de la Loire, mais aucun d'eux n'a résisté au feu de forge, à cause des éléments calcaires et ferrugineux mêlés à la masse. Tous cependant ne doivent pas être dans ce cas. Il est possible que là aussi, comme dans le bassin d'Ahun (Creuse), où j'ai rencontré de l'argile réfractaire, on pût découvrir des *under-clays* non fusibles, si l'on se donnait la peine de les examiner tous. C'est une recherche que je me permets de recommander aux ingénieurs de la Loire.

Le schiste, je l'ai déjà dit, est la moins répandue des roches houillères du bassin de la Loire; c'est par ce caractère que les roches carbonifères supérieures du Plateau Central se distinguent de celles du nord de la France. Les schistes accompagnent surtout les couches de houille, et particulière-

ment le toit des veines. A Saint-Étienne, ils occupent en grande partie
les intervalles qui séparent, dans le faisceau moyen, la deuxième de la troisième couche, et la cinquième de la septième.

Les grès et poudingues schisteux micacés, entremêlés de gore, constituent en grande partie le massif stérile d'environ 190 à 200 mètres compris,
au Treuil, entre les couches n°ˢ 7 et 8.

Les schistes sont plus rares dans le faisceau inférieur, et à Rive-de-Gier
on ne les rencontre, en masses un peu abondantes, qu'au voisinage des
couches bâtardes, au mur de la grande couche.

CHAPITRE II

ALLURE GÉNÉRALE DES ASSISES DU BASSIN HOUILLER

§ 14. — On a vu que le dépôt houiller de la Loire occupe une dépression triangulaire, bordée au Sud Sud-Est par le Pilat, au Nord Nord-
Ouest par la chaîne parallèle de Riverie, à l'Ouest par les derniers contreforts des montagnes du Forez.

La direction générale du terrain est, comme cela se voit d'ordinaire,
sensiblement parallèle à l'axe de la vallée houillère. Dans les parties régulières, et spécialement au pied des deux chaînes entre lesquelles se développe le bassin, les assises courent, en effet, le plus souvent du N. E. au
S. O., ou plus exactement du N. 50° à 60° E. au S. 50° à 60° O.

A côté de cette allure *normale* apparaît cependant, dans les districts où le
bassin est large et soumis à l'influence des grandes failles transversales, une
autre allure, à peu près orientée N. 20° O.—S. 20° E.; avec des écarts allant
parfois jusqu'au N. S. vrai, plus rarement jusqu'au N O—S E. C'est l'orientation que je désignerai à l'avenir sous le nom d'allure *transversale*. Elle
apparaît surtout, aux environs de Saint-Étienne, dans les vallées Nord-Sud
de l'Isérable inférieure, du Furens, du Cluzel et de Roche-la-Molière.

Les assises qui obéissent à l'allure transversale plongent en général
vers le centre du bassin, sensiblement occupé par la ville même de Saint-
Étienne. A l'ouest de la ville, les bancs s'enfoncent, en effet, vers l'Est;
tandis que du côté opposé, entre Méons et Terrenoire, les assises plongent
plutôt à l'Ouest (voir Pl. X et XIII).

.Quant aux assises qui obéissent à l'allure *normale,* elles inclinent presque partout vers l'axe du bassin ; c'est la disposition dite en *fond de bateau.* Ainsi, le long de la lisière Nord, les couches plongent au Sud-Est, et le long de la lisière Sud, vers le Nord-Ouest (voyez les coupes de la carte générale, et les Pl. III, X, XIV, etc.).

Mais les deux pendages opposés sont loin d'être égaux. La *quille* du fond de bateau, ce que l'on pourrait appeler le *thalweg* houiller, ou la ligne de bas fond, est plus rapprochée de la lisière Sud que de la limite Nord du bassin. Cette ligne s'éloigne peu du pied du Pilat. A Rive-de-Gier, où le bassin mesure 2,000 mètres, elle s'en écarte de moins de 400 mètres. A Saint-Étienne, où la largeur est de 6,000 à 8,000 mètres, l'écartement ne dépasse nulle part 15 à 1,800 mètres. Il en résulte des pentes très

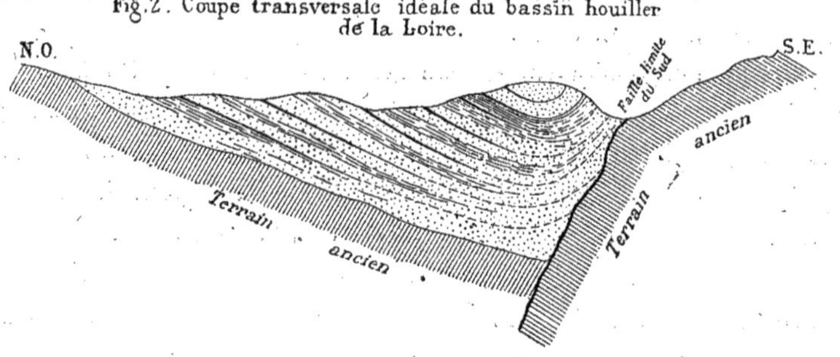

Fig. 2. Coupe transversale idéale du bassin houiller de la Loire.

inégales au Nord et au Sud. Au Nord, l'inclinaison oscille en moyenne entre 10° et 25°. Au Sud, elle atteint 40° à 50° (Montrambert), ou même 70° à 80° (Chauvetière) ; sur quelques points elle est même verticale, sinon renversée.

On peut citer, comme exemple de redressement vertical et de renversement partiel, les mines de la petite Ricamarie et de Picpierre (Pl. IV *bis* et XXII), de la Béraudière et de Rive-de-Gier, et, à la surface du sol, les bords du bassin, entre Saint-Martin-en-Coalieux et la Rivoire, au Sud Saint-Chamond. Par contre, on ne voit presque nulle part, comme dans les grands bassins du

Nord, des plis en zigzag. Les plissements de couches ne paraissent guère possibles là où la roche dominante se compose de grès. Il n'en existe qu'un très petit nombre d'exemples dans le bassin de la Loire. Il y a pourtant un pli à la mine de Combeplaine (Pl. IV *bis*), et deux ou trois moins importants dans les petites couches de Rive-de-Gier.

Je signalerai aussi des froncements de couches, comme preuve de compression latérale. On en voit des exemples aux puits Saint-Paul de Grézieux, à la petite Ricamarie, au bois d'Aveize, etc. (coupes de Rive-de-Gier, de la Béraudière, de Terre-Noire).

Les mines où la direction normale se dessine le mieux sont Montrambert et les Littes; toutes les galeries y courent sur N. 55° à 57° E.; on peut citer aussi la concession du Janon, où les voies de niveau vont en général sur N. 40° à N. 60° E. (Pl. X et XIV).

A Rive-de-Gier, la même orientation N E.-S O. apparaît dans un grand nombre de mines à Couzon, Égarande, les Verchères, le Sardon, le Gourd-Marin, Saint-Chamond, etc. (Pl. II, III et VI).

Enfin, lorsqu'on parcourt, à la surface du sol, le pendage Nord du bassin, entre Rive-de-Gier et la Fouillouse, on est partout frappé de la plongée uniforme des bancs du terrain vers le Sud-Est, ou le Sud Sud-Est.

L'allure *transversale* s'observe surtout aux mines de Roche-la-Molière, du Cluzel, de Villars, de la Béraudière, de la Chauvetière, du Quartier-Gaillard, à l'ouest de Saint-Étienne, et dans les travaux de la Grand'Croix et de la Péronnière entre Rive-de-Gier et Saint-Chamond. (Pl. IV, XII, XIII, XVI, etc.).

§ 15. — Les deux directions principales du bassin de la Loire se reconnaissent aussi, comme on doit s'y attendre, à la configuration extérieure du sol. Les coteaux et les vallons portent partout l'empreinte de l'une ou de l'autre des deux allures.

Les vallées du Gier, de l'Ondène, de la Triollière, etc., sont orientées N E-S O. Celles du Furens, du Cluzel et de Roche-la-Molière du N. au S., ou du N. 15° à 30° O. au S. 15° à 30° E. Entre les deux alignements, il y a d'ailleurs, en une foule de points, passage graduel. Si les deux directions étaient d'âges différents, il y aurait probablement faille, ou rupture, au point de rencontre. Si, au contraire, la double direction est le résultat d'un mouvement unique, on comprend mieux les inflexions des couches. Au point de croisement, il dut se produire, à la place de coupures franches, des bancs graduellement infléchis avec étirement partiel du côté de la convexité. Or, ce dernier cas est de beaucoup le plus fréquent dans le bassin de la Loire. A la mine de la Chauvetière (pl. XIV), concession de la Béraudière, les couches de l'étage supérieur courent, dans la partie Nord des travaux souterrains, du N. 21° à 15° O. sur S. 12° à 15° E., puis se détournent vers l'Est à partir de la ferme de la Chauvetière, en décrivant un grand arc régulier, parfaitement continu, qui se termine à l'alignement normal N. 50° à 60° E.

A l'extérieur, le même contour s'observe aussi ; une gorge descend du Nord au Sud, jusqu'à la ferme de la Chauvetière ; sur ce point le vallon s'infléchit à l'Est, puis au Nord-Est, pour déboucher, à la Grange de l'OEuvre, au sud de Saint-Étienne, dans la vallée du Furens. Les coteaux qui entourent le vallon se composent de bancs dont l'allure est encore rigoureusement la même. D'un côté, au mur des couches de la Chauvetière, c'est la crête N. 12° à 15° O., qui va du Deveix, par le hameau de la Béraudière, à la Croix de l'Orme, puis de là à la Grange de l'OEuvre, en se détournant vers l'Est-Nord-Est. De l'autre, au toit, c'est le Mont-Ferret qui, lui aussi, affecte d'abord la direction Nord-Sud et passe ensuite, vers son extrémité Sud, à l'alignement normal. Au sommet du coteau, on peut suivre de l'œil, dans les champs, une série de crêtes rocheuses, formées par les bancs du poudingue supérieur, qui tous décrivent des arcs concentriques, d'environ 200 mètres de rayon, en passant d'un système à l'autre[1].

La concession de la Béraudière nous fournit encore un autre exemple (voyez la planche n° XIV). A la petite Ricamarie, les veines de houille courent sur N. 65° E. ; à la mine des Genest, sur Nord vrai, plus loin, aux puits Saint-Victor et de la Pompe sur N. 15° O. ; à la mine du Crêt-de-

____

1. Ce triple contournement du vallon et des coteaux est très bien accusé sur la carte des environs de Saint-Étienne de M. Godefin.

Mars sur N. 40° O., et dans tout ce trajet, l'alignement est continu. Il n'y a pas de rejet majeur. A partir du Crêt-de-Mars, l'arc est plus ou moins rompu. Entre ce point et la mine du Brûlé, il y eut déchirement, du côté convexe des lignes de courbure. Les couches y sont partiellement laminées; puis vient une forte dislocation, la faille des *Maures*. Enfin, au delà domine l'allure normale des mines des Littes et de Montrambert. Les couches décrivent donc ici un véritable *fer à cheval;* les deux branches parallèles appartiennent à l'allure normale, le milieu à l'allure transversale.

Un contournement non moins remarquable se manifeste autour de Firminy, dans l'étage inférieur. (Pl. XIX et XX.) Les couches passent de la direction normale à l'allure transversale en suivant des arcs à peu près continus de 300 à 400 mètres de rayon.

Sur le revers Nord du Montsalson, on voit, comme sur le revers Sud de la Béraudière, l'entrecroisement des deux systèmes. Mais ici le passage est peu régulier; il se complique de plusieurs failles, qui correspondent aux profondes vallées du Cluzel et de Villebœuf. C'est l'une des parties les plus disloquées du bassin de la Loire. (Pl. XIII et XIV.) On rencontre à chaque pas des failles et des changements de direction, qui ne permettent pas de constater l'âge relatif des deux systèmes. En se bornant à ce seul district, il serait impossible de dire s'ils sont, ou non, contemporains, et lequel des deux a précédé l'autre.

Les environs de Terrenoire nous montrent, comme la Béraudière, les rapports intimes des deux systèmes : ils se manifestent là aussi à la fois par l'allure des couches et la configuration du sol. On voit successivement les trois faisceaux houillers, et avec eux les accidents de la surface, décrire une série d'arcs concentriques autour du sommet d'Avaize pris comme centre. (Pl. X.) Sur les flancs de la butte arrondie du bois d'Avaize se développent, en demi-cercles de 150 à 200 mètres de rayon, les nombreux affleurements du faisceau supérieur. L'allure des couches est successivement normale à la mine du Janon, transversale aux puits Culminant et de Terrenoire; puis Est-Ouest sur le revers Nord du bois d'Avaize.

Au pied de la butte, on voit se dérouler parallèlement la combe de Terrenoire, et, au fond de la dépression, les affleurements de la couche des *Rochettes* sous le faisceau supérieur. Plus loin encore, sous forme de cirque, viennent au Nord les coteaux de la Ronze et du grand Cimetière; à l'Est, le Mont-Garat au-dessus des hauts fourneaux; au Sud, les hauteurs de la rive droite du Janon, à l'embouchure de la gorge de Quatre-Aigues. A l'intérieur de ce dernier cirque affleurent les couches de la série moyenne, les n° 3 à 7. A son extrémité Ouest, au puits *Ramel*, concession de Monthieux, l'allure est normale, N. 60° E. A Côte-Thiolière et à la Baralière, elle devient Est-Ouest et peu après N. 65° à 70° O. Au Mont-Garat, au Nord de la Massardière, elle est rigoureusement transversale, N. 40° O.; tandis que plus loin encore, le long des coteaux qui bordent la rive droite du Janon, on retrouve la direction normale du pied du Pilat.

Enfin, sur le revers extérieur du cirque en question se voient les affleurements de la série inférieure; mais les accidents y deviennent fréquents; le terrain n'a pu se ployer, dans son ensemble, sans se rompre le long de son pourtour extérieur. De là les nombreuses failles qui sillonnent les concessions de Méons, le Cros, Chaney, Reveux, Saint-Jean-de-Bonnefond, la Sibertère, etc., et y voilent les allures ordinaires du bassin de la Loire.

§ 16. — A Rive-de-Gier, comme à Saint-Étienne, les rapports de la double direction ressortent de la configuration des nombreux plis de couches. Aux mines de la Grand'Croix (Pl. IV) les assises remontent à l'Est vers la faille du Dorlay, c'est l'allure *transversale;* tandis qu'en approchant de la lisière Sud elles se détournent graduellement vers le Sud-Est, puis vers l'Est et finalement vers le Nord-Est, parallèlement à l'axe du bassin. Il en résulte un véritable pli, dû au double soulèvement.

Dans les concessions de la Cappe et de la Montagne-du-Feu on observe des froncements pareils, autour des puits de *Lorette, Frère-Jean, Saint-Joseph, Chavanne, Neyrand, Cluzelle*, etc. Il suffit, pour les constater, de jeter les yeux sur les courbes de niveau de ce district. (Pl. III.) Enfin, dans la concession des Combes et Egarande (Pl. II et III), le puits du Cimetière est tombé sur une ride, due à deux failles transversales à pentes inverses, celle du Féloin et celle du puits *Egarande*, et si, de ce point, on se dirige vers les bords du bassin, on verra la grande couche s'épanouir et se relever contre le terrain ancien, en passant de l'orientation transversale à l'orientation normale.

Ces exemples si nombreux de passage d'un système de direction à l'autre s'expliquent sans peine dans la double hypothèse de leur simultanéité et de mouvements lents et prolongés. On ne les comprendrait guère dans la théorie des soulèvements d'âges différents. Mais nous reviendrons sur cette question en étudiant les failles du terrain houiller.

§ 17. — Passons aux rapports de stratification du terrain houiller et des roches sur lesquelles il s'appuie. L'allure générale du terrain schisteux ancien est, dans nos contrées, N. 20° à 25° E. ; tandis que celle du terrain houiller obéit tour à tour aux directions N. 50° à 60° E. et N. 20° O., qui correspondent, la première à l'axe du bassin, la seconde aux cassures transversales du dépôt houiller. Mais ce qui distingue surtout les assises houillères du schiste ancien est la discordance de l'inclinaison. Tout le long de la lisière Nord du bassin houiller la pente des schistes anciens est beaucoup plus forte que celle des assises houillères ; et, le long de la lisière Sud, où les couches du terrain houiller sont elles-mêmes fortement relevées, la pente est souvent inverse.

Citons quelques exemples :

Un des points de la lisière Nord, où la stratification s'observe le mieux est le col de Valfleury, sur le chemin de Saint-Cristôt à Saint-Chamond, auprès du hameau, dit les Grandes-Loges. Le gneiss est renversé, ou vertical, dirigé sur N. 55° à 70° E., tandis que le conglomérat houiller, déposé directement sur le gneiss, plonge de 30° à 35° vers le Sud-Est. (Voy. ci-dessous, fig. 3.)

Le contact immédiat des deux terrains se voit également au débouché de la plupart des gorges qui descendent du Pilat. Sur les bords de l'Échapre, de l'Ondène, du Janon, le terrain houiller incline beaucoup moins que les roches anciennes. De plus, presque partout, le long de la lisière Sud, les deux terrains sont séparés par une forte faille, qui ne permet pas de reconnaître leurs rapports primitifs. Cependant, le micaschiste est en général, au pied du Pilat, orienté, sur N. 20° à 25° E., tandis que les assises houillères y courent sur N. 50° à 60° E. comme l'axe du bassin.

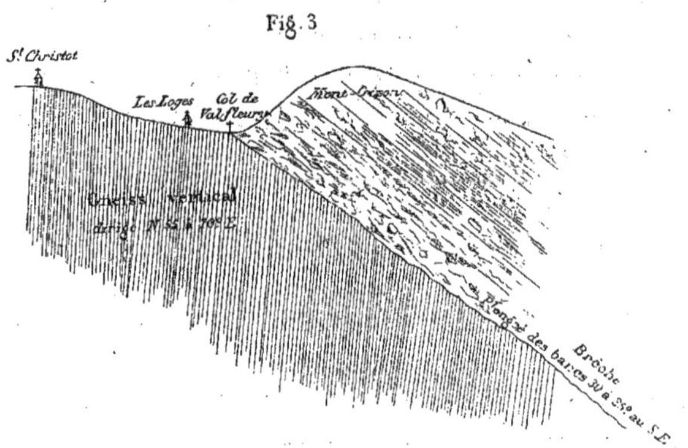

Cette grande faille limite se manifeste tantôt par une sorte de refoulement brusque du terrain houiller (Petite Ricamarie, pl. XV et XXII), tantôt par le laminage des couches et la présence constante d'un conglomérat de frottement, le long de la limite. Les assises sont verticales et broyées au col de la Croix-de-l'Orme, sur la route de Lyon au Puy. C'est l'état fragmentaire de la roche qui a rendu si difficile, sous ce col, le percement du tunnel sur la ligne du Puy, entre Saint-Étienne et Firminy. Le même refoulement des assises houillères ressort aussi de la disposition de la grande couche à la Petite Ricamarie. (Coupe de la Ricamarie au Brûlé, pl. XXII.)

Sur la route nationale, au delà de Firminy, dans l'angle Sud-Ouest du bassin, on observe, auprès de la borne kilométrique n° 71, la coupe suivante (Croquis n° 4).

Au contact des deux terrains, sur une largeur de 3 à 4 mètres, les roches houillères sont fracturées et broyées; elles se relèvent vers les schistes anciens, tandis qu'à une distance plus grande les bancs du terrain plongent vers l'O. S.-O., à l'encontre du micaschiste, dont les assises s'enfoncent de 50° à 60° vers le N.-E.

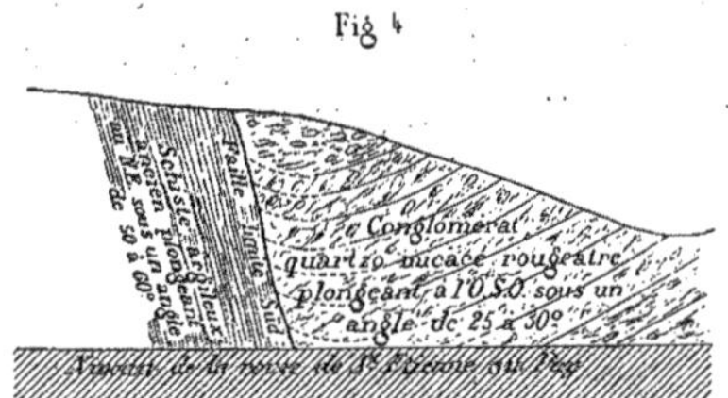

Entre Saint-Chamond et Terrenoire, auprès des villages du Creux et de la Rivoire (voir la carte d'ensemble), on voit les strates du schiste micacé nettement renversées sur les assises houillères à peu près verticales. Le long du contact se montrent des traces de glissement non équivoques.

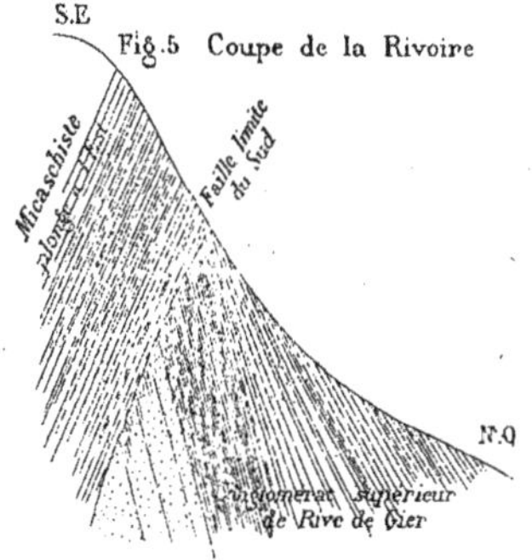

On voit, en résumé, que la superposition des deux terrains est tout à fait discordante, et qu'une grande faille longe en général la lisière Sud. Je reviendrai, au reste, sur cet accident; je montrerai que son origine coïncide avec les premiers temps de la période houillère; que les mouvements du sol, le long de cette faille, ont dû se continuer non seulement pendant toute la période houillère même, mais encore un long temps après. Ce sont ces glissements qui ont amené la compression latérale des couches et, par suite, la disposition générale de bassin houiller en forme de fond de bateau avec relèvement plus intense et mieux accusé le long de la lisière Sud.

CHAPITRE III

ACCIDENTS TROUBLANT LA RÉGULARITÉ
DU TERRAIN HOUILLER

Les accidents qui troublent la régularité d'un terrain sédimentaire sont de deux sortes : les uns, *contemporains* de sa formation ; les autres, *postérieurs* à son dépôt. Ceux-là modifient surtout la nature intime des assises ; ceux-ci affectent plutôt la forme et l'apparence extérieure du terrain.

Occupons-nous d'abord des premiers.

I

ACCIDENTS CONTEMPORAINS DU DÉPOT

§ 18. — Les accidents contemporains proviennent d'une double cause. Tantôt les assises furent altérées au moment même de leur dépôt ; tantôt plutôt remaniées comme les graviers de nos rivières, sans cesse déplacés par les hautes eaux, ou, comme les bancs de sable de nos côtes, constamment agités par les vagues. Certains bancs de nos terrains houillers semblent, en effet, avoir été entamés plus ou moins profondément par des courants. Je désignerai ces altérations par le terme d'*amincissements par érosion;* tandis que j'appellerai *variations locales* les modifications de la première espèce.

Dans les dépôts de haute mer, les modifications contemporaines sont peu importantes; l'influence des courants y est faible. Les assises conservent à de très grandes distances le même faciès, la même puissance, la même nature ; tels sont les dépôts jurassiques et crétacés, et tels aussi, jusqu'à un certain point, les terrains houillers du nord de la France, de la Belgique et de la Westphalie. La végétation a dû se développer dans de vastes lagunes closes, à l'abri des marées et des tempêtes, et de l'agitation due aux courants.

Il en est autrement, lorsque les dépôts sont d'origine littorale ou fluviatile. La forme et la nature du rivage, le nombre et l'importance des cours d'eau, la largeur et l'étendue des bassins modifient alors, en chaque point, la nature du dépôt. C'est le cas des dépôts houillers du plateau central de la France, en particulier de celui de la Loire, le plus considérable de tous. Ce qui frappe, en effet, à première vue, lorsqu'on parcourt ces bassins, c'est la variabilité des assises. Ici un banc de poudingue se change en grès, là le grès passe au schiste, ailleurs le schiste fait place à la houille. Les couches de houille se transforment de même graduellement dans le sens de leur direction, ou le long de leur pente ; le charbon devient plus ou moins tendre ou dur, gras ou maigre, pur ou impur. La puissance aussi varie dans de très grandes limites; certaines veines se renflent, de quelques centimètres, à dix ou quinze mètres, ou bien se subdivisent lorsqu'elles sont puissantes.

Des variations encore plus fortes affectent les grès et les poudingues. L'épaisseur de certains bancs augmente parfois si rapidement qu'ils prennent la forme de coins ou d'amandes aplaties vers les bords.

Si, à ces variations locales, on ajoute les *érosions* contemporaines et toutes les perturbations de dates plus récentes, telles que *failles, brouillages, étranglements,* etc., on comprendra aisément que le terrain houiller de la Loire doit opposer de sérieuses difficultés à la poursuite des travaux souterrains, et qu'il ne soit pas toujours facile de fixer, d'une façon sûre, le parallélisme des couches dans les diverses parties du bassin.

A). — **Variations des couches de houille.**

§ 19. — Citons quelques exemples de variations locales, et parlons d'abord de celles qui affectent la *qualité* et la *puissance* des couches de charbon.

A Rive-de-Gier la grande couche se modifie graduellement dans son développement de l'Est à l'Ouest. A l'extrémité orientale du bassin, dans les concessions de Couzon et de la Verrerie, le charbon est dur, terne, peu collant, tenant 33 à 34 pour 100 de matières volatiles. C'est une houille peu grasse, à longue flamme, appelée *Rafford* à Rive-de-Gier. Au centre et à l'Ouest, dans les concessions du Reclus, de Corbeyre et de la Grand'Croix, la houille est tendre, grasse et *maréchale*, dégageant 25 à 30 pour 100 de matières volatiles. Au delà encore, dans les concessions de Combérigol et du Plat-de-Gier, le charbon se rapproche de l'anthracite; les éléments volatils descendent à 24, 20, même 19 pour 100.

La *puissance* du charbon n'est pas moins variable. En suivant la vallée d'aval en amont, on voit la *grande* couche commencer à zéro, au Nord-Est de la ville, près de Montbressieux. A Couzon, elle atteint $2^m,50$ à 3 mètres, aux Verchères 7 à 8 mètres, au Reclus et à la Grand'Croix, dans le bas-fond du bassin, 10 à 12 mètres, tandis qu'elle s'abaisse de nouveau, à quelques centimètres ou à zéro, lorsqu'on remonte son pendage Nord vers les affleurements. Ainsi, à la Faverge 6 à 7 mètres, à Collenon 4 à 5 mètres, au puits Saint-Cloud, concession du Ban, $1^m,30$, et finalement, au hameau du Mulet et aux environs de Cellieux, les affleurements sont de nouveau stériles comme à Montbressieux.

La couche *bâtarde* de Rive-de-Gier éprouve des variations analogues. A l'Est de la ville, elle se compose de deux veines, ayant chacune $0^m,50$ à 1 mètre, séparées par un grès schisteux de 3 à 8 mètres. A l'Ouest, aux mines de la Grand'Croix et du Reclus, les deux veines sont confondues et mesurent ensemble 3 à 5 mètres.

6

A Saint-Étienne, les couches de houille ne sont pas plus constantes. Je me bornerai à un petit nombre d'exemples.

La troisième couche de l'étage moyen avait sous la plaine de Bérard de 3 à 5 mètres, et même au Gagne-Petit 6 à 8 mètres; tandis qu'à 500 mètres au Nord du Treuil elle est réduite, sans faille ni érosion, à 2 mètres au puits *Bourgoing*, à 1ᵐ,30 au puits *Achille*, à 0ᵐ,50, à 0ᵐ,40 au puits du *Chêne*, concession de la Roche. A l'Ouest de Saint-Étienne, au Montsalson, la même couche atteint 8 à 10 mètres, et même 12 à 15 mètres à la Béraudière et à Beaubrun.

La houille aussi de la couche en question change de *nature*. A Bérard, c'était du charbon gras ordinaire, tenant 27 à 30 pour 100 de matières volatiles avec 6 à 8 de cendres. Aux Hautes-Villes et au quartier Gaillard, on trouve 30 à 33 pour 100 d'éléments volatils et une proportion de cendres qui parfois descend à 2 ou 3 pour 100. Au delà encore, aux Platières et au puits n° 1 de Montsalson, le charbon devient très brillant et léger, perdant 36 pour 100 au feu. Enfin, à Montrambert et aux Littes, sur le versant Sud du Montsalson, la houille passe aux charbons à gaz; elle gonfle moins au feu, mais elle perd par la calcination 38 à 40 pour 100.

L'une des couches les plus changeantes des environs de Saint-Étienne, à l'Est de la ville, est celle qui est désignée sous le nom de *huitième* ou première grande couche de l'étage inférieur. A Montheil, concession de Bérard, la couche se compose de deux parties. La veine inférieure a, en moyenne, 3ᵐ,50; la houille était du charbon de forge de deuxième qualité, tendre, feuilleté à éclat vif. Au-dessus, à la distance variable de 2 à 10 mètres, se trouve la seconde veine de 1 mètre à 1ᵐ,50, dont le charbon est pierreux, entremêlé de pyrites et de fer carbonaté lithoïde. Quelquefois même le schiste et le minerai prennent presque entièrement la place de la houille.

Au Nord de Montheil, au puits du Soleil (mine Bréchignac de Bérard), les deux veines étaient réunies, ou du moins, à peine séparées l'une de l'autre par 0ᵐ,15 à 0ᵐ,20 de schistes. La puissance totale dépassait 6 mètres, et le charbon était pur sur toute la hauteur.

Au delà du Soleil, au Bessard, concession de Méons, la puissance et la qualité baissaient de nouveau. La veine inférieure se trouve ramenée à 3 ou 4 mètres; elle se bifurque même sur quelques points, au puits *Planterre,* entre autres, et le long des affleurements dans la concession du Cros. La veine supérieure s'éloigne de 10 à 12 mètres, et le minerai s'y développe d'une façon inusitée. A la place de rognons épars, il forme un banc massif de $0^m,50$ à 1 mètre, et ce minerai, de structure subcristalline, renferme exceptionnellement jusqu'à 10 pour 100 d'acide phosphorique uni à la chaux.

Au Sud de Montheil, dans le champ d'exploitation du puits *Saint-Denis* (concession de Monthieux), la couche s'altère aussi. La partie supérieure devient schisteuse et la veine inférieure se réduit à $2^m,50$. Entre le puits *Saint-Denis* et le puits *Peyret* on a même trouvé un espace, d'environ 60 mètres de long sur 40 à 50 mètres de large, où la houille de la partie inférieure cède également sa place aux schistes. J'ai pu étudier, aux deux extrémités, l'altération graduelle de la couche. De petits filets de schistes se développent entre les lits de houille et se renflent insensiblement, de telle sorte que le charbon et le schiste s'enchevêtrent mutuellement sous forme de lames minces, taillées en biseau. La transformation s'opère d'une façon complète sur une longueur de 10 à 15 mètres; finalement, il ne reste plus que quelques rares veines de charbon de $0^m,02$ à $0^m,03$ d'épaisseur. Enfin, au sud du puits *Saint-Denis,* dans le champ du puits de *l'Est*, la couche s'altère de nouveau sur son aval pendage et y devient inexploitable.

Fig. 6

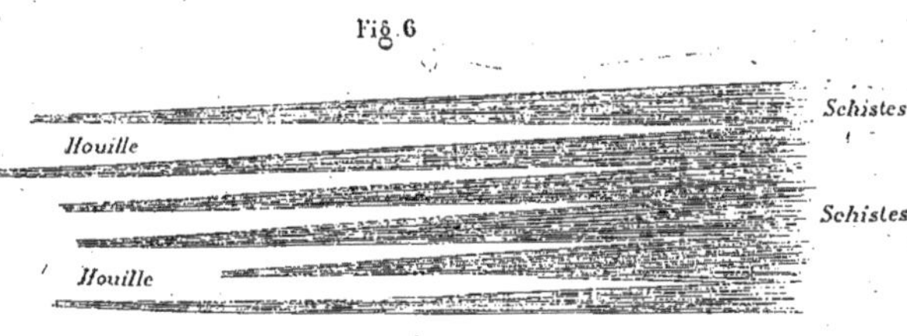

Ces massifs, plus ou moins étendus, devenus stériles par l'invasion progressive de l'élément schisteux, sont cependant rares dans le bassin de la Loire. On voit plus souvent disparaître le charbon par voie d'*érosion*, ou de dénudation postérieure. Il est alors remplacé, comme nous le verrons, par des masses de grès ou de poudingues, et, dans ce cas, le remplacement est toujours *brusque*. Mais si les îlots schisteux sont relativement rares, on voit ailleurs certaines couches se détériorer ou s'amincir définitivement dans certaines directions. Il semble en être ainsi de la grande couche principale de l'étage inférieur de Saint-Étienne, la couche n° 13, dite de *l'Étang*, à Méons et Chaney. Dans ces deux concessions, au voisinage des affleurements, le charbon de la treizième était de qualité supérieure et la couche sans *nerfs*. Mais sur son aval pendage, au Sud, vers les puits *Grégoire* (Reveux) et *Saint-Claude* (Méons), les schistes se développent entre les bancs de houille et rendent la couche presque inexploitable en profondeur.

La huitième couche, dont nous venons de parler, présente le même phénomène, dans son extension, vers l'Est. Dans les concessions de la Barallière et du Ronzy, elle mesure au maximum 2^m,60 et descend parfois à 1^m,50. Dans la concession de Saint-Jean-de-Bonnefond, on a bien retrouvé çà et là quelques renflements de 3 à 4 mètres; mais, en général, son épaisseur ne dépasse guère 1^m,40 à 1^m,50. De plus, dans ces trois concessions, le charbon est de qualité médiocre et souvent entrelardé de plusieurs nerfs.

La cinquième couche du système moyen s'amincit également du côté de l'Est. A Bérard, Monthieux et Côte-Thiolière, son épaisseur est de 1^m,50 à 1^m,80. A la Tardiverie et au delà, elle dépasse rarement 0^m,50.

Ainsi les couches de houille se renflent ou s'amincissent dans certaines directions. On conçoit, en effet, que les conditions locales ont dû être, selon les lieux, inégalement favorables au développement de la végétation houillère. Sur certains points, elle a commencé plutôt, sur d'autres cessé plus tard, en sorte que tantôt ce sont les bancs du mur, et tantôt les bancs du toit qui font défaut.

Au puits *Frère-Jean*, M. Meugy constata, en 1842, que la moitié inférieure de la grande couche disparaissait graduellement dans une galerie montante, tandis que la partie haute restait intacte. Il suit de là que le mur de la couche devait offrir, sur ce point, une sorte de protubérance, ou d'îlot, qui n'aura pas permis le développement, ou le dépôt des végétaux houillers. Plus souvent, ce sont les bancs du toit qui manquent, ou sont atrophiés par suite de l'émergence du sol ou du retrait des eaux. La description détaillée des districts nous en fournira de nombreux exemples. Pour le moment, je mentionne seulement la troisième couche au Treuil et la quinzième à la Chazotte. Ces deux couches sont surtout amincies au Nord, le long des affleurements. Il en est de même de la grande masse de Rive-de-Gier.

B). — **Variations des bancs de roche.**

§ 20. — Les roches qui séparent les couches de houille sont encore plus sujettes à se modifier que ces dernières. Leur épaisseur surtout est rarement constante. Au puits *Saint-François* du Gagne-Petit (concession de Terrenoire), on trouve, entre la troisième et la quatrième couche, un simple lit de schiste de $0^m,25$ à $0^m,30$. Les deux veines sont à peu près confondues, tandis qu'à 200 mètres de là, au puits de *Bérard,* ce faible nerf est remplacé par un banc de grès de 14 mètres. A 300 mètres au Nord, au puits *Vincent*, il atteint même 24 mètres ; et dans la plupart des puits des trois concessions de la Roche, de Bérard et du Treuil (Pl. X), la puissance de ce banc de grès varie entre 10 et 30 mètres. On voit donc ici une même assise se renfler dans le rapport de 1 à 100, sur une longueur de moins de 300 mètres, ce qui suppose une convergence des plans limites de 4° à 5°.

Pareille disposition existe à Monthieux et Côte-Thiolière, entre ces deux mêmes couches. Au puits n° 1 de Côte-Thiolière, la troisième et la quatrième couche sont réunies. A 150 mètres en amont, le long des affleurements, on constate entre les deux couches un banc de grès de 15 mètres.

Au puits *Saint-Joseph,* concession de Chaney, et dans l'ancienne exploitation voisine à ciel ouvert, on voyait les divers bancs de la grande couche inférieure (n° 13) à peu près confondus ; tandis que sur l'aval pendage, à 100 mètres de là, trois nerfs, de plusieurs mètres, divisent la couche en quatre veines.

A Rive-de-Gier, j'ai cité le banc, qui partage les deux *bâtardes*, tantôt renflé à 7 ou 8 mètres, tantôt aminci à quelques centimètres. Il en est de même de l'un des nerfs de la grande couche proche du mur. Ordinairement le nerf est schisteux et n'a pas au delà de 0^m,15 à 0^m,20. Mais à Lorette, au Bas-Reclus et à la Péronière, le schiste passe au grès, et son épaisseur croît alors assez brusquement jusqu'à 3 mètres et parfois même jusqu'à 10 mètres.

C). — **Les variations de puissance coïncident avec les changements de nature de la roche.**

§ 21. — A chaque changement notable de puissance correspond une modification de la roche. On voit croître simultanément la grosseur du grain et l'épaisseur du banc. Le schiste passe au grès et le grès au poudingue. Lorsque le passage est brusque, il en résulte des bancs *cunéiformes* ou en *biseau*. On en voit de nombreux exemples dans les carrières qui environnent Saint-Étienne. Je citerai en particulier deux coupes, dont j'ai pu relever les principales dimensions.

Dans la carrière du sieur Lacombe, au lieu dit le Clapier, aux portes mêmes de Saint-Étienne, j'ai observé, en avril 1845, la coupe suivante :

Fig. 7

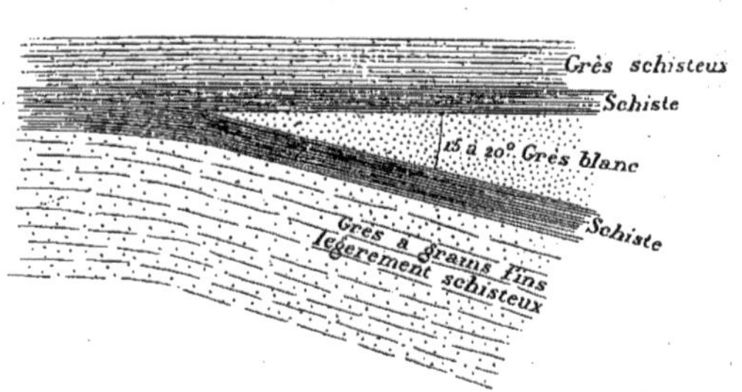

Un gros banc de grès (*taille*) à grains moyens naît tout à coup en forme de coin, au milieu de veines argilo-schisteuses. L'inclinaison du banc supérieur diffère de 15 à 20° de celle de l'assise inférieure.

La seconde coupe est plus étendue.

Aux environs de l'ancienne maison communale d'Outrefurens, au lieu dit la Roche, on pouvait voir, il y a trente ans, dans une carrière abandonnée, le passage graduel, sans faille, de strates à peu près horizontales à des bancs voisins de la verticale.

Voici la coupe de la carrière, dressée à l'échelle et pourvue de cotes.

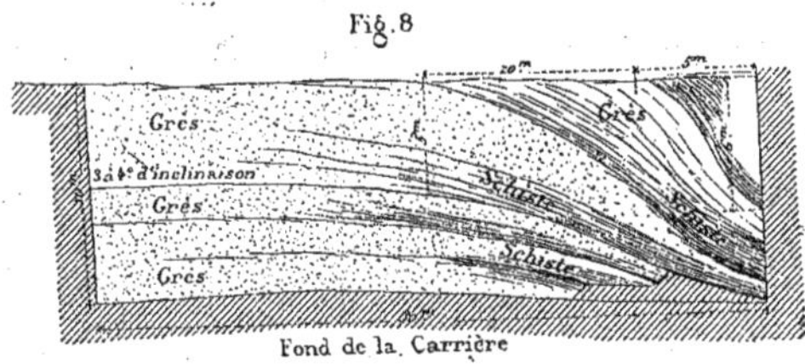

Les bancs de grès cunéiformes sont séparés les uns des autres par de minces lits d'argile schisteuse. A mesure que l'on avance vers l'arête aiguë du coin, on voit le grain diminuer de grosseur, le grès massif se transforme en grès schisteux et ce dernier en schiste. Le banc principal se réduit, sur une longueur d'au plus 10 mètres, dans le rapport de 10 à 1, et la roche passe du grès blanc grossier à un schiste arénacé fin, gris charbonneux.

Il est évident qu'une pareille disposition suffit pour changer complètement l'allure des couches. Dans ce cas, on se tromperait gravement si de l'inclinaison des assises à la surface du sol on voulait en conclure la marche des veines de houille en profondeur. Toutefois il ne faut pas non plus s'exagérer l'influence des bancs *cunéiformes*. Leur importance est le plus souvent locale et restreinte. Les bancs, au lieu de grossir au loin dans certaines directions, conservent plutôt l'épaisseur acquise ou s'amincissent de nouveau sous forme de lentilles. Le plus souvent aussi les assises supérieures tendent à opérer une sorte de nivellement; ils comblent les inégalités et rétablissent l'allure première du terrain.

Malgré cela, comme on vient de le voir pour le massif de grès qui sépare les couches n° 3 et 4, les bancs cunéiformes s'étendent parfois à de grandes distances et modifient alors, d'une façon notable, non seulement l'intervalle, mais aussi l'inclinaison des couches de houille.

D). — **Mode de formation des bancs cunéiformes.**

§ 22. — Le mode de formation des bancs cunéiformes s'explique par ce qui se passe encore aujourd'hui au sein des lacs alpins. Là, où des torrents se jettent dans ces lacs, on voit les galets et le sable se déposer en bancs inclinés. Si l'inclinaison du fond est primitivement faible, elle ira croissant jusqu'à la limite des talus d'éboulement; les galets s'arrêtent les premiers sur la pente. Le banc sera grossier en amont, sableux en profondeur; c'est le cas des carrières de La Roche. Si, au contraire, l'inclinaison première est forte, les gros galets rouleront au bas du plan incliné et la pente s'adoucira peu à peu jusqu'à la même limite du talus d'éboulement.

On peut conclure de là que les bancs cunéiformes dénotent d'une façon positive un mode de formation rigoureusement littoral. Par conséquent, les carrières dont je viens de parler, quoique situées au centre même du bassin houiller, à 4,000 mètres du terrain ancien, devaient correspondre au rivage proprement dit du bassin, lors du dépôt des strates que l'on y exploite aujourd'hui. En d'autres termes, ce mode de dépôt prouve que le rivage du bassin s'est sans cesse déplacé pendant le cours même de la période houillère, et que la largeur du bassin a graduellement diminué.

E). — **Bancs de grosses amandes lenticulaires.**

§ 23. — Les bancs en forme de coin, que je viens de mentionner, croissent et décroissent assez souvent à des intervalles de quelques mètres. Les assises du terrain houiller sont alors transformées en masses lenticulaires, sortes de grosses *amandes,* couchées suivant le sens de la stratifica-

tion au milieu de grès schisteux à grains fins. On les rencontre spécialement dans les régions où domine le grès schisteux argilo-micacé. De
pareilles masses n'ont pu se former, loin des rivages, au fond d'un bassin.
C'est l'œuvre d'un cours d'eau mal réglé, sans cesse occupé à remanier le
fond sur lequel il coule. De pareils dépôts dénotent une période agitée,
peu favorable au développement de grands amas végétaux; aussi n'accom-
pagnent-elles jamais les couches de houille; elles caractérisent plutôt les
grands étages stériles. On peut citer en particulier la partie haute du poudingue grossier de Saint-Chamond, qui sépare Rive-de-Gier de l'étage inférieur de Saint-Étienne. L'un des points où ces masses lenticulaires se
voient le mieux est situé au Nord-Est de Saint-Chamond, entre le ruisseau
des Arques et celui du Fay. Tout le plateau qui s'étend de l'un de ces
torrents à l'autre se compose de schistes grossiers, argilo-micacés, par-
semés de lentilles de grès dur caillouteux, dont la longueur varie de 1 à
3 mètres, et l'épaisseur moyenne de $0^m,40$ à $0^m,80$. (Voir fig. 1, § 11.)

§ 24. — La *variabilité* des assises est l'un des caractères saillants des
bassins du Centre de la France comparés à ceux du Nord de l'Europe. Tandis
que dans le Nord les coupes de deux puits voisins offrent le plus souvent de
grandes analogies, et que les couches de houille, ainsi que les bancs de
schistes et de grès, se poursuivent au loin sans modifications notables, il en est
tout autrement dans la Loire. Les exemples déjà cités le prouvent surabondamment, et, pour s'en convaincre, il suffirait d'ailleurs de parcourir avec
quelque attention les coupes verticales de notre atlas. Mais cela ressortira
mieux encore des exemples suivants, qui montrent les changements que les
roches éprouvent parfois, dans leur nature intime, à moins de 100 mètres de
distance. Dans la concession du Treuil, le toit de la troisième couche change
quatre fois dans un parcours de moins de 1,200 mètres. Au puits de la *Providence* le terrain est schisteux; plus au Nord, dans les carrières du Treuil,
paraît un banc de grès (*taille*) de 12 à 15 mètres. Au Nord-Est des carrières,
les schisteux reparaissent au puits *Achille*, puis de nouveau le grès au puits
du *Chêne*.

Les puits qui desservent la treizième couche offrent des variations tout aussi considérables. Le toit immédiat de la couche est à peu près partout essentiellement schisteux ; mais au-dessus on observe les plus grandes différences. A Chaney, c'est du grès (*taille*) ; aux puits de Méons, *St-Claude* et de la *République*, les schistes et les grès schisteux dominent. Plus à l'Est, dans les concessions du Montcel, de la Chazotte et de la Calaminière, le grès ordinaire passe au poudingue schisteux, argilo-micacé.

Ces exemples, et beaucoup d'autres que je pourrais citer, prouvent que les coupes *détaillées* des puits offrent en général peu d'intérêt ou, du moins, ne peuvent guère servir à fixer le parallélisme des couches rencontrées. Les *grandes* masses arenacées ou schisteuses sont seules assez constantes pour servir de points de repère, et même ces grandes masses se modifient peu à peu, au point de devenir presque méconnaissables, si on ne les poursuit pas à pas.

En voici un exemple :

Au puits n° *3 de Montsalson*, le toit de la grande couche inférieure (la huitième) est formé de grès fin, partagé par de très faibles lits de schistes en une série d'assises minces. L'ensemble a une puissance d'environ 50 mètres. Au-dessus viennent, jusqu'à la couche n° 7, une alternance de schistes et de grès schisteux contenant cinq petites veines de houille (voyez, pl. XXII, la coupe de Montsalson). Dans la concession voisine du Cluzel, située au Nord, les bancs de grès se renflent, les schistes et les cinq veines charbonneuses disparaissent en partie. Au delà, dans la concession de Villards, on ne voit plus que du grès grossier divisé en bancs massifs. Des cinq veines de houilles, deux seulement persistent encore. On les retrouve cependant de nouveau, quoique amincies, vers le Sud-Est, au puits de *la Pompe* (Pl. XXIII.). Enfin, dans la partie orientale du bassin, à Montheil, au Grand-Ronzy, etc., une seule veine subsiste entre la septième et la huitième, et le grès ordinaire (*taille*) fait place à des grès ou poudingues schisteux, argilo-micacés, pétris de noyaux de quartz.

F). — **Amincissements par érosion.**

§ 25. — Les formations littorales et fluviatiles offrent des traces fréquentes de remaniement. A chaque crue, les courants et les vagues tracent des sillons sur la plage ancienne et les comblent avec des matériaux nouveaux. Un courant, qui peut charrier des galets, entame les lits de sable sur lesquels il coule. Or ce qui arrive aujourd'hui a dû se passer aux époques antérieures. Effectivement, il est rare qu'un banc de poudingue, ou de grès grossier, succède régulièrement aux schistes ou à une couche de houille. Presque toujours la surface de contact est *ondulée;* on voit la roche à gros grains pénétrer obliquement dans l'assise inférieure et en couper les strates sous un angle aigu. Au premier abord, la superposition peut sembler transgressive, tandis qu'en réalité c'est le résultat d'une simple érosion, d'une sorte de ravinement de la strate immédiatement antérieure. Lorsqu'une couche de houille se trouve ainsi entamée, le mur se poursuit sans interruption; le charbon lui-même n'est pas altéré, mais le toit est fortement *bosselé.* Il y a dénudation et entraînement partiel par le courant qui a amené les galets. C'est un véritable amincissement par érosion ou ravinement.

J'en citerai quelques exemples :

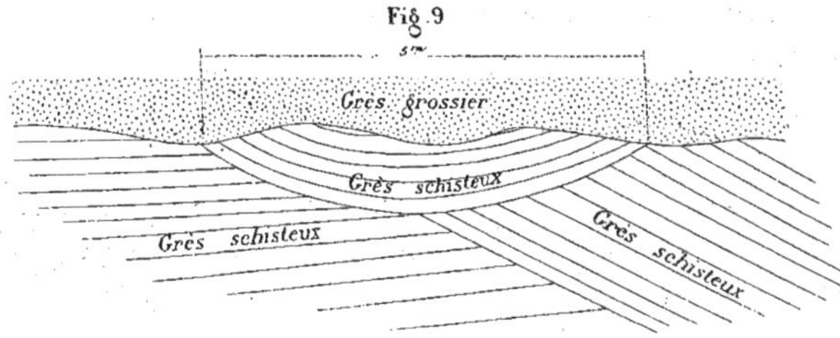

Dans la tranchée de l'ancien chemin de fer de Montrambert, non loin du château Creux, j'ai relevé la coupe (Fig. 9 ci-jointe) :

Non seulement le grès grossier a entamé le grès schisteux, mais le grès schisteux lui-même s'est déposé sous l'action de courants antérieurs[1].

La cinquième couche du système moyen est habituellement couverte, sous la plaine de Bérard, par un à deux mètres de schistes fins (*le faux toit*), auxquels succède de bas en haut un puissant banc de grès (*taille*), presque toujours grossier vers la base. Partout où se rencontre le schiste du toit, la couche est régulière et le toit bien uni. Mais sur quelques points des travaux du puits *Thibaut* (concession de Terrenoire) et au Nord-Est du puits *Valery,* dans la concession du Treuil, le schiste a disparu ; on voyait le grès entamer la houille et en couper les lits en biseau, sans aucun indice de glissement ni de frottement. Le toit est alors *bosselé* ou *ondulé*, et l'épaisseur de la couche, sur une certaine étendue, ramenée de 1^m,60 à 0^m,40 ou 0^m,50.

Fig. 10

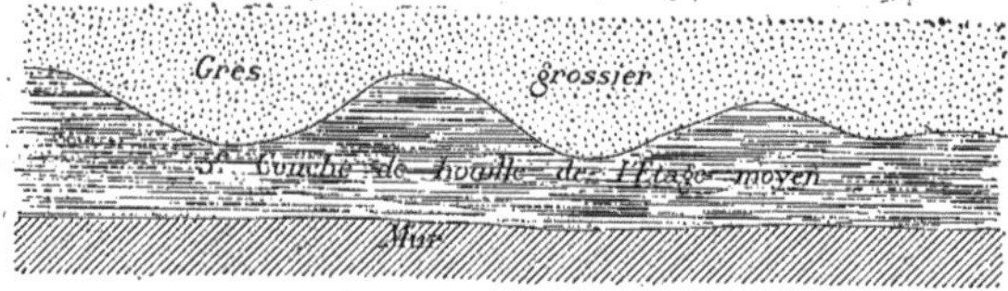

Le même fait se reproduit sur une foule de points dans le bassin de la Loire. Partout où un grès un peu grossier n'est séparé de la houille que par des schistes d'une faible épaisseur, on doit craindre de le voir descendre jusqu'au niveau du charbon et l'entamer à son tour plus ou moins profondément. C'est ce qui est arrivé dans la *bâtarde* supérieure de Rive-de-Gier, au puits *Jamen,* concession des Verchères, ainsi que dans les travaux des concessions de Combeplaine et de Frigerin. J'ai observé le même fait dans la grande masse de Rive-de-Gier du district de la Grand'-

---

1. Ces stratifications obliques et presque transgressives se rencontrent uniquement dans les terrains de formation littorale. Dans les carrières de Couzon, au Mont-Dor lyonnais, j'ai vu des coupes tout à fait pareilles, vers la base du calcaire à entroques.

Croix, et aussi dans les petites couches (groupe 9 à 12) de l'étage inférieur de Saint-Étienne, aux puits *Deville* et *St-Jean* du Cluzel, et dans certaines galeries de la couche de la Grille, à Roche-la-Molière, etc.

Mais l'exemple le plus frappant que je connaisse est l'amincissement de la grande couche du quartier Gaillard, le long de la limite sud du Champ d'exploitation du puits des *Garennes*. Les galeries d'allongement, poussées dans cette direction, sont toutes arrêtées le long d'un étranglement que l'on avait attribué à une faille, mais qui, en réalité, est un simple amincissement par érosion. (Pl. XIII.) On peut s'en convaincre, même sans descendre dans les travaux souterrains, en étudiant les affleurements de la couche à l'Ouest du puits des *Garennes*. En suivant du Nord au Sud les traces de la grande couche (troisième) du quartier Gaillard, on constate d'abord au toit un épais banc de schistes; mais bientôt on voit apparaître du grès et, au delà, un grossier poudingue, dont la puissance grandit rapidement. C'est la crête rocheuse, dentelée, que l'on aperçoit de Saint-Étienne, à l'horizon Ouest, entre le Mont-Salson et le Montaud. Le poudingue absorbe, ou remplace, successivement la masse entière des schistes, puis entame finalement la houille elle-même. L'amincissement commence, au haut du coteau, à l'origine d'une légère dépression et se continue vers le Sud jusqu'au bord de la nouvelle route de Saint-Étienne à Saint-Just. Le charbon se voit dans tout ce parcours directement sous le grès-poudingue; mais sa puissance normale est ramenée de 4 ou 5 mètres à moins d'un mètre, et souvent même à 0^m,40.

(F). — **Gravité des accidents dus aux amincissements.**

§ 26. — Ce qui précède nous montre que les *amincissements* de couches peuvent provenir de diverses causes; les unes sont contemporaines du dépôt, les autres immédiatement postérieures. Dans le premier cas, le développement de la houille s'est trouvé géné au moment même de sa formation; dans le second, la couche fut entamée et ravinée par *érosion* peu après son dépôt. Dans les deux cas, la disparition partielle ou totale de la couche est un fait grave, que rien ne laisse prévoir, et dont on ne peut apprécier l'étendue. Lorsqu'une couche de houille est limitée par une *faille,* on sait qu'elle est simplement *déplacée* de 10, 20... 100 ou 200 mètres, et même parfois davantage; mais, à part certains cas fort rares, on sait positivement qu'on la retrouvera au delà dans des conditions peu différentes. Par contre, une couche *amincie,* par l'une des causes que nous venons de mentionner, peut fort bien ne jamais reprendre son allure première et même disparaître entièrement. En tout cas, on ne peut prévoir la largeur de la zone ainsi amincie; aussi le mineur, qui poursuit les traces restantes, ne peut reconnaître à aucun signe infaillible s'il retrouvera finalement le gîte avec son allure primitive et jusqu'où il devra poursuivre sa recherche.

II

ACCIDENTS AFFECTANT LE TERRAIN HOUILLER
POSTÉRIEUREMENT A SON DÉPOT

§ 27. — Le terrain houiller n'est plus dans l'état où il se trouvait vers la fin de la période carbonifère. Déjà à l'époque même de sa formation il a dû subir des oscillations, tantôt lentes, tantôt brusques. Sans ces mouvements, il serait difficile, en effet, comme nous le verrons, de comprendre la succession des couches de charbon. Mais ces mouvements ont continué depuis lors; les assises houillères furent tour à tour comprimées, abaissées ou relevées, fracturées, etc. De là, les disloscations qui troublent leur régularité. Le plus souvent, ce sont des *failles,* mais il en est résulté aussi des *brouillages,* des *étranglements,* des *barrages,* etc.

Tous ces accidents, les mineurs de la Loire les appelaient jadis indifféremment *crains* ou *coufflées;* le premier terme était surtout usité à Rive-de-Gier, le second plutôt à Saint-Étienne. On confondait aussi sous ces deux noms les amincissements par érosion, et l'on n'en distinguait réellement que les failles de faible importance, les simples *sauts, rejets* et *glissements.*

Cette confusion fâcheuse subsiste même encore en partie, et les recherches s'en sont parfois ressenties. Pour éviter pareille méprise, il faut avant tout bien caractériser chaque sorte d'accidents. C'est ce que je vais tâcher de faire, en donnant quelques détails sur chacun d'eux.

Commençons par les *failles* qui sont, de tous les accidents, les plus fréquents.

A). — Failles, rejets, sauts et glissements.

§ 28. — On entend par *faille* une fente qui coupe et déplace les assises d'un terrain. Les mineurs de la Loire l'appellent *coufflée* ou *crain,* lorsque le déplacement paraît notable; *rejet,* ou plutôt *saut,* dans le cas contraire ; *glissement,* lorsque le plan de rupture diffère peu du plan de la couche et que celle-ci est plutôt infléchie et étirée, suivant le sens du déplacement, que nettement coupée.

Mais à part ces différences, qui varient du plus au moins, les caractères de ces accidents sont à peu près les mêmes. Ce que je dirai des failles s'applique donc aussi, réduit à une moindre échelle, aux *rejets, sauts* et *glissements.* Ces derniers sont les avant-coureurs des failles. Ils accompagnent ou précèdent les dislocations majeures.

D'après le sens du déplacement, on divise les failles en *directes* et *inverses.* En général, le massif, placé au toit de la fente, a glissé sur le mur; c'est le mouvement naturel, sous l'action de la pesanteur[1]. De là les termes de failles *directes,* ou failles de *glissement.*

Cependant les assises semblent quelquefois aussi avoir remonté le plan de la faille : ce sont les failles *inverses* ou de *refoulement.*

Occupons-nous d'abord de ces dernières :

§ 29. — Failles inverses. — Les failles inverses se rencontrent rarement, et le déplacement n'est jamais considérable. Ce sont, en général,

---

1. C'est le sens étymologique du mot *faille,* qui vient du verbe allemand *fallen* (tomber).

de simples rejets, ou glissements, d'une faible étendue. Ils résultent d'une forte compression latérale qui a partiellement refoulé le terrain sur lui-même. En Belgique, où cette compression latérale se manifeste par l'allure en zigzag, que tout le monde connaît, les failles inverses sont aussi moins clairsemées; mais dans la Loire, où le terrain houiller est simplement relevé vers les bords, ces accidents sont réellement exceptionnels. En Westphalie, comme en Belgique, les failles inverses ne sont pas très rares.

Je connais à Saint-Étienne un seul pli en zigzag, celui de la concession de Montbressieux (pl. I), et à peine quatre ou cinq failles de refoulement peu étendues, tandis que les failles directes se comptent par centaines. Cette circonstance est heureuse, car, si les failles inverses étaient fréquentes, on serait facilement embarrassé dans les travaux de recherches. On ne saurait s'il faut pousser les fouilles vers le toit ou vers le mur.

Les quelques failles inverses que je vais citer appartiennent surtout aux mines de la lisière Sud, où, grâce au Pilat, le relèvement des assises est à peu près vertical.

M. Meugy mentionne une pareille faille dans la concession de Couzon; c'est la plus considérable du bassin de la Loire, à ma connaissance. A 100 mètres du terrain ancien, le puits *St-Lazare* traverse deux fois les couches bâtardes. Le déplacement est de 60 mètres. (Pl. IV *bis.*)

Dans la concession de Trémolin, au Nord de Rive-de-Gier, le puits *Donat* recoupe également deux fois la couche Bourrue à la faible distance de 6 mètres; et dans les travaux, non loin du puits, on a pu constater un second recouvrement de $1^m,30$.

A Saint-Étienne, plusieurs directeurs de mines avaient considéré longtemps comme failles inverses celle qui passe au puits *St-Simon* de Montieux, et celle qui sépare, à Méons, le puits *Mars* du puits *St-André.* Tout le monde reconnaît aujourd'hui que ce sont de grandes failles directes ordinaires.

Les simples recouvrements, dans le genre de celui du puits *Donat,* se rencontrent plus souvent. En voici trois exemples :

, Dans les travaux du puits *St-Antoine*, à Montbressieux, M. Meugy a vu la couche bâtarde refoulée sur elle-même sur une étendue de 2^m,50.

Fig. 11

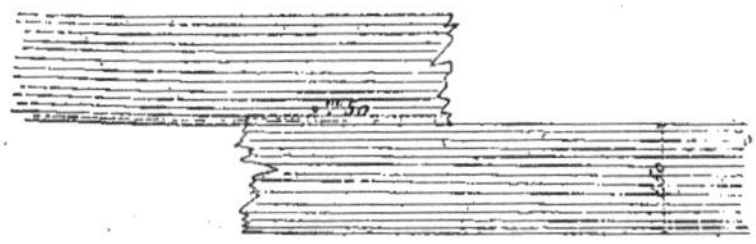

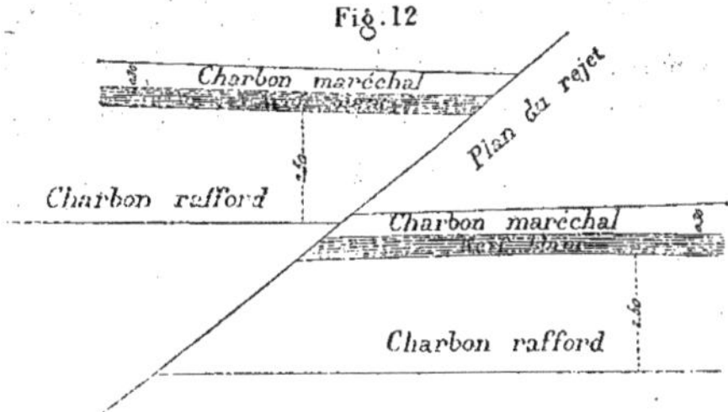

Dans la mine de Couzon, non loin de la limite des Combes, j'ai

Fig. 12

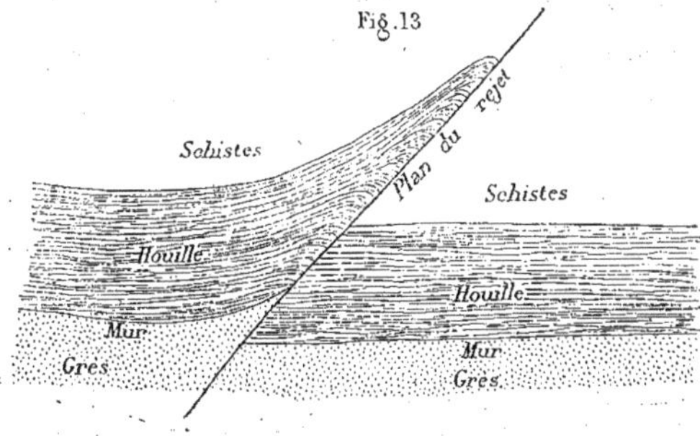

observé la grande couche, remontée le long d'un plan de glissement peu incliné, comme le montre la coupe ci-dessus.

Fig. 13

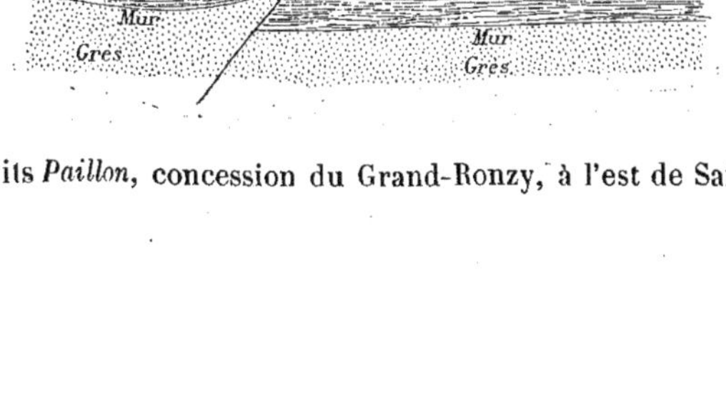

Au puits *Paillon*, concession du Grand-Ronzy, à l'est de Saint-Etienne,

8

un accident analogue affecte la huitième couche, dont la puissance était sur ce point de 2 mètres à 2^m,50. La couche remonte sur elle-même, le long d'une faille plate, et présente la disposition du croquis ci-dessus, tel que je l'ai relevé dans la mine même.

En résumé, on le voit, les exemples de recouvrement ou de croisement de couches se montrent çà et là ; mais ce sont rarement, dans le bassin de la Loire, de véritables failles d'une certaine étendue. Le long de toutes les grandes failles, le terrain a glissé, presque sans exception, dans le sens de la pente naturelle du plan de rupture.

§ 30. — Failles directes. — Commençons l'étude des failles *directes* par les accidents les plus simples, les moins importants.

Les failles, avons-nous dit, sont des fentes qui non seulement *coupent*, mais aussi *déplacent* les assises du terrain. Cependant, il est des coupures qui ne *rejettent pas* les bancs; elles sont même fréquentes dans certaines couches de houille, et rendent alors l'abatage du charbon plus dangereux, ou plus facile, selon la position de ces fentes par rapport à l'axe du chantier. Ce sont les simples *tranchants*, qu'il ne faut pas confondre avec les failles.

Les tranchants n'ont pas toujours une direction fixe; cependant, dans un même district, ils correspondent en général à une série de plans parallèles assez rapprochés. Lorsque les tranchants, ce qui est le cas ordinaire, sont limités à un simple banc, soit de roche, soit de houille, on ne peut guère y voir qu'un effet de retrait ou de clivage; mais lorsqu'ils passent d'un banc aux bancs inférieurs et supérieurs, ils semblent plutôt le résultat d'une force extérieure. Il y a eu véritable fracture. Ce sont des failles en germe, où le déplacement est resté nul. On en rencontre aux approches des failles proprement dites, dont ils partagent alors la direction et la pente.

§ 31. — Les failles peu importantes, appelées **sauts, rejets** et **glissements,** se réduisent le plus souvent à un simple plan sans épaisseur. La coupure est nette, franche, à part les cas de forts glissements. Comme le déplacement est peu important, les assises conservent sensiblement la même direction des deux côtés du plan de la faille. Dans ce cas, l'accident est facile à franchir ; le mineur retrouve sans peine la couche rejetée ; il suffit de suivre la faille selon le sens de l'angle obtus.

Aux dislocations majeures correspondent des fentes d'une certaine épaisseur ; elles sont, les unes *planes* et *régulières*, les autres *ondulées* ou *bosselées*. Dans les deux cas, la fente est remplie de débris arrondis et broyés du terrain encaissant ; ce sont des filons sans ciment incrustant.

§ 32. — Les failles *planes* et *régulières* coupent les assises d'une façon nette, comme les simples sauts. Le toit et le mur sont lisses et comme polis par frottement. L'inclinaison est uniforme. L'épaisseur de la fente ne dépasse guère un à deux décimètres, et le remplissage se compose surtout de houille et de schistes argilo-charbonneux, finement broyés ; ce sont les éléments les plus friables des parois.

La plupart des failles du bassin de la Loire appartiennent à cette classe, en particulier celles qui occasionnent un déplacement de moins de 50 à 60 mètres.

§ 33. — Les failles sont *bosselées* lorsque les parois de la fente offrent des ondulations plus ou moins fortes. La largeur de la fente varie alors de quelques centimètres à plusieurs mètres, et le remplissage ne se compose plus uniquement d'argile charbonneuse, froissée et laminée, mais aussi de blocs de grès à arêtes émoussées, solidement empâtés au milieu de débris fins argilo-schisteux. L'irrégularité des failles *ondulées* résulte en partie de la consistance variée des assises du terrain. Le glissement du toit sur le mur a broyé les bancs tendres, tandis qu'il a divisé en blocs les roches dures.

Mais les failles *ondulées* sont surtout la conséquence de mouvements considérables ; elles ne résultent plus d'un simple déplacement du toit ou du mur. On constate souvent des effets de refoulement ou de compression, et l'on observe, en tout cas, des deux côtés de la faille, dans l'allure du terrain, un changement complet.

Lorsqu'on rencontrait autrefois de pareilles failles, on considérait inutile toute recherche ultérieure ; de là, cette assertion, si souvent reproduite dans le mémoire de l'ingénieur *Beaunier* sur le bassin de la Loire (*Annales des Mines,* année 1816), « que les couches de Saint-Étienne, *au dire des mineurs,* paraissent toutes se terminer en profondeur ». Il est certain que les failles *ondulées* occasionnent un déplacement considérable ; les recherches sont difficiles au delà, et le champ d'exploitation y trouve une limite naturelle. Il peut même arriver que la faille ait ramené *au jour* le terrain inférieur et que la couche rejetée ait été balayée ou détruite par dénudation; mais aussi, d'autre part, lorsque le rejettement se fait *en profondeur,* on peut être certain que l'interruption du gîte n'est pas définitive.

Toutes les grandes failles du bassin de la Loire sont des failles plus ou moins ondulées. Je citerai, à Saint-Étienne, les deux failles à pentes opposées qui bordent, à l'Est et à l'Ouest, le coteau de Montheil (pl. X et plan d'ensemble); la grande faille de la vallée de Furens, entre les mines du Treuil et du quartier Gaillard (pl. X et XIII); celle de Saint-Genest-Lerpt, qui sépare le Cluzel de Roche-la-Molière (pl. XIII et XVI); la grande faille qui borde au Sud les travaux du Gagne-Petit (pl. X); celle qui isole la mine de la Chana de la mine de Villards (pl. XII); etc., etc.

Disons quelques mots de la faille du Gagne-Petit, dont j'ai pu étudier l'allure, au moment où on la suivait par une descenderie le long de sa ligne de plus grande pente.

Les mines du Gagne-Petit et de Monthieux sont bornées par une très grande faille passant par le pied de la colline de Saint-Roch. (Voir plus loin, fig. 19 et pl. X et XI.) Elle est à peu près dirigée de l'Est-Sud-Est à l'Ouest-Nord-Ouest, et plonge au Sud. Les couches exploitées sur ce point (les n°ˢ 3 à 8) font partie des étages moyen et inférieur de Saint-Étienne, tandis qu'au toit de la faille paraissent les bancs stériles de l'étage supérieur. C'est une faille de 250 à 300 mètres, car elle embrasse tout l'intervalle compris entre la troisième couche et la partie haute de l'étage supérieur. Ses limites extrêmes en direction ne sont pas connues. Cependant, à l'Ouest, elle sépare le puits de la *Providence* (Treuil) du puits de *Villebœuf,* et doit se rattacher, sous la ville même de Saint-Étienne, à la grande faille du Furens. A l'Est, elle rejoint la faille du Soleil, au Sud de Monthieux, vers le bois d'Aveize (pl. X). On a suivi l'accident, par une descenderie, sur une hauteur verticale de 40 mètres. Partout il offrait les caractères d'une grande irrégularité. Son inclinaison et sa puissance variaient de mètre en mètre ; tantôt on rencontrait des renflements de plusieurs mètres, peu après, des parties étranglées de quelques centimètres. Dans les élargissements se trouvaient des blocs de grès à arêtes émoussées, imparfaitement cimentés par des débris plus fins ; dans les régions serrées, des schistes finement broyés. Au toit et au mur la stratification est tout à fait différente ; le plan de la faille est partout fortement ondulé.

J'ai suivi également la faille qui sépare la Chana de Villards ; j'en parlerai dans le paragraphe suivant.

De pareils accidents forment la limite naturelle des champs d'exploitation, mais ce ne sont pas, comme beaucoup de mineurs semblent le croire encore, les limites proprement dites du gîte. Au sud de la faille du Gagne-Petit, sous la colline de Saint-Roch, on retrouvera, en profondeur, comme à Villebœuf, la suite de l'étage moyen, et, à Villards, pareillement la couche rejetée de la Chana.

§ 34. — FAILLES SIMPLES. — Les failles dont je viens de parler peuvent être *simples* ou *multiples* : le résultat d'une fente unique, ou le produit d'une série de fentes parallèles plus ou moins rapprochées. Cette distinction est indépendante de l'importance du rejet. Cependant les failles *simples* sont plutôt petites, planes, régulières ; les failles *multiples,* plus souvent considérables, inégales, ondulées.

Comme failles *simples,* je citerai celle du puits *Thibaut,* au Gagne-Petit, et celle du puits du *Maronnier,* concession de Bérard. Elles déplacent l'une et l'autre les assises houillères de 25 à 30 mètres, amenant la troisième couche au niveau de la cinquième (pl. X).

On peut ranger dans la même catégorie la grande faille de 300 mètres du Soleil, entre la plaine de Bérard et Montheil (pl. X) ; plusieurs grandes failles de la concession de Villards ; celles du puits *St-Jean,* à Chaney (pl. IX) ; celle du Féloin (Rive-de-Gier), au voisinage des puits *Couloux* et *S'-Lazare*, etc.

§ 35. — Failles a gradins. — Les failles *multiples* résultent d'un ensemble de fentes parallèles plus ou moins rapprochées. Au lieu de déplacer les couches en une seule fois, le long d'une fracture unique, ces failles divisent les assises en une série de gradins successifs, qui les amènent par degrés d'une position à l'autre. Par ce motif, je les appellerai *failles à gradins*.

Entre les rejets extrêmes on rencontre, à divers niveaux, des lambeaux de couche plus ou moins tourmentés, et lorsque le mineur croit avoir retrouvé le gîte régulier, il est arrêté par un nouveau saut. Il faut franchir d'autres gradins, et alors, bien souvent, faute de persévérance ou par le fait de difficultés réelles, on abandonne les travaux de recherches avant d'avoir parcouru toute la série des rejets successifs.

La concession de la Chana offre un exemple bien net de *failles à gradins*. C'est le grand accident nord-sud du puits *Robinot* qui sépare les travaux de la Chana de ceux de Villards (pl. XII). En 1846 et 1847 on suivit la faille, par une descenderie, en partant de la mine du puits de la *Doa*. Un premier gradin, d'une vingtaine de mètres, amena la découverte d'un lambeau de couche assez tourmenté, dont la largeur variait de 15 à 20 mètres. Un second rejet parallèle abaissa le terrain d'environ 30 mètres et conduisit à un deuxième lambeau de 28 à 30 mètres, qui lui-même était incliné, dans le sens de la faille, sous l'angle moyen de 12° à 15°, la faille elle-même ayant une pente de 50° à 60°. Enfin un dernier saut de 7 à 8 mètres aboutit à une couche régulière, aujourd'hui exploitée du côté de Villards. Les trois gradins produisent un notable changement de direction. En amont, les assises plongent au Sud-Ouest ; en aval, vers le Sud-Est. La couche retrouvée à Villards n'est d'ailleurs pas celle de la Chana, comme on l'a cru longtemps. C'est la *huitième* couche, tandis que celle de la Chana semble plutôt être la *quinzième*. La faille est, par suite, beaucoup plus considérable qu'on ne le supposait.

Une faille de même genre sépare, à Saint-Étienne, le puits des *Chaux* de celui du *Grand-Treuil* (pl. X). Au fond des travaux du puits des *Chaux* on a franchi deux gradins dans la couche n° 15. Le rejet supérieur incline de 50°, le gradin inférieur de 60°, et le lambeau de couche qui les sépare plonge dans le même sens de 8° à 9°. La largeur du lambeau est de 21 mètres. Le gradin inférieur n'a pas été poursuivi jusqu'à son pied. On n'est même pas allé, comme à Villards, jusqu'à la huitième couche. Il faudrait probablement franchir encore de nouveaux gradins plus considérables que les deux premiers.

Nous fixerons l'importance de ces deux grandes failles lors de la description des districts.

L'accident du Gagne-Petit, déjà mentionné comme faille *ondulée*, appartient également à la classe des failles à *gradins*. Elle se compose d'une série de rejets successifs, reliant entre elles des lentilles de charbon plus ou moins broyé, mêlé de schistes.

Je citerai enfin, comme dernier exemple, la grande faille de Monthieux, qui limite en profondeur, à l'Ouest, les travaux de Côte-Thiolière. On la reconnaît bien à l'entrée orientale de la tranchée ouverte, pour le passage du chemin de fer de Lyon, au travers de la colline de Monthieux. On y peut suivre, ainsi qu'au puits de *l'Est* dans les travaux souterrains, la série des gradins dont est composée la faille. L'importance du déplacement est, sur ce point, dans son ensemble, d'environ 250 mètres.

§ 36. — SYSTÈMES DE FAILLES. — Lorsque les éléments d'une faille à gradins s'éloignent les uns des autres, au point de laisser entre eux des massifs de charbon d'une certaine étendue, ces accidents constituent, par leur réunion, moins une faille unique qu'un ensemble de failles successives, reliées entre elles par leur parallélisme et une sorte de communauté d'origine. Je propose de rappeler ces circonstances, en donnant à un pareil ensemble le nom de SYSTÈME DE FAILLES.

Le parallélisme se manifeste d'ailleurs de deux manières différentes. Tantôt il en résulte de larges gradins se succédant perpendiculairement à la direction des failles; tantôt, au contraire, une série d'échelons sensiblement disposés suivant une même ligne, ou plutôt en retrait l'un à l'égard de l'autre, de façon que l'un d'eux naît près du point où finit l'échelon précédent.

J'appellerai le premier mode système de Failles a gradins, le second système de Failles en échelons. Les croquis ci-joints permettent de juger de la différence qui existe entre eux.

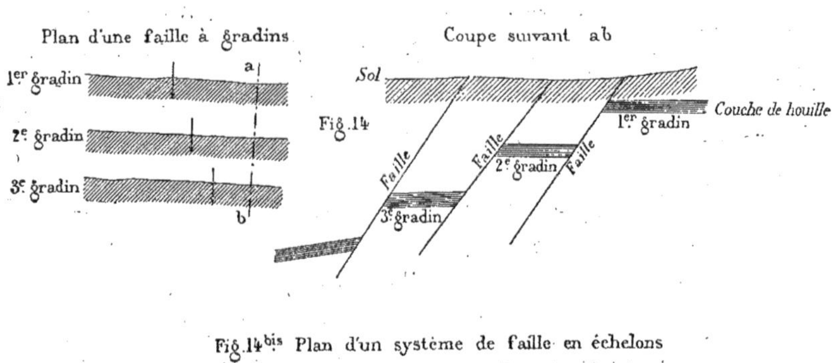

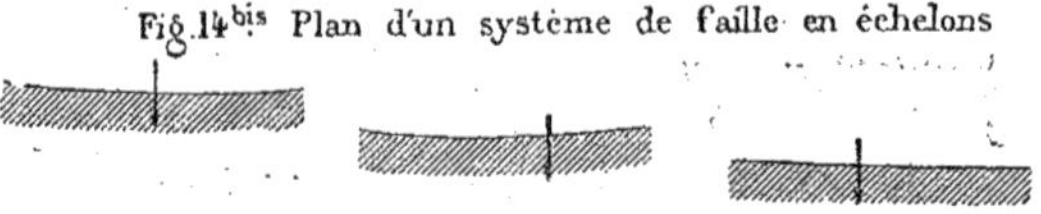

Les deux systèmes sont d'ailleurs indépendants de l'allure des assises ; leur direction est tantôt parallèle, tantôt perpendiculaire à celle des couches. Cependant les failles en *échelons* sont plus souvent alignées suivant le sens de la stratification, tandis que les grandes *failles à gradins* coupent les couches aussi bien en direction que suivant le sens de la pente.

Des deux systèmes, celui des **gradins** est de beaucoup le plus répandu dans le bassin de la Loire. Il est peu de districts où l'on n'en rencontre quelques exemples. Rarement une grande faille est isolée ; d'autres accidents de même direction la précèdent ou la suivent. Il suffit de jeter les yeux sur les cartes du bassin pour en voir partout de nombreux exemples. Voici les plus saillants :

Au Nord-Ouest de Saint-Étienne, une grande faille déjà citée, celle du puits *Robinot,* sépare la mine de la Chana de celle de Villards. Au delà une série d'accidents parallèles, ou presque parallèles, découpent les couches en puissants gradins, plongeant tous vers le Sud-Ouest et faisant descendre les veines de proche en proche dans ce même sens (pl. XII).

Un système analogue se retrouve à Chaney, au Nord-Est de Saint-Étienne. Depuis la Chazotte, et même à partir de Sorbiers, on voit une série de failles, à peu près parallèles, qui toutes rejettent les couches vers le Sud-Ouest. Ce sont des gradins de 100 à 300 mètres, et même parfois au delà d'un kilomètre de largeur. Telle est la faille qui passe au château de Nanta, entre le Montcel et les mines de Chaney ; telles encore les failles du puits *Saint-Jean* de Chaney, des puits *Mars* de Méons, et surtout la grande faille du *Soleil*, qui rejette les couches d'environ 300 mètres. Au delà encore on peut citer l'accident auquel est due la vallée du Furens à Saint-Étienne, etc. (Plan d'ensemble et planches n°s VII, IX et X.)

A Saint-Chamond, on observe également un système de failles N.-O.-S.-E. ; mais ici les gradins inclinent en sens inverse vers le Nord-Est.

Enfin, à Rive-de-Gier, une série de rejets parallèles précèdent, dans les concessions du Sardon et du Gourd-Marin, l'importante faille de Gré-zieux. (Pl. III.)

Il y a quarante ou cinquante ans, on considérait parfois l'intervalle entre deux failles parallèles voisines comme des zones à peu près stériles. C'était la *coufflée* ou le *crain* par excellence. Ainsi, dans la concession de Bé-rard, les anciens plans indiquent tous, à l'Est du puits des Hospices, dans la troisième couche, un large *crain* stérile de 60 mètres de largeur. On avait poursuivi le charbon, à droite et à gauche, dans des champs d'exploi-tation indépendants, et l'on s'était arrêté dès que la couche se trouvait amincie. La différence de niveau était cependant de 20 mètres seulement ; il devait paraître bizarre qu'un aussi faible rejet pût rendre stérile une zone de 60 mètres. En effet, vers 1836 à 1840, on se décida à explorer cette redoutable *coufflée* ; on reconnut alors sans peine que la prétendue zone stérile était au fond un fort beau lambeau de couche, compris entre deux failles, à peu près parallèles, de faible importance.

De pareils exemples ne sont pas rares à Saint-Étienne. Sur tous les anciens plans de mines antérieurs à 1835, on voyait figurer, sous le nom de *crains* ou de *coufflées*, de pareilles zones, où les couches étaient supposées stériles, ou tout au moins bornées par voie d'étranglement.

J'en citerai un deuxième exemple. Sur les plans du Treuil (de 1820 à 1825) on avait indiqué, au sud du puits de la *Pompe*, dans la cinquième couche, une longue coufflée stérile d'au moins 50 mètres de largeur, et pourtant les travaux d'exploitation, exécutés à droite et à gauche dans la couche régulière, n'avaient accusé qu'une différence de niveau de 2 mètres. Le charbon avait disparu brusquement par une coupure franche ; ce ne pouvait donc être un amincissement par érosion ni un simple étirement. Ce devait être une double faille ; mais telle était alors l'insouciance ou l'ignorance des maîtres mineurs, que l'on se bornait à figurer une coufflée partout où se présentait une solution de continuité, sans chercher jamais à franchir celle-ci par des recherches sérieuses. Depuis lors, par les soins de l'ingénieur E. Wery, des fouilles y furent entreprises. On reconnut que l'espace supposé stérile se trouvait borné par deux failles parallèles, à pentes inverses, qui avaient fait simplement descendre dans l'intervalle la couche de charbon de 4 à 5 mètres.

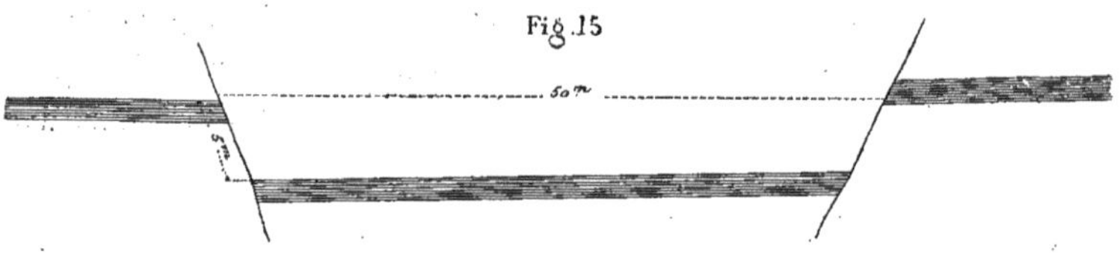

J'ai cité cet exemple pour montrer combien on doit se défier des renseignements fournis par les plans antérieurs à 1840, et à quelles méprises on s'expose en considérant comme stériles les larges espaces jadis teintés comme coufflées ou crains. Ce sont, le plus souvent, des zones bornées par des failles, mais entre lesquelles on retrouve la houille en gradins intacts plus ou moins étendus.

§ 37. — Failles en échelons. — Comme exemple de faille en échelons, je mentionnerai le *crain* du Mouillon, à Rive-de-Gier ; c'est l'accident qui

sépare les mines de la vallée du Gier de celles du plateau de la rive gauche.
(Pl. I et III.) A la surface du sol, il est marqué par le flanc même de la
vallée, dont la pente abrupte rachète des différences de niveau de 40 à
60 mètres. On a longtemps considéré cet accident comme une faille unique,
courant, le long du Gier, sur une étendue de 4 kilomètres, depuis le
ruisseau du Féloin jusqu'au Collenon. En réalité, c'est une faille en *échelons*
des mieux caractérisées ; elle se compose d'une série de rejets placés en
retrait les uns à la suite des autres, et reliés entre eux par de simples
inflexions ou glissements de couche. Dans la concession des Verchères il n'y
a pas solution de continuité ; l'accident se manifeste simplement sur
quelques points par une plongée brusque, dite *précipitée de mine*, où la couche
est en partie étranglée par étirement. Dans la concession voisine du Gourd-
Marin la faille grandit, elle atteint jusqu'à 100 mètres. Au delà, à la
Montagne-du-Feu, elle s'évanouit comme aux Verchères, puis cède la place
à un autre échelon. Plus loin encore, à Collenon et au Ban, on constate,
sur le prolongement du crain du Mouillon, un ensemble de rejets et de
précipitées de mines, d'autant plus considérables que les mines du fond de
la vallée, au Plat-de-Gier et à Combérigol, atteignent des profondeurs
de 500 à 600 mètres.

Sur l'autre flanc de la vallée du Gier, le relèvement des couches est
plus brusque encore. Là aussi il y a tantôt étirement, tantôt un ensemble
de rejets parallèles, entre les mines de bas-fond et celles du pendage Sud.
(Pl. II et IV.)

§ 38. — Failles divergentes. — Les systèmes de failles dont je viens
de parler se composent d'éléments parallèles.

Il est une autre classe de failles *multiples*, dont les éléments sont plus
ou moins *divergents* ou ramifiés. Ce sont de grandes failles d'où partent
obliquement des accidents secondaires, qui eux-mêmes aussi tendent à se
bifurquer sur quelques points.

A cet égard encore les anciens plans laissent beaucoup à désirer. On
s'arrêtait dès le premier *saut*, puis on reliait, sur les plans, par une ligne
sinueuse, la série des points où la couche se trouvait altérée. De là vient

que plusieurs failles, droites et peu larges en elles-mêmes, mais flanquées de rejets obliques, sont figurées, sur les anciens plans, par une bande tortueuse d'une largeur démesurée, où l'on représente comme stériles de grands espaces simplement découpés en plusieurs lambeaux par des failles *ramifiées*.

Le crain du Mouillon, déjà cité comme faille en échelons, présente aussi des éléments divergents. Des rejets secondaires s'en échappent obliquement. Considérables à l'origine, ils perdent leur importance en s'éloignant du tronc. On en connaît deux dans la concession du Gourd-Marin, un dans celle des Verchères. Ils s'écartent du tronc dans la direction de l'Est, puis s'évanouissent vers le fond de la vallée. (Pl. III.)

Dans le district de Bérard, près de Saint-Étienne, on a rencontré aussi plusieurs failles *bifurquées*. (Pl. X.) L'accident qui longe, au niveau de la troisième couche, la limite des concessions du Treuil et de la Roche, se partage en deux dans le voisinage du puits des *Échelles*.

La faille du puits *Maronnier* se bifurque à 100 mètres au nord de ce puits ; la branche principale se dirige sur le puits *Vincent*, la branche secondaire sur le puits des *Hospices*. Au delà de ces points l'une et l'autre s'évanouissent bientôt.

Comme exemples de failles *ramifiées*, on peut citer encore la faille du Montcel (pl. VII) et celle du puits *Rosan*, entre les mines de Méons et de Chaney. (Pl. IX.)

§ 39. — Failles polygonales ou courbes. — La plupart des grandes failles sont sensiblement *droites*, lorsqu'on fait abstraction des rameaux latéraux dont il vient d'être question. Les anciens plans donnent cependant des coufflées une idée différente. Elles apparaissent sous les formes les plus bizarres. Souvent elles semblent sinueuses, parce qu'on a figuré, comme accident simple, les éléments multiples d'une grande faille ramifiée, ou deux failles distinctes, plus ou moins voisines. Ailleurs on a rattaché aux failles proprement dites des accidents d'un autre ordre, tels que brouillages ou amincissements de couches. De là des irrégularités qui disparaissent dès qu'on les analyse avec soin.

Cependant, il y a réellement des failles *courbes*, ou plutôt des accidents composés d'une série de failles droites peu étendues, qui se rencontrent sous des angles plus ou moins ouverts. Elles forment, par leur réunion, une portion de polygone, dont les divers côtés se limitent réciproquement sans se traverser ni se rejeter, ce qui prouve leur commune origine et leur contemporanéité, malgré la diversité de direction. Je dois même ajouter que je ne connais positivement, dans le bassin de la Loire, qu'un très petit nombre de failles coupant et rejetant d'autres failles plus anciennes. Elles peuvent être plus fréquentes, mais il est difficile de le prouver nettement; et, en tout cas, je puis affirmer que la plupart des failles du bassin de la Loire ont pris naissance dès la période houillère même, et sont, pour la plupart, le résultat de *mouvements lents, d'une durée très longue*. C'est au reste une question sur laquelle nous reviendrons. Pour le moment, disons seulement que si le mouvement a duré longtemps et s'est accentué davantage suivant certaines directions, il a pu en résulter une sorte de rejet d'une faille par l'autre.

Comme failles sinueuses, on peut citer celle qui passe au puits *Deville*, concession de la Roche (pl. X) et celle du puits *Maronnier*, déjà mentionnée comme accident bifurqué.

L'ancienne mine de Chaney est bornée par deux failles, qui se rencontrent sans se traverser. Au Nord-Est apparaît la grande faille du puits *Saint-Jean;* sur elle vient s'embrancher, à angle aigu, la faille du puits *Rosan*, ou de la République, et celle-ci change de direction au puits des *Échelles* de la mine de Méons. (Pl. IX.)

La grande faille des puits *Mars* et *Saint-Claude*, à Méons, se compose aussi de plusieurs parties, se succédant les unes aux autres, pareilles aux côtés d'un vaste polygone. (Pl. VIII et IX.)

A Rive-de-Gier, dans la concession de la Cappe, on peut mentionner la faille du puits *Frère-Jean* qui, d'abord orientée du Sud au Nord, se recourbe au Nord-Ouest, puis rejoint, par un nouveau coude, l'un des échelons du crain du Mouillon.

Au puits neuf de la *Chichonne*, concession de la Montagne-du-Feu, deux failles, l'une de direction, l'autre transversale, se soudent sous un angle aigu et s'y limitent réciproquement. Au point de rencontre, le massif compris entre les deux failles est soulevé de 20 mètres. A partir de là, les deux sauts décroissent en divergeant, puis se perdent l'un et l'autre. Une pareille disposition ne peut évidemment s'expliquer que par la simultanéité des deux accidents. Il en est de même de la faille du puits *Saint-Simon,* de Monthieux, qui rejoint à angle droit, sans le traverser, le grand accident du Soleil.

Mais l'exemple le plus frappant de deux failles qui se soudent et se limitent au point de rencontre est celui de Roche-la-Molière. Ce vaste champ d'exploitation est bordé au Nord et à l'Est par deux énormes failles, qui se joignent au domaine du Minois et s'y bornent l'une l'autre sans se croiser. On peut s'en assurer en jetant les yeux sur la carte générale du bassin houiller ou sur le plan de détail. (Pl. XVI.) La faille du Nord, dite de *Landuzière,* a produit la profonde gorge du Lizeron; elle court de l'Est à l'Ouest et relève brusquement les couches de Roche-la-Molière contre les assises droites du poudingue stérile de Saint-Chamond. La faille du Cluzel, située à l'Est, longe le pied du coteau de Saint-Genest-Lerpt; elle déplace les couches de 400 à 500 mètres et les ramène au jour dans la vallée du Cluzel. Si l'une des coupures avait précédé l'autre, l'une d'elles, au moins, se prolongerait au delà du sommet de l'angle de jonction. Or il n'y a rien de pareil, ni au Nord ni à l'Est du point de rencontre des deux failles. Remarquons encore que, de ces deux accidents, l'un est parallèle, l'autre perpendiculaire à l'axe du bassin, et rappelons que ce sont là aussi les deux allures dominantes des couches de houille, et, en général, comme nous allons le voir, la direction ordinaire de toutes les grandes failles. Ces rapports ne sauraient être fortuits; ils prouvent qu'une seule et même cause paraît avoir imprimé aux assises, comme aux failles, deux directions sensiblement normales l'une à l'autre.

Mais avant d'aborder cette importante question des mouvements qui ont affecté le terrain houiller, il est nécessaire de donner encore quelques détails sur la *direction* et l'*inclinaison* générales des failles du bassin.

§ 40. — Direction des failles. — La *direction* des failles n'est pas aussi variée qu'une première inspection des plans de mines pourrait le faire croire. Lorsqu'on dégage les grandes lignes de fracture des accidents parasites, on ne tarde pas à reconnaître qu'elles sont, en général, non seulement *rectilignes,* mais de plus orientées en faisceaux parallèles. Deux groupes surtout sont nettement définis. L'un d'eux est parallèle, l'autre perpendiculaire à l'axe du bassin; de là les noms de failles **longitudinales** et de failles **transversales,** par lesquels je les désignerai à l'avenir.

La direction des failles obéit aux mêmes lois que l'allure des couches. L'une et l'autre résultent des mouvements du sol qui ont façonné le bassin. Quand on compare l'allure des failles à celle du terrain, on voit que les mêmes accidents coupent les assises tantôt suivant le sens de leur pente, tantôt parallèlement à leur direction.

Au voisinage de la lisière du bassin, et surtout là où sa largeur est faible, les failles longitudinales sont de véritables failles de **direction;** elles affectent les couches le long d'une ligne de niveau.

Par contre, auprès des grandes failles transversales, et surtout là où le bassin est large, les couches elles-mêmes prennent assez souvent, dans les districts du centre, la direction des grandes failles transversales. Les failles changent alors de rôle. Celles qui sont transversales deviennent des failles de direction, et les failles longitudinales sont parallèles aux lignes de pente.

Ainsi, un même accident peut tour à tour devenir faille de **direction** ou faille d'**inclinaison.** Tout dépend du district auquel elles appartiennent.

Comme failles transversales, devenues en réalité failles de direction, je citerai celles des vallées du Furens et du Cluzel. Là, toutes les couches sont à peu près orientées, comme les failles, du Nord au Sud, ou, plus exactement, sur Nord 15° à 20° Ouest; et réciproquement, la grande faille longitudinale de Landuzière limite au Nord les couches de Roche-la-Molière, en les soulevant normalement à leur direction générale.

Le nombre des failles *transversales* est plus grand que celui des failles longitudinales dans le bassin de la Loire. Il suffit, pour s'en convaincre, de jeter les yeux sur la carte d'ensemble. Les plus considérables, après les deux que j'ai déjà nommées, sont la faille du Dorlay à Rive-de-Gier, plusieurs des failles de Saint-Chamond, celles du Langonan et de Saint-Jean de Bonnefonds, les deux failles de Monthieux et du Soleil, celles de la Renaudière et du puits des *Chaux* à Firminy, etc., etc.

Les failles *longitudinales* sont non seulement moins nombreuses mais aussi moins apparentes. Souvent elles se confondent avec les *précipitées* de mines, ou sont même simplement accusées par une sorte de relèvement ou de laminage des couches. C'est du moins le cas là où elles sont parallèles aux bancs du terrain, et surtout dans les districts où le redressement des bancs est raide, comme au pied de la chaîne de Pilat. Les plus considérables sont le *crain* du Mouillon à Rive-de-Gier, la série des failles qui suivent le pendage opposé, depuis Couzon jusqu'au Reclus, les failles du Ban au Nord de Combérigol, les failles de Bel-Air et de la Massardière à Terre-Noire, celles de la Richelandière et de Villebœuf près de Saint-Étienne, les failles de la Croix-de-l'Orme, de Barlet et de la Barge, dans la vallée de l'Ondène, et celles qui se rencontrent, au Nord et au Sud de la crête du Deveix, entre Saint-Étienne et Firminy.

§ 44. — Inclinaison des failles. — L'inclinaison des failles varie entre des limites très larges. Celle des failles longitudinales est en général forte, parfois verticale ; elle se ressent de la compression latérale qu'a subie le bassin. Par contre, celle des failles transversales est rarement supérieure à 45° ou 50° ; quelques-unes sont même très plates et dégénèrent alors en zones d'étirement ; je citerai les failles du Sardon et du Gourd-Marin à Rive-de-Gier, et celle des Maures à la Béraudière, auprés du puits du Crêt de Mars.

L'inclinaison n'est d'ailleurs pas toujours invariable ; forte dans les assises dures, elle est faible dans les assises tendres. Les failles sont alors *ondulées* ou *bosselées*. On voit même parfois, dans le cas des failles longitudinales, la pente osciller autour de la verticale ; aussi, lorsqu'on veut fixer le sens de la faille, faut-il ne pas se borner à constater son allure sur une faible étendue. On ne peut éviter les chances d'erreur qu'en suivant les failles dans le sens de la plongée, sur une longueur d'au moins 15 à 20 mètres.

L'inclinaison, comme la direction des failles, est soumise à des lois fixes. J'ai fait remarquer le parallélisme des failles dans un même district, où elles tendent à former, dans leur ensemble, un véritable système de failles. Or, ce parallélisme se manifeste en général aussi bien sous le rapport de l'inclinaison que sous celui de la direction. Je dis en général, mais non pas toujours ; ainsi, à Rive-de-Gier, les deux plus importantes failles transversales sont à pentes opposées ; celle de Féloin incline à l'Ouest, celle du Dorlay à l'Est ; au delà, les failles du Plat-de-Gier, de Combérigol et du Fay plongent de nouveau vers l'Ouest, tandis qu'à Saint-Chamond revient la pente inverse vers l'Est.

A Saint-Étienne, la plupart des failles transversales font descendre les couches de l'Est à l'Ouest. On peut citer les nombreuses failles de la vallée du Langonan, de la Chazotte, du Montcel, de Chaney, de Reveux et de Méons.

En avançant vers l'Ouest, on rencontre les grands accidents du Soleil, du Furens, de Villards, du Cluzel, etc., qui tous inclinent, dans le même sens, de l'Est à l'Ouest. On doit cependant mentionner quelques failles à pente opposée dans les concessions de la Barallière, de Terre-Noire et de Monthieux.

§ 42. — ALLURE DES COUCHES AU VOISINAGE DES FAILLES. — Puisque les failles déplacent les couches de houille, il importe de signaler les circonstances spéciales qui accompagnent ce déplacement. *A priori,* on doit s'attendre à voir les assises du terrain, le long des failles, s'infléchir toujours vers le plan de la faille, en sorte que le sens de l'inflexion serait alors déjà un indice du sens vers lequel penche la faille elle-même. Ainsi, lorsqu'une couche de houille *s'abaisse* vers une faille, il semble naturel de penser que le rejettement a dû se faire en *profondeur;* et inversement, lorsqu'elle se *relève* vers le plan de la faille, on est porté à conclure que la couche a dû être *remontée.* Telle est en effet la disposition ordinaire, mais elle n'est pas générale. Parfois les couches affectent une allure inverse ; elles se relèvent vers la faille lorsque celle-ci se rejette en profondeur, et s'abaissent à son approche dans le cas contraire.

Le croquis ci-joint indique la disposition *ordinaire*, et celle que l'on peut appeler *anormale*.

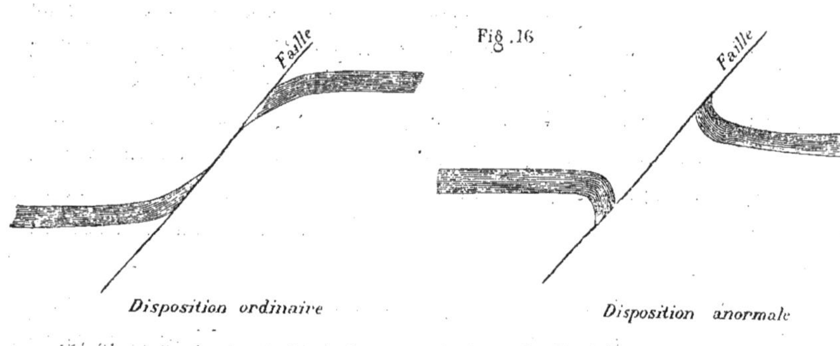

Il est arrivé assez souvent que les mineurs ont été trompés par l'allure anormale. Du sens de l'inflexion ils ont conclu celui de la faille, et recherché la couche rejetée avant d'avoir dépouillé le plan même de la faille. Or, d'après ce que nous avons déjà dit, il est d'autant plus nécessaire de suivre la faille elle-même, qu'elle peut être *ondulée* ou *ramifiée*.

La disposition anormale que je viens de signaler semble provenir, comme les failles inverses, d'une sorte de refoulement latéral. Elle se rencontre surtout le long de la lisière sud du bassin, là où les failles *longitudinales* sont presque verticales. Un exemple frappant nous est fourni par les travaux du puits *Saint-Paul* de Grézieux, concession du Sardon. (Pl. IV.) A partir du thalweg souterrain la grande couche de Rive-de-Gier se relève vers le puits Saint-Paul sous l'angle de 40 à 50°, puis s'y replie en sens inverse, en plongeant très fortement à l'encontre de la faille limite, faille qui ramène la couche vers les affleurements, au lieu de l'abaisser dans le sens de l'inflexion de la veine.

Voici le croquis du puits en question :

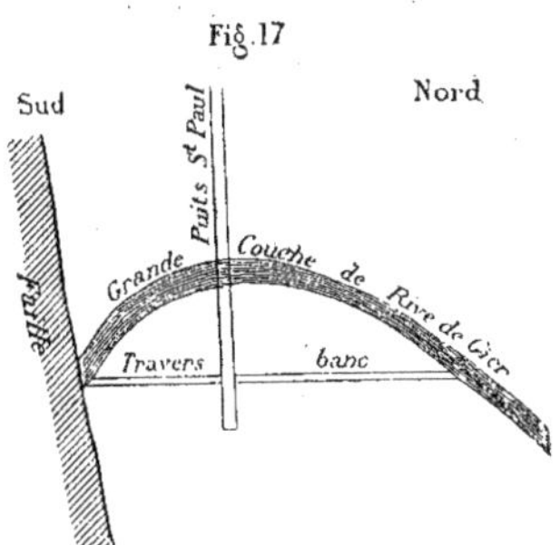

Un exemple analogue a pu être observé au puits neuf de la *Chichonne,* dans la concession de la Montagne-du-Feu, en amont de l'une des branches du *crain* du Mouillon. A Saint-Étienne, j'ai vu aussi des inflexions anormales dans la couche l'Étang (n° 13) à Méons, et dans la huitième couche de Montheil concession de Bérard.

Les failles tendent quelquefois à modifier, sur une certaine étendue, la *puissance* des couches de houille; elles sont ou *amincies* par une sorte de laminage, ou, au contraire, *renflées* par refoulement. C'est encore le long des failles de *direction* que se montrent ces variations. Il y a amincissement là où la couche est entraînée par la faille, comme le long du *crain* du Mouillon; renflement, lorsque la veine, comme au puits *Saint-Paul,* incline à l'encontre du rejet. De là, quelques ingénieurs ont cru pouvoir conclure que la masse combustible devait être *pâteuse* au moment où ces accidents se produisirent. Cela semble, en effet, avoir été le cas en Belgique et dans le bassin du Nord de la France, où les plis en zigzag sont fréquents et les veines souvent renflées dans les *crochons;* mais à Saint-Étienne, le long des failles, le charbon a été plutôt *broyé,* puis réagglutiné, par compression, comme un aggloméré. On y reconnaît, comme dans les conglomérats de frottement, les fragments brisés, plus ou moins ressoudés par des éléments en poussière fine. C'est la manière d'être des couches d'anthracite, en *chapelets,* telles qu'on les rencontre dans le Roannais, et surtout dans les exploitations du Briançonnais et de la Haute-Savoie.

Le refoulement se manifeste ailleurs, le long des failles, par une sorte de *bifurcation* de la couche de houille. J'ai vu un exemple très net d'une pareille disposition dans la mine du Treuil. La cinquième couche est coupée par une faille de direction au Nord des puits *Achille* et *Bourgoing*. La faille est ondulée; un banc de roche dure, situé au mur de la faille, pénètre dans le charbon en forme de coin. Une partie de la couche remontait le long de la faille, tandis qu'une autre branche, tout aussi importante, s'enfonçait à plus d'un mètre au-dessous, comme le montre le croquis ci-joint :

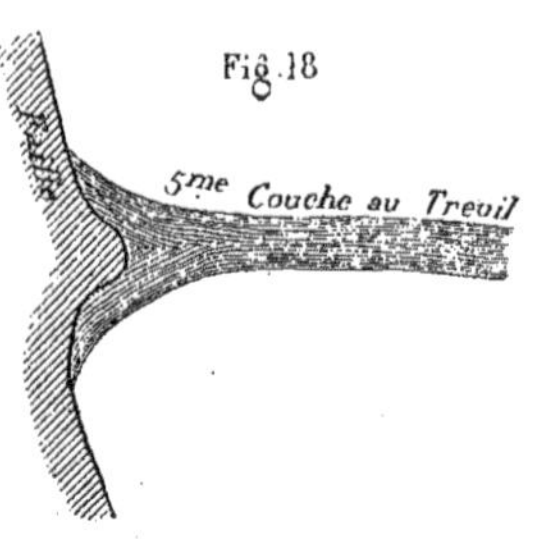

Une pareille disposition laisse le sens du rejet tout à fait incertain. Il a fallu découvrir la faille sur une grande étendue avant de rechercher le gîte au delà de l'accident.

Un homme très compétent, M. Combes, assure dans son *Traité d'exploitation* (tome Ier, page 46), que les failles ne changent jamais, d'une façon notable, la direction et l'inclinaison des couches de houille. Cette assertion est trop absolue; elle n'est vraie que pour les failles d'une faible importance. Le bassin de la Loire renferme un grand nombre de failles qui modifient complètement l'allure des couches. A Monthieux, en amont de la faille du puits Saint-Simon, les couches vont du Nord au Sud, en aval, de l'Est à l'Ouest. (Pl. X.) A Méons, dans les travaux des puits de l'*Étang*, *Mars* et *Saint-Claude*, la treizième couche incline au sud, tandis qu'au puits *Saint-André*, à l'Ouest de la faille de Méons, les bancs plongent à l'Est.

Dans la concession de la Chana, même contraste entre les assises des

deux faces opposées de la grande faille des puits *Robinot* et *Micolon*. A l'Est
de la faille, dans les travaux de la *Doa* et du *Bois-Montzil*, les couches plongent au Sud-Ouest; du côté opposé, dans le district de Villards, elles inclinent vers le Sud-Est.

Mais l'un des exemples les plus frappants est celui de la grande faille
de Landuzière. La faille court de l'Est à l'Ouest et plonge au Sud. Au toit
se développe régulièrement la série des couches de Roche-la-Molière, avec
leur faible plongée de l'Ouest à l'Est. Au mur viennent les assises presque
verticales du poudingue supérieur de Rive-de-Gier, dont la direction est
Est-Ouest, comme celle de la faille. (Pl. XVI.)

§ 43. — L'IMPORTANCE DU DÉPLACEMENT VARIE D'UN POINT A UN AUTRE DE LA
MÊME FAILLE. — Si les grandes failles ne modifiaient jamais l'allure des
couches, la grandeur du rejet resterait constante tout le long d'un même
accident. De pareilles failles, non limitées par d'autres accidents, n'auraient
en réalité ni commencement ni fin. Or on observe un très grand nombre
de failles qui, partant de zéro, croissent incessamment, dans le sens de leur
direction, jusqu'à la rencontre de quelque autre faille, ou jusque bien avant
dans le terrain ancien qui sert de base à la formation houillère. D'autres
failles se renflent jusqu'à une certaine limite et s'évanouissent complètement à droite et à gauche. Il en est d'autres encore qui présentent une
sorte de point neutre ou d'axe d'inflexion, où le rejet est nul, tandis qu'à
partir de ce point le déplacement grossit dans les deux sens, mais avec
plongée directement inverse. Dans les trois cas, mais surtout dans le premier et le dernier, l'allure des couches est considérablement modifiée par
les failles.

Comme exemple du premier mode, je citerai la faille du puits *Mars* à
Méons. Elle disparaît vers le Sud, à la hauteur du puits *Saint-Claude*, tandis
qu'elle augmente du côté Nord. Une faille parallèle se développe en sens
inverse, non loin de là. On la voit poindre, dans la troisième couche, à l'Est
du puits *Bréchignac*, n° 2 (concession de Bérard), puis grandir rapidement
dans son prolongement Sud. Elle isole, sur son parcours, les travaux de
Montheil et de Monthieux, dans la huitième couche, des travaux de la troi-

sième du puits *Remel* et de Côte-Thiolière, et aussi des couches de l'étage supérieur, connues au *bois d'Aveize* et au puits *Saint-Jean.* C'est la faille à *gradins* de Monthieux, déjà citée, qui se voit à l'entrée orientale de la tranchée du chemin de fer, dans le coteau de Monthieux. En jetant les yeux sur la planche (n X) on voit de suite la différence d'allure à droite et à gauche de cette grande faille Nord-Sud.

Je pourrais multiplier presque à l'infini les exemples de ces sortes de failles, mais les deux que je viens de citer peuvent suffire pour le moment, car nous aurons à revenir sur ce point lors de la description des principaux districts.

Comme exemple de failles *s'évanouissant dans les deux sens,* on peut mentionner les échelons successifs du crain du Mouillon et un certain nombre de petites failles transversales du bas-fond de Rive-de-Gier, dans les mines du Sardon, du Gourd-Marin et des Verchères (pl. III). A Saint-Étienne, citons les deux failles qui longent de très près les limites Est et Ouest de la concession de la Roche et une petite faille des mines du Treuil, entre les puits de la *Providence* et de la *Pompe* (pl. X).

Enfin, parmi les failles à axe d'inflexion, l'une des plus remarquables est celle du puits *Egarande,* à Rive-de-Gier. Elle incline vers le Sud au centre du bassin, et vers le Nord auprès du puits des *Combes.* Le point où le déplacement est nul, au niveau de la grande couche, est situé à 125 mètres à l'Est du puits *Egarande.*

La grande faille transversale du Dorlay, entre la Grand'Croix et la mine du Reclus, est de même nature. Au Sud du chemin de fer de Lyon elle plonge vers l'Ouest; au Nord, elle abaisse le terrain vers l'Est. L'axe d'inversion doit se trouver entre le chemin de fer et la route nationale.

§ 44. — INFLUENCE DES FAILLES SUR LE RELIEF DU SOL. — Une question qui n'est pas sans importance pour le mineur, est l'influence des failles sur le relief du sol. Si ce dernier se trouvait toujours modifié dans le sens où le terrain a été affecté par une faille, l'étude des accidents de la surface permettrait de préjuger le rôle des accidents souterrains. A ce point de vue, le bassin de la Loire se trouverait dans des conditions exceptionnellement favorables, puisque la formation houillère n'y est voilée par aucun dépôt plus récent, si ce n'est par des alluvions très peu épaisses dans les bas-fonds.

Or, si effectivement on peut constater, dans quelques cas, une certaine relation entre le relief extérieur et les accidents souterrains, cette influence est cependant en général assez faible, et bien souvent tout à fait nulle. A Rive-de-Gier, le crain du Mouillon déplace les couches d'au moins 100 mètres, tandis que la différence de niveau à l'extérieur est au maximum de 40 à 50 mètres; et pourtant, si je ne me trompe, c'est la région où l'influence de la faille est le plus sensible sur le relief du sol. Le coteau de Montheil ne dépasse la plaine de Bérard que de 20 à 25 mètres, tandis que la faille du Soleil, qui borde ce coteau à l'Ouest, déplace les assises d'environ 300 mètres (pl. X). La grande faille de Landuzière de 500 mètres, dans la concession de Roche-la-Molière, produit à la surface une simple dénivellation de 60 à 80 mètres (pl. XVI).

Les failles de Saint-Genest-Lerpt et du Furens ont ouvert les vallées du Cluzel et de Saint-Étienne, mais rien n'indique, à la surface du sol, le sens du rejet.

Certaines failles transversales correspondent à de profondes gorges dans le terrain ancien, mais là encore il est impossible de préjuger le sens du déplacement, et, dans le terrain houiller même, les effets de la faille ont été presque entièrement effacés par les dénudations postérieures; de ce nombre sont les failles du Dorlay, de Grézieux et du Féloin à Rive-de-Gier (pl. III). A Saint-Étienne plusieurs failles fort importantes n'ont laissé aucune trace de leur passage à la surface du sol; ainsi la faille des puits *Sainte-Marie* et *Saint-Jean* de Chaney, et celles du puits *Rosan*, à Reveux et du puits *du Cros* au Nord de Méons, sillonnent des terrains tout à fait plats, tandis que les travaux souterrains accusent des différences de niveau de 70 à 100 mètres et plus (pl. IX). Il en est de même de la plaine du Treuil, où rien ne laisse soupçonner le prolongement Nord de l'énorme faille du Soleil, déjà mentionnée au coteau de Montheil, ni la faille plus forte encore de la République.

Le relief extérieur peut donc égarer le mineur, s'il voulait en conclure les accidents souterrains. Je mentionnerai, à ce point de vue, un dernier exemple où le relief du sol est précisément inverse de celui qui semblerait résulter de l'action des failles. Les travaux du puits *Jabin,* dans la plaine de Bérard, sont bornés au Sud par la grande faille longitudinale du Gagne-Petit, qui fait descendre les couches de 250 à 300 mètres vers le Sud. Or la surface du sol, loin de s'abaisser dans cette direction, s'élève, au contraire, en pente raide vers le haut plateau de Saint-Roch, dont le sommet culminant domine de 150 mètres la plaine de Bérard. La troisième couche de l'étage moyen, autrefois exploitée au puits Jabin, vient buter, le long de la faille, contre l'étage stérile supérieur de Saint-Étienne, ainsi que le montre le croquis ci-joint :

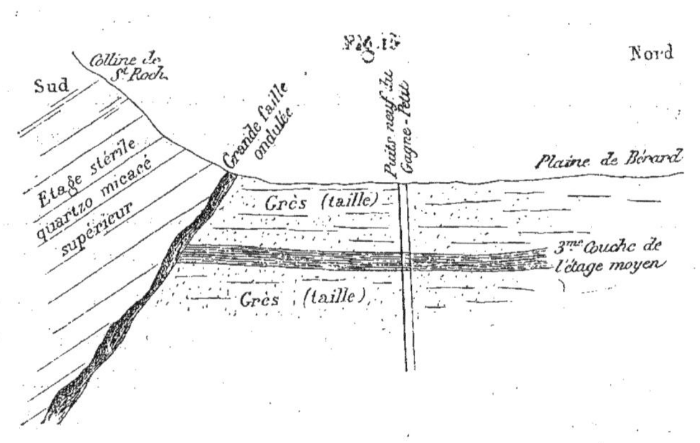

Cette grande faille, déjà mentionnée à cause de sa forme *ondulée,* correspond d'ailleurs, comme cela se voit par le croquis même, à un complet changement d'allure du terrain. Les assises plongent en sens inverse des deux côtés de l'accident. C'est une vraie ligne *anticlinale,* qui semble le résultat de la pression latérale due au soulèvement de la chaîne du Pilat, ou au simple affaissement du sol houiller.

En tout cas, on voit, par ce dernier exemple surtout, que la dénudation du dépôt houiller a dû se manifester à Saint-Étienne d'une façon énergique, puisque, malgré l'affaissement dû à la faille, le sol est plus élevé au toit qu'au mur de la faille. Mais nous n'irons pas jusqu'à conclure que, partout où les étages supérieurs manquent aujourd'hui, ils ont été enlevés par dénudation postérieure. Nous avons même déjà montré que ces étages supérieurs ne se sont pas déposés dans toute l'étendue du bassin. Au reste, nous reviendrons sur cette importante question, en étudiant, dans notre dernier chapitre, le mode de formation des dépôts houillers.

Malgré le peu de concordance que l'on observe entre le relief extérieur et les accidents souterrains, on peut cependant assez souvent reconnaître ces derniers en étudiant, avec quelque attention, la disposition des strates du terrain, là où du moins les roches en place sont mises à nu par l'enlèvement des débris épars qui voilent les bancs. Les abords de toute grande faille sont marqués, à la surface du sol, par la forte inclinaison et l'état de dislocation des assises dont se compose le terrain. En dénudant ainsi les roches en place, le mineur peut acquérir de précieuses notions sur le rôle et l'importance d'une faille; aussi ne devrait-il jamais négliger ce mode de recherches.

Parmi les failles du bassin de la Loire, que l'on reconnaît facilement à la surface du sol, je citerai, comme l'une des plus remarquables, celle de Landuzière, le long de la gorge du Lizeron, au Nord de Roche-la-Molière. En suivant, du Sud au Nord, les couches exploitées à Roche, on les voit s'infléchir et se redresser brusquement vers le Nord, contre le mur de la faille. Toutes les veines sont ainsi relevées jusqu'au jour et laminées le long du plan de la faille. Au delà, les assises du poudingue micacé inférieur de Saint-Chamond sont verticales, tout le long du bord de la faille, depuis la crête de Saint-Genest-Lerpt jusqu'à la lisière du bassin houiller, à l'entrée du défilé du Lizeron vers Saint-Victor (pl. XVI). Le conglomérat quartzo-micacé se montre même en strates parfois renversées, sur la route de Roche-la-Molière à Saint-Just-sur-Loire, dans la montée du Lizeron vers Landuzière. On voit également le passage de la faille sur l'ancien chemin de Saint-Genest-Lerpt à Saint-Just, dans la partie où il longe le mur de clôture oriental du domaine dit le *Minois.* Le croquis ci-joint représente la disposition des lieux en plan et coupe. En montant le chemin du Sud au Nord, on voit, au *toit* de la faille, des bancs de grès fin (*taille*) plonger au

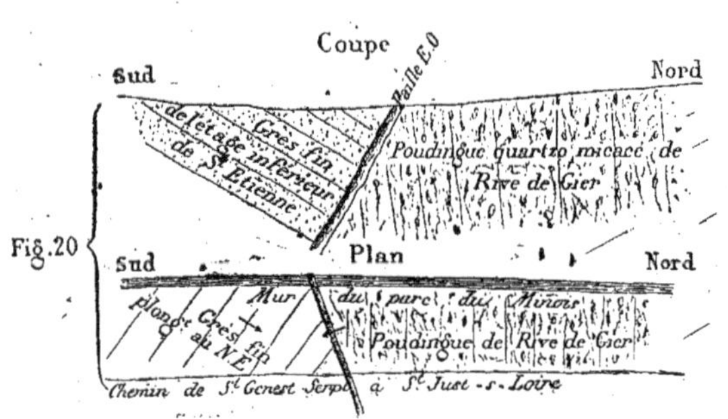

Nord-Est sous l'angle de 25 à 30°, puis tout à coup on arrive au conglomérat quartzo-micacé, dont les bancs descendent presque verticalement vers le Nord; au delà, à mesure que l'on s'éloigne de la faille, les strates inclinent moins, prennent plus de régularité et plongent finalement vers l'Est comme la faille elle-même.

§ 45. — Des causes auxquelles il faut attribuer les failles et l'allure du terrain houiller de la Loire. — Avant de quitter le long chapitre des failles, il convient de rechercher encore les *causes* des mouvements qui ont amené les failles et l'allure spéciale de la formation houillère. Ces mouvements sont-ils simples ou multiples, dus à une cause unique ou à des causes variées?

Rappelons d'abord qu'un seul et même mouvement a engendré l'allure *normale* des assises et les failles *longitudinales*; c'est l'affaissement, tantôt lent, tantôt saccadé, du fond du bassin, affaissement qui a permis la formation successive des bancs de houille et l'accumulation des bancs de sable et de vase, transformés plus tard en grès et en schistes. Ce mouvement fut inégal sur les divers points du bassin; intense au sud, il fut relativement faible au Nord. Le long de la lisière Sud-Est du bassin, les assises houillères ont dû s'affaisser en glissant le long du terrain ancien, rompu et bordé sur ce point par une énorme faille. C'est la faille *longitudinale par excellence*, la faille *limite*, dont l'amplitude diminue aux deux extrémités, mais s'accroît considérablement au centre, auprès de la ville même de Saint-Étienne, où la puissance du dépôt houiller devient maximum. En s'affaissant ainsi entre deux massifs anciens, comme entre les mâchoires d'un puissant étau, qui inclinent l'une vers l'autre, le terrain houiller a dû se loger dans un espace de plus en plus étroit; de là, les effets de refoulement latéral dont nous avons signalé plusieurs exemples; de là aussi la forme en fond de bateau, les failles inverses, les plis et inflexions de couches, etc.

Mais cet affaissement n'a pu s'opérer tout d'une pièce, sans fractures transversales, puisque son amplitude est plus grande au centre que vers les deux bouts. De là les failles *transversales* qui tendent presque toutes à abaisser le sous-sol houiller aux environs de la ville de Saint-Étienne, où la puissance de la formation carbonifère devient maximum.

Or, si maintenant nous rapprochons de ces faits le passage *graduel* de l'allure normale à l'allure transversale, les courbures si régulières et continues des affleurements au bois d'Aveize, à la Béraudière, à la Chauvetière, à Firminy, etc., il ne sera plus permis de douter que les deux allures, comme les deux ordres de failles, ne soient dues à une seule et même cause, à l'affaissement, parfois continu, parfois intermittent, des roches anciennes servant de support au dépôt houiller.

Rappelons enfin que, si je n'ai pu constater, d'une façon positive, dans le bassin de la Loire, qu'un fort petit nombre de failles d'âges différents, je suis loin de nier tout autre mouvement que celui auquel j'attribue les formes caractéristiques du bassin de la Loire; je suis même porté à admettre que le chaînon du Pilat a été surélevé à une période relativement moderne, et que le plateau houiller de Saint-Étienne, dont l'altitude dépasse de 200 à 300 mètres les environs de Rive-de-Gier, a dû éprouver un relèvement relatif fort important[1]. Malgré cela, je n'affirme pas moins

---

1. Le soulèvement du plateau de Saint-Étienne est démontré par la position du terrain tertiaire du Forez. (Voy. *Description géologique du département de la Loire.*)

     BASSIN HOUILLER DE LA LOIRE.

que l'allure caractéristique du bassin de la Loire est due, ainsi que la plupart des grandes failles, à une seule et même cause : *l'affaissement graduel du sous-sol ancien.* J'ajouterai que cet affaissement ne s'est pas seulement manifesté *pendant* la durée de la période carbonifère, mais encore *longtemps après,* puisque les étages les plus élevés sont relevés, le long des bords du bassin, comme les étages inférieurs, quoique à un moindre degré bien certainement. Cela dit, il est pourtant assez probable, d'après l'ensemble des faits observés ailleurs, dans les districts métallifères par exemple, qu'il doit y avoir aussi, dans le bassin houiller de la Loire, des failles d'âges différents. Ainsi les ingénieurs du district de la Chana et de Villards admettent la postériorité de la grande faille dite de *Côte-Chaude,* qui est normale dans ce district aux failles transversales ordinaires. Nous verrons jusqu'à quel point on peut considérer ce fait comme bien établi lors de la description proprement dite des districts houillers...

B). — Étranglements ou Barrages.

§ 46. — Les *étranglements,* ou *barrages,* sont des accidents qui font éprouver au gîte houiller une solution de continuité plus ou moins complète, sans rejettement proprement dit. Ils ont donc quelque analogie avec les amincissements et zones stériles, dont il a été question aux § 17 et suivants. Dans les deux cas, en effet, la couche de houille est interrompue ou amincie, mais si le résultat est le même, la cause en est fort différente. Il importe de ne pas les confondre. Les amincissements précédemment mentionnés résultent tantôt du développement incomplet des dépôts houillers, tantôt d'une sorte de dénudation ou d'érosion. Lorsque l'amincissement est dû au dépôt incomplet de la couche, le toit et le mur conservent leur régularité normale; lorsqu'il y a eu érosion partielle, le mur demeure régulier, mais le toit est fortement *bosselé.* Dans les deux cas, la houille n'est ni froissée ni altérée par frottement.

Les *étranglements* ou *barrages* se reconnaissent, au contraire, à ce signe que le toit et le mur sont tous deux partiellement disloqués, et que la couche elle-même, s'il en reste quelques débris, se compose de charbon plus ou moins broyé. Tout indique une action mécanique fort énergique, peu différente de celle qui a amené les failles. En réalité, comme nous allons le voir, ce sont, pour ainsi dire, des failles *incomplètes*, des failles *en germe*. Il y a eu glissement, comme dans les *précipitées* de mines, mais avec complète solution de continuité, et, au fond, les *précipitées* de mines sont aussi de véritables *étranglements*; elles sont associées aux failles de *direction*, comme les barrages le sont aux failles *transversales*. Quelques auteurs appellent indifféremment tous les amincissements de couches des *barrages*. Pour éviter toute confusion, il me paraît nécessaire de les distinguer des amincissements précédemment étudiés, et de n'appeler *barrage* ou *étranglement* que les changements d'épaisseur qui résultent positivement d'une action mécanique postérieure, pareille à celle qui produit les *précipitées* de mines.

Je n'ai pas à revenir sur ces derniers accidents, déjà décrits à l'occasion des failles de direction; mais, pour bien faire comprendre la nature et les caractères des *étranglements* dus aux failles transversales, je ne saurais mieux faire que de signaler avec quelques détails les faits que j'ai eu occasion d'observer au puits *Bourret*, à Rive-de-Gier, en 1847. Nulle part, si je ne me trompe, les étranglements ne sont aussi nombreux, dans le bassin de la Loire, que dans les concessions du Sardon et du Gourd-Marin, surtout au voisinage de la grande faille transversale de Grézieux, où l'on observe un véritable système de petites failles parallèles, toutes remarquables par leur faible inclinaison, et dont plusieurs dégénèrent positivement en simples étranglements.

Le puits *Bourret* est lui-même tombé sur l'un de ces barrages. En partant d'un point quelconque des travaux de la grande couche, pour se rendre au puits lui-même, on voyait le mur de la couche s'élever insensiblement et le toit s'abaisser de même, tandis que la houille se trouvait entre eux deux littéralement broyée, et même réduite, au centre du barrage, de la puissance de 9 mètres à celle de quelques décimètres. Au mur de la couche on apercevait d'ailleurs un mince filet d'argile jaune, pareil aux salbandes des failles ordinaires, et provenant, comme ces dernières, de la trituration des schistes par frottement. Au-dessus du charbon le toit était plus ou moins disloqué. Le barrage s'allonge normalement à l'axe du bassin, à la façon des failles transversales du même district. Il n'y a pas rejettement proprement dit, mais simple *étirement* ou *laminage* de la couche, suivant le sens où plongent les failles voisines. Au fond, une faille transversale, coupant une couche de houille suivant un plan peu différent de celui de la couche elle-même, produirait un effet tout à fait pareil à celui de l'étranglement que l'on observe au puits *Bourret*. Les deux croquis ci-joints, dont l'un représente l'étranglement existant et l'autre les effets produits par une faille plate, montrent bien ce que l'hypothèse en question peut avoir de plausible.

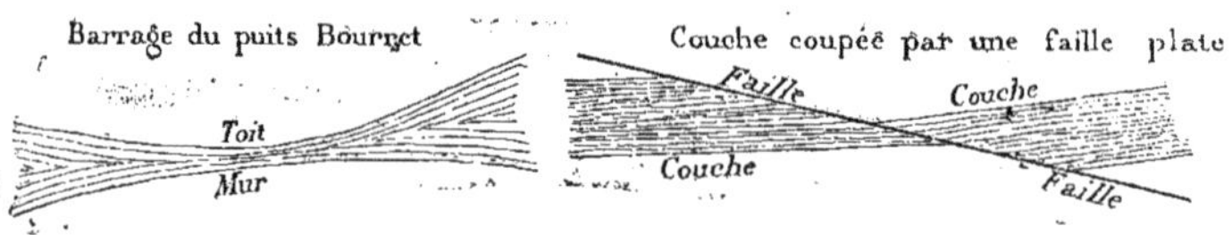

Au surplus, je citerai, à l'appui de ce qui précède, les deux faits suivants, observés, dans la même mine, à peu de distance de l'étranglement dont je viens de parler.

Les travaux du puits *Bourret* sont limités au Sud-Ouest par l'un des gradins précurseurs de la grande faille de Grézieux. Or, en deux points différents de la mine, j'ai reconnu que le plan de ce gradin coupe la couche sous un angle de moins de 20°. Le mur est relevé par la faille, et la houille taillée en biseau et fortement froissée au voisinage de l'accident.

Dans une autre partie de la même mine j'ai rencontré deux rejets parallèles, qui font avec le plan de la couche un angle d'environ 30°, et avec le plan horizontal un angle d'au plus 10°. Ces exemples prouvent, comme je l'ai dit plus haut, que les failles plates sont réellement nombreuses dans ce district.

Pour achever de caractériser le barrage du puits *Bourret*, je dirai que sa largeur maximum est de 25 à 30 mètres et sa longueur de 120 mètres. Du maximun d'amincissement on arrive dans tous les sens graduellement à la couche intacte. L'axe principal de la lentille amincie est Nord-Ouest-Sud-Est.

J'observerai encore que le barrage du puits Bourret ne peut s'expliquer par un simple relèvement vertical du mur, car dans ce cas la couche bâtarde, située au-dessous, en aurait été affectée, tandis qu'elle est intacte et parfaitement régulière.

Enfin, j'ajouterai que des barrages analogues existent dans les travaux voisins du puits *neuf* du Gourd-Marin et au puits du *Château*, dans la concession du Sardon. Ils sont figurés sur les cartes (pl. III) comme des failles, mais, en consultant les courbes de niveau à droite et à gauche de ces accidents, on voit de suite qu'il n'y a pas changement de niveau, mais simple *étirement* de la couche.

Cet étirement de la couche de houille, si fréquent dans le district du Reclus, peut s'expliquer par le soulèvement tout à fait anormal du terrain houiller le long la rive droite du Gier, entre les ruisseaux du Dorlay et de Grézieux, soulèvement qui se manifeste au jour par la brusque inflexion du Gier au confluent du Dorlay. On peut remarquer, en outre, que les couches de houille ont dû être étirées à Rive-de-Gier, suivant l'axe du bassin, par le seul fait de l'enfoncement graduel des couches vers l'Ouest. Les couches de houille se sont déposées horizontalement, tandis qu'aujourd'hui elles descendent de Rive-de-Gier vers Saint-Chamond, ce qui a dû les allonger de la différence qui existe entre une droite inclinée et sa projection horizontale.

En résumé, les *barrages* et les *précipitées* de mines sont des accidents par lesquels les couches ont été amincies, sans notable déplacement dans le sens vertical, par un effort mécanique qui a partiellement broyé la houille et les schistes voisins de la couche. Lorsqu'on rencontre un pareil accident, le meilleur moyen de retrouver la couche intacte consiste à poursuivre sans relâche la veine amincie ou la salbande argileuse qui lui est associée. Ajoutons que les barrages sont presque toujours moins étendus en largeur que les amincissements par *érosion* ou par *dépôt* incomplet de l'amas combustible.

C). — **Brouillages**

§ 47. — On donne le nom de *brouillages* aux accidents qui interrompent d'une façon irrégulière la continuité d'un gîte. A la place de la couche intacte on trouve un amas confus de débris de houille et de roches, une sorte de conglomérat de frottement le long d'une cassure mal définie. On les observe au point de rencontre de deux ou de plusieurs failles, et souvent aussi dans les districts où les grandes failles sont peu inclinées par le fait du passage de l'allure normale à l'allure transversale des assises. Ces brouillages sont, de tous les accidents d'un bassin houiller, le plus grave et le plus difficile à traverser.

On n'a comme guide aucun plan de glissement, ni toit ni mur bien déterminés. Les brouillages correspondent, en général, à un changement complet de stratification, et entre les deux allures différentes se trouve le plus souvent une large bande entièrement disloquée. Dès que les fouilles ont constaté l'existence d'un véritable brouillage, on s'arrête et on considère l'accident comme une limite forcée du champ d'exploitation. Il vaut mieux entreprendre, au delà, des travaux indépendants que de chercher à traverser le brouillage lui-même. Cette circonstance fait que les brouillages proprement dits sont au fond peu connus. Presque toujours on s'arrête dès que l'on rencontre un terrain plus ou moins disloqué, et l'on court ainsi le risque de confondre de simples barrages, ou des failles irrégulières, avec de vrais brouillages. Voici cependant quelques exemples qui semblent correspondre à ce genre d'accidents.

Le territoire du puits du *Bois,* dans la concession du Sardon, correspond à un espace triangulaire troublé, de 400 mètres de base sur 400 à

500 mètres de hauteur, entre les deux districts riches et réguliers du Sardon et du Reclus. Cet espace est limité au Sud par les affleurements, à l'Est et à l'Ouest par deux failles divergentes, dont l'origine commune borne au Sud-Ouest les travaux du puits *Bourret*. Cette région est, sinon tout à fait stérile, au moins occupée dans toute son étendue par des failles plates et des barrages, qui ont transformé la grande couche de Rive-de-Gier en une série d'amas discontinus et amincis, dont l'exploitation fructueuse est rendue pratiquement impossible. Il semble que cet état de choses provienne, comme les failles plates et les barrages du puits *Bourret*, du soulèvement anormal du massif de la rive droite du Dorlay, soulèvement déjà mentionné à l'occasion de ces barrages.

La grande faille du Dorlay correspond également à un véritable brouillage. Le puits *Saint-Philippe*, creusé sur la rive droite du Dorlay, au Reclus, a traversé sur presque toute sa hauteur de 170 mètres des bancs complètement bouleversés.

A Saint-Étienne, les grandes failles de *Barlet* et de la *Renaudière*, auprès du Chambon, correspondent également à un véritable brouillage. Entre les travaux de Montrambert et ceux de la Malafolie (pl. XVIII et XIX), dont les allures sont tout à fait différentes, il y a une vaste lacune, où tout n'est pas stérile sans doute, mais dont plusieurs parties, fort étendues, sont entièrement bouleversées.

Une autre faille de la même région, la grande faille des *Maures*, correspond aussi à un véritable brouillage, du moins au niveau de la troisième couche, à l'Ouest du puits du *Crêt-de-Mars*, et surtout au niveau de l'étage supérieur, où l'on exploite, à l'Est du brouillage, les couches de la Chauvetière, et à l'Ouest le faisceau des Combes au lieu dit la Vionne. Par le fait de la grande courbe, qui relie l'allure transversale de la Béraudière à l'allure normale de Montrambert, il y a, vers le pourtour extérieur, une large solution de continuité, un étirement manifeste, qui a causé, outre la faille plate des Maures, un brouillage d'autant plus prononcé que l'on s'élève davantage dans l'échelle des couches. Au niveau inférieur des couches *brûlantes* de la Béraudière l'accident n'est pas encore bien considérable; il l'est plus dans les couches moyennes, où des travaux de la mine du *Brûlé* on arrive à ceux du *Crêt-de-Mars* (pl. XIV), et devient surtout énorme au niveau des couches supérieures. Cet accident est marqué à la surface du sol par deux ravins qui s'élèvent vers le col du Deveix; l'un monte, de la vallée de l'Ondène, par le Brûlé; l'autre, de la vallée du Furens, par Beaubrun. Les travaux souterrains forment, de part et d'autre de l'accident, des champs d'exploitation complètement indépendants.

A l'autre bout du coteau de la Béraudière, au col de la Croix de l'Orme, les couches forment un deuxième fer à cheval, en revenant à l'allure normale. Les bancs du terrain sont refoulés le long de la grande faille, qui sépare sur ce point, comme ailleurs, le dépôt houiller des schistes anciens de la lisière Sud du bassin. A l'Est et à l'Ouest du col de la Croix de l'Orme, les couches plongent au Nord : à l'Ouest, vers la Ricamarie, on exploite la grande couche du faisceau moyen, relevé en amas vertical (pl. XV). A l'Est, les bancs quartzo-micacés de l'étage supérieur longent la route nationale du Puy, entre la Croix de l'Orme et Saint-Étienne, et là, à une grande profondeur, on rencontrera certainement aussi les couches de houille des étages inférieurs. Mais, dans l'intervalle, à la Croix de l'Orme même, où se produit le changement brusque de direction, le terrain est complètement brouillé. Entre le champ de l'Ouest et celui de l'Est, il restera toujours, on n'en peut douter, un large brouillage stérile. Le brouillage fut d'ailleurs constaté par deux puits de recherche, ouverts sur ce point, les puits *Sainte-Barbe* et de la *Croix de l'Orme*, qui tous deux n'ont rencontré qu'une série d'assises brisées, circonstance qu'on aurait pu prévoir, si l'on avait exploré auparavant la surface du sol avec quelque attention. Voici, en effet, ce que l'on observe en suivant le chemin vieux allant du hameau de la Béraudière à la Croix de l'Orme, le long de la crête située entre la vallée de l'Ondène et celle du Furens. On rencontre d'abord les bancs quartzo-micacés supérieurs régulièrement alignés du Nord au Sud avec forte plongée vers l'Est; après cela, à 100 mètres au nord de la route nationale de Saint-Étienne au Puy, on constate dans le chemin creux en question le profil suivant, que j'ai dessiné sur les lieux mêmes :

En venant du Nord, on voit d'abord le terrain régulier supérieur, qui plonge à l'Est, faire place à des schistes inclinant du Sud au Nord ; ensuite on traverse une brèche de frottement de 1 à 2 mètres, à laquelle succèdent des bancs quartzo-micacés, presque verticaux, en partie refoulés le long d'une faille et plongeant fortement vers le Sud. Enfin, au delà, vient de nouveau le poudingue supérieur quartzo-micacé en bancs plus réguliers, relevés en sens inverse vers le terrain ancien. Bref, l'ensemble offre tous les caractères d'un complet brouillage, qui s'explique facilement par la grande faille de la lisière Sud, coupant en travers l'allure Nord-Sud du coteau de la Béraudière.

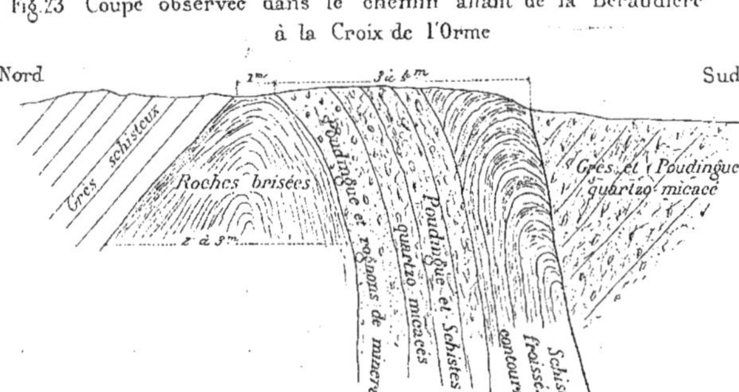

Fig. 23 Coupe observée dans le chemin allant de la Béraudière à la Croix de l'Orme

Rappelons, en terminant, que les quelques exemples que je viens de citer appartiennent tous à la lisière Sud du bassin, celle qui longe la chaîne du Pilat. Et en effet, c'est là que le terrain houiller a éprouvé les dislocations les plus considérables, par suite de l'énorme affaissement des assises houillères le long de cette limite, et du mouvement inverse qui a dû accompagner plus tard le soulèvement de la chaîne du Pilat.

Enfin, je ne puis quitter ce long chapitre des accidents variés qui affectent le terrain houiller, sans faire remarquer combien il serait important que les ingénieurs chargés de la direction des travaux souterrains relevassent avec soin tous les détails relatifs à ces divers accidents, pour les consigner sur les plans et dans les registres d'avancement, où leurs successeurs pourraient les consulter avec fruit en vue des recherches ultérieures.

CHAPITRE IV

SUBSTANCES UTILES DU TERRAIN HOUILLER.

§ 48. — Je désigne sous le nom de substances **utiles** du terrain
houiller celles que l'on emploie comme matières premières dans l'industrie.
Ce sont : la *houille*, les *minerais de fer*, les *pierres à bâtir*, les roches avec
lesquelles on *empierre* les routes, les *argiles réfractaires*, provenant des
underclays, etc.

La plus importante parmi ces substances, celle qui donne au terrain
houiller toute sa valeur, est évidemment la *houille* elle-même, c'est-à-dire
le combustible minéral, sous forme de couches plus ou moins régulières dans
ce terrain. L'argile réfractaire et surtout les minerais de fer représentent
aussi, en Angleterre, un élément fort utile des bassins houillers. Dans
la Loire, malheureusement, les minerais de fer sont rares ou de qualité
inférieure, et l'argile réfractaire à peu près inconnue, du moins jusqu'à
présent. Les pierres de construction ont, au contraire, une certaine importance. Saint-Étienne, Saint-Chamond, Rive-de-Gier, et, en général, tous
les bourgs et villages du bassin houiller sont construits en grès houiller.
Ainsi donc nous aurons à étudier successivement la *houille*, les *minerais de
fer*, les *pierres de construction* et les *argiles réfractaires* du bassin houiller de
la Loire.

I

HOUILLES

§ 49. — Les houilles, comme tous les combustibles minéraux, sauf peut-être certains pétroles et les vrais graphites, sont d'origine végétale.

On sait que, dans la matière ligneuse pure, la *cellulose*, l'oxygène et l'hydrogène sont associés, comme dans l'eau, dans le rapport de 8 à 1. Mais, à mesure que l'élément ligneux se modifie dans le sein de la terre, l'oxygène disparaît, l'hydrogène reste sensiblement constant et le carbone grandit en raison inverse de l'oxygène.

Dans un mémoire relatif à la classification des houilles[1], j'ai montré que les combustibles minéraux sont caractérisés tant par le rapport de $\frac{O}{H}$, ou plutôt de $\frac{O + Az}{H}$, — expression dans laquelle l'azote est toujours en proportion minime comparé à l'oxygène, — que par la quantité relative de charbon *fixe*, résultant de la distillation en vase clos ; de telle sorte que les combustibles peuvent être classés conformément au tableau ci-dessous :

NOMS DES COMBUSTIBLES	RAPPORT de $\frac{O}{H}$, ou de $\frac{O + Az}{H}$.	RAPPORT entre le combustible sec et pur et le charbon provenant de la distillation.
Matière ligneuse pure.	8	0,28 à 0,30
Bois sec (matière ligneuse et substance incrustante).	7	0,30 à 0,35
Tourbes et bois fossiles.	6 à 5	0,35 à 0,40
Lignites proprement dits[1]	5	0,40 à 0,50
Houilles	4 à 1	0,50 à 0,90
Anthracites	1 à 0,75	0,90 à 0,92

1. Je ne parle pas des lignites *bitumineux*, qui se rapprochent des pétroles et sont, comme eux, très riches en hydrogène. Cet hydrogène entraîne alors, au moment de la distillation, la majeure partie du carbone.

1. *Annales des Mines*, 1873, t, IV,

Parmi ces combustibles, les houilles se rencontrent seules dans le bassin de la Loire; aussi désormais nous ne nous occuperons que de ces dernières.

§ 50. — CLASSIFICATION DES HOUILLES. — Le tableau précédent prouve que les houilles proprement dites comprennent des combustibles très divers. Le rapport $\frac{O}{H}$ y varie, en effet, de 4 à 1, et la proportion de coke de 0,50 à 0,90. Aussi peut-on y distinguer cinq *types*, reliés entre eux par des charbons *limites*, qui passent d'un type au suivant, mais sans que pour cela les types eux-mêmes soient moins nettement caractérisés.

Les cinq types sont surtout établis d'après la nature et la proportion du *charbon fixe*, c'est-à-dire d'après l'analyse *immédiate* par simple distillation, plutôt que par l'analyse *élémentaire*. J'ai montré, en effet, dans le mémoire précité, que si l'analyse élémentaire s'accorde, en général, avec l'analyse immédiate, il y a cependant quelquefois léger désaccord, à cause du *mode* de combinaison des trois éléments dont se compose la houille, et qu'alors les propriétés du combustible, et en particulier son pouvoir calorifique, s'accordent beaucoup mieux avec l'analyse immédiate qu'avec l'analyse élémentaire.

La valeur d'une houille dépend, en effet, principalement de son pouvoir *calorifique*. Or ce dernier croît et décroît avec la proportion de *charbon fixe* que laisse la houille par la distillation en vase clos. Il ne lui est cependant pas rigoureusement proportionnel; aussi ne peut-on le calculer ni en partant de cette proportion de charbon fixe ni surtout en se basant sur l'analyse élémentaire. Il faut le déterminer directement, dans chaque cas particulier, par des expériences délicates au calorimètre. Ces essais ont été entrepris sur des houilles très variées par MM. Scheurer-Kestner et Ch. Meunier de Mulhouse; et c'est en partant de ces recherches que j'ai pu fixer approximativement, pour chaque type, les limites entre lesquelles varient les pouvoirs calorifiques. Ces pouvoirs sont exprimés en *calories*, c'est-à-dire par le nombre de kilogrammes d'eau que l'on pourrait échauffer de 1° C. par chaque kilogramme de houille brûlée. J'ai d'ailleurs comparé ces résultats à ceux que l'on a obtenus en grand par des essais de vaporisation. Le tableau résumé que j'ai dressé ci-après donne, pour chaque type, ces résultats en calories et en kilogrammes d'eau vaporisée.

J'observerai encore, au sujet de ce tableau, que la valeur des houilles dépend aussi de l'état de *cohésion*, qui permet d'obtenir, lors de l'abatage, une proportion plus ou moins élevée de *gros*, ainsi que du pouvoir *agglomérant*, en vertu duquel la houille est plus ou moins *grasse* ou *collante*, c'est-à-dire fond et s'agglomère plus ou moins bien sous l'action de la chaleur. A ce double point de vue, je remarquerai que les houilles sont d'autant plus *dures* ou *résistantes* qu'elles renferment plus d'oxygène, c'est-à-dire se rapprochent ainsi davantage des lignites proprement dits, et, d'autre part, qu'elles sont d'autant plus *collantes* que la proportion d'hydrogène y est plus forte relativement à celle de l'oxygène, ou que, par l'analyse immédiate, on obtient plus de bitume et moins d'eau. D'après cela, le type le plus voisin des lignites n'est pas *collant*, à cause de l'excès d'oxygène, et le cinquième type, qui passe aux anthracites, n'est *pas gras* à cause de la minime proportion d'hydrogène. Pour ne pas confondre ces deux types, dont le premier comprend le maximum, et le dernier le minimun d'éléments volatils, je désignerai l'état *non collant* du premier par le mot *sec*, et l'état *non collant* du second par le mot *maigre*. Il importe de ne pas confondre ces deux termes.

Remarquons encore que l'*éclat* d'une houille est d'autant plus vif qu'elle est plus grasse ou plus hydrogénée, et que les houilles dures oxygénées sont relativement ternes et à poussière brune ; tandis que les houilles grasses et surtout les anthracites sont noires. Enfin, l'éclat, toutes choses égales d'ailleurs, est d'autant plus faible que la proportion de cendres est plus considérable.

Dans le tableau ci-après dressé, comprenant les cinq types de houille, tous les chiffres se rapportent à des combustibles purs, sans éléments terreux ; mais on sait qu'en réalité il n'en est point ainsi. Les houilles les plus pures renferment au moins 1 à 2 pour 100 de *cendres*, et souvent 8 à 10 et plus. Outre cela, le *menu* est mélangé de fragments de schistes, en sorte qu'il laisse plus de cendres que le gros, et doit par ce motif être soumis au *lavage*, si du moins les éléments terreux sont abondants. Les cendres sont évidemment nuisibles, puisque l'élément combustible est partiellement remplacé par des matières *terreuses*, qui diminuent d'autant le pouvoir calorifique, et peuvent, en outre, exercer une fâcheuse influence sur le mode de combustion, ainsi que sur la substance soumise à l'action de la chaleur. La combustion est gênée par les cendres, qui s'opposent au contact direct de l'air, dans le cas surtout où, par le fait de leur fusibilité, elles encrassent les grilles de *mâchefers*. A ce point de vue on doit surtout craindre les cendres contenant de la chaux et de l'oxyde de fer. Quant aux éléments, dont l'influence chimique peut être nuisible, il convient de citer le *soufre*, sous forme de pyrites de fer ou de sulfate de chaux, le *phosphore*, à l'état de phosphate de chaux ou de fer, et l'*arsenic* des pyrites arsenicales. Il faut donc examiner les houilles à ces divers points de vue.

Revenons aux cinq types ci-dessus annoncés, où le premier comprend les houilles voisines des lignites, tandis que le dernier correspond aux charbons voisins des anthracites. Ce sont :

1° Les houilles *sèches à longue flamme*, ou *charbons secs*.

2° Les houilles *grasses à longue flamme*, ou *charbons à gaz*.

3° Les houilles *grasses ordinaires*, ou *charbons de forge*.

4° Les houilles *grasses à courte flamme*, ou *charbons à coke*.

5° Les houilles *maigres*, ou *charbons anthraciteux*.

J'ai déjà dit que la proportion de charbon fixe laissé par les houilles proprement dites, était comprise entre 50 et 90 pour 100. J'ajoute que la composition élémentaire des houilles oscille entre les limites extrêmes suivantes :

Carbone. . . . . 75 à 93
Hydrogène . . . . 6 à 4
Oxygène, y compris l'azote . . . . 19 à 3
                                                              ———————
                                                               100

13

Quant aux cinq types dont je viens de parler, le tableau suivant fait connaître leur composition spéciale et leurs caractères essentiels.

NOMS DES CINQ TYPES.	COMPOSITION ÉLÉMENTAIRE.			RAPPORT de $\dfrac{O + Az}{H}$.	PROPORTION de charbon fournie par la distillation rapide.	POUVOIR CALORIFIQUE réel en calories.	POUVOIR calorifique industriel. Eau à 0° vaporisée à 112° c. par kilog. de houille.	NATURE ET ASPECT DU CHARBON OBTENU.
	C.	H.	O (*).					
Houilles sèches à longue flamme, ou *charbons secs*	75 à 80	5,5 à 4,5	19 à 15	4 à 3	0,50 à 0,59	8.000 à 8.500	6k. 70 à 7 50	Pulvérulent ou légèrement fritté.
Houilles grasses à longue flamme, ou *charbons à gaz.*	80 à 85	5,8 à 5	14,2 à 10	3 à 2	0,59 à 0,67	8.500 à 8.800	7 60 à 8 30	Complètement aggloméré et le plus souvent fondu, mais poreux et boursouflé.
Houilles grasses ordinaires, ou *charbons de forge*	84 à 89	5 à 5,5	11 à 5,5	2 à 1	0,67 à 0,74	8.800 à 9.300	8 40 à 9 20	Fondu, peu boursouflé.
Houilles grasses à courte flamme ou *charbons à coke.*	88 à 91	5,5 à 4,5	6,5 à 5,5	1	0,74 à 0,82	9.300 à 9.600	9 20 à 10 00	Fondu, compacte.
Houilles maigres, ou *charbons anthraciteux* . .	90 à 93	4,5 à 4	5,5 à 3	1	0,82 à 0,90	9.200 à 9.500	9 00 à 9 50	Légèrement fritté, et le plus souvent pulvérulent.

(*) L'oxygène comprend l'azote, dont la proportion dépasse rarement 1 pour 100. Je rappelle de nouveau que tous les chiffres de ce tableau se rapportent à des houilles pures, privées de cendres.

J'ajouterai que la densité des houilles peu chargées de cendres est comprise entre 1,25 et 1,35. Ce sont les houilles les plus riches en carbone qui sont les plus denses. Le poids du mètre cube varie, selon le degré de carburation et la proportion des cendres, de 700 à 900 kil., le charbon étant réduit en fragments de moyenne grosseur.

§ 51. — HOUILLES DU BASSIN DE LA LOIRE. — Passons maintenant de ces généralités aux houilles proprement dites du bassin de la Loire. Elles sont, en général, caractérisées par une proportion élevée d'hydrogène et une dose relativement faible d'oxygène; en d'autres termes, ce sont surtout des houilles *collantes*, c'est-à-dire, des charbons *gras*.

Le bassin de la Loire ne renferme aucun charbon *sec*. Les quatre types suivants sont seuls représentés, et même le dernier, celui des charbons *maigres* ou *anthraciteux*, ne l'est que faiblement, du moins dans les mines actuellement exploitées; mais leur proportion croîtra à l'avenir à mesure que les fosses deviendront plus profondes.

Les charbons *à gaz* sont abondants dans les parties Sud-Ouest et Sud-Est du bassin, c'est-à-dire, dans les districts de Firminy, de Montrambert et de la Béraudière, et vers l'extrémité orientale du district de Rive-de-Gier. Sur ce dernier point, on les désignait jadis sous le nom de charbons *rafforts*. Les mines de ce district sont aujourd'hui épuisées.

Les charbons *de forge* caractérisent le centre du district de Rive-de-Gier et la majeure partie des districts de Saint-Étienne; ils sont plus abondants que les autres types dans le bassin de la Loire; seulement, à cause de l'abondance des cendres, les bonnes qualités sont relativement rares.

Les charbons *à coke* sont moins abondants que les charbons de forge; on les exploite dans les districts de la Grand'Croix, de Méons, de Roche-la-Molière, etc.

Enfin, les charbons *maigres* caractérisent la partie du district de la Grand'Croix la plus voisine de Saint-Chamond, et les environs de Sorbiers au nord de Saint-Étienne. Jusqu'à présent, ils ne forment, comme je l'ai dit, qu'une minime proportion de la production totale du bassin.

Rappelons ici qu'une même couche, prise sur divers points de son parcours, peut fournir des charbons de divers types, et que la proportion des éléments volatils diminue avec la profondeur le long d'une même verticale, soit que l'on passe d'une couche aux couches inférieures, soit que l'on suive une couche donnée le long de son aval pendage.

Nous reviendrons, au reste, sur cette distribution des divers types après avoir fait connaître, dans une série de tableaux, la nature spéciale de nos houilles dans les principales mines.

Ces tableaux sont la reproduction amplifiée de ceux que j'ai publiés, il y a vingt-cinq ans, dans les *Annales des Mines* (1852). Ils représentent les diverses sortes de houilles par leur analyse *immédiate*. Celle-ci fournit, comme je l'ai déjà dit, une image plus vraie des propriétés essentielles des combustibles minéraux que leur analyse *élémentaire*. Cette dernière est d'ailleurs approximativement connue par les *moyennes* précédemment données pour les divers types; de plus, j'ai inséré dans les tableaux les analyses de quelques houilles de la Loire, antérieurement publiées par Victor Regnault. Enfin, pour mieux caractériser les diverses sortes de houille, je ne me suis pas borné aux analyses *immédiates ordinaires*, j'ai donné, en outre, les produits de la *distillation lente* en vase clos, c'est-à-dire les proportions de bitume, d'eau ammoniacale et de gaz.

Voici enfin, en peu de mots, la méthode suivie lors des essais. J'ai, autant que possible, choisi moi-même les échantillons dans les mines, en recherchant moins les fragments les plus purs, qu'un ensemble de morceaux représentant la composition moyenne des couches. Le poids des échantillons était de 1,000 grammes au moins. On les concassait en petits fragments, que l'on mêlait avec soin, puis l'essai se faisait, sur 30 grammes de ce mélange, dans un creuset de platine bien fermé, placé lui-même dans un creuset de terre, dont on remplissait les vides avec du charbon de bois.

Au moment de la calcination on notait l'apparence de la flamme et de la fumée sortant des creusets, et, après refroidissement, la consistance du coke et son volume comparé à celui de la houille brute. Tout le coke était ensuite finement pulvérisé, et sur le total on prélevait 2 grammes pour les incinérer dans une capsule de platine, chauffée au rouge dans le moufle.

Pour doser séparément les matières volatiles des houilles types, on les soumettait à la distillation *lente* dans une cornue de verre. On recevait le bitume et l'eau dans une fiole tarée d'avance, convenablement refroidie, et on tenait compte, bien entendu, des gouttelettes condensées dans le col même de la cornue. On séparait ensuite l'eau du bitume, à l'aide d'un entonnoir très effilé, et on les pesait séparément dans une légère capsule de porcelaine. Cette séparation de l'eau, moins dense que le bitume [1], s'opère facilement, lorsqu'on la pratique sans tarder, car si l'on attend jusqu'au lendemain, on s'expose à ne plus avoir qu'un mélange des deux substances. On perd, il est vrai, un peu d'eau, retenue par le bitume et par les parois de la fiole; aussi la séparation, on le conçoit, n'est-elle pas absolue, mais comme l'erreur a lieu constamment dans le même sens, les résultats n'en sont pas moins comparables, et représentent bien l'état plus ou moins oxygéné et hydrogéné des houilles. En général, ces distillations se faisaient sur 15 à 20 grammes. On chauffait jusqu'à ramollissement du verre, puis le coke était encore recalciné au creuset de platine jusqu'au rouge intense, ce qui lui faisait perdre 2 à 4 pour 100 de plus.

Enfin, j'ai opéré quelques distillations dans un simple tube de verre, pour déterminer, sur la cuve à mercure, le volume de gaz fourni par les houilles soumises à des températures lentement croissantes. Je donne aussi, comme terme de comparaison, les volumes obtenus dans les usines à gaz, ainsi que les résultats provenant d'une série d'essais, faits en 1828 à l'École des mineurs de Saint-Étienne par M. Frichoux, sous la direction de M. Beaunier. On opérait dans une petite cornue en fonte, sur des charges de 3 kil., par distillation *rapide* au rouge, ce qui donne plus de gaz et moins de bitume que le travail des grandes usines. Malgré cela, les résultats obtenus offrent un certain intérêt au point de vue des divers types de houille.

Les tableaux, comprenant l'ensemble des résultats constatés, font connaître, dans une première colonne, l'origine des houilles; dans les trois suivantes, par 100 de houille, les matières volatiles, le coke et les cendres. La cinquième colonne donne les cendres par 100 de coke; la sixième, le rapport entre le carbone fixe et la houille, l'un et l'autre privés de cendres; la septième, la couleur des cendres, qui varie surtout avec la teneur en fer et en manganèse. Les cendres grises sont en général manganésifères.

---

1. Dans le cas du *cannel-coal* seulement, le bitume est plus léger que l'eau.

La dernière colonne fournit, enfin, quelques détails sur l'aspect spécial des houilles et des cokes, et leur emploi dans les arts.

J'ajouterai qu'après mon départ de Saint-Étienne, les houilles des couches nouvellement découvertes furent essayées de la même façon par MM. Janicot et Desbief, répétiteurs de chimie à l'École de Saint-Étienne. J'ai désigné les résultats que je dois à leur collaboration par les initiales *Jan.* et *Desb.* Je désigne de même, par la syllabe *Frich.*, les essais dus à M. Frichoux, jadis aussi, vers 1830, répétiteur à l'École de Saint-Étienne. Enfin, quelques essais ont été faits récemment dans le laboratoire de la Compagnie houillère de Saint-Étienne, sous la surveillance de M. Chanselle.

Avant de passer aux tableaux proprement dits, donnons encore quelques détails sur les proportions de bitume, d'eau ammoniacale, de gaz, de noir de fumée et de soufre, que rendent à l'essai les principales houilles de la Loire.

Le minimum de bitume que donne la distillation *lente* est de 0,04 à 0,05; le maximum 0,16. Le *cannel-coal* de Montrambert en produit cependant jusqu'à 0,21; mais aussi, comme nous le verrons, c'est un charbon tout à fait spécial.

D'autre part, dans les usines à gaz, où la distillation est *brusquée*, les houilles les plus riches en bitume n'en produisent que 0,08, et la proportion moyenne est même au-dessous. Lorsqu'on opère sur des houilles *non humides*, la proportion des eaux ammoniacales est souvent, dans le cas des houilles maigres, à peine de 0,01, et ne dépasse guère 0,05 dans le cas des houilles grasses à longue flamme. Mais dans les usines à gaz on en recueille davantage, à cause de l'eau que renferme le menu traité. D'après Regnault, la moyenne serait de 0,07 à 0,08. Quant à la richesse de l'eau ammoniacale, elle est d'autant plus faible, que la distillation se fait à une température plus basse. D'après les essais de M. Janicot, l'hectolitre d'eau ammoniacale des usines à gaz du département de la Loire fournirait en moyenne, après saturation par l'acide sulfurique, 8 à 9 kilogrammes de sulfate cristallisé; tandis que, par distillation lente, on n'en obtiendrait que 2 kilogrammes à 2 kil. 50, soit le quart.

Le volume de gaz varie à l'inverse du bitume recueilli. Une distillation *très rapide* des houilles grasses à longue flamme peut donner 35 et même 40 mètres cubes de gaz par 100 kilogrammes de houille; mais alors seulement 2 à 3 pour 100 de bitume; tandis que la distillation moins rapide des usines à gaz ne donne que 25 à 28 mètres cubes, et celle qui se fait très lentement, à peine 40 mètres cubes; en revanche, on a, dans ce dernier cas, jusqu'à 15 pour 100 de bitume. La proportion de gaz varie aussi, bien entendu, avec la *nature* des houilles; ainsi lorsque les houilles grasses à longue flamme atteignent, en petit, par distillation *rapide,* 35 à 40 mètres cubes, les houilles demi-maigres n'en donnent que 25 à 27 mètres cubes; de plus, le gaz de ces houilles peu grasses est léger, c'est-à-dire peu carburé et peu éclairant.

Rappelons ici que, d'après les expériences de M. Regnault, faites en grand dans l'usine à gaz de Sèvres, 100 kilogrammes de houille ont donné, en moyenne [1] :

Coke (y compris les cendres).	75 kil.	46
(Ce coke est peu cuit et contient encore des éléments gazeux.)		
Goudron (bitume)	6	73
Eau ammoniacale	7	31
Gaz (mesurant $23^{mq},94$) [2]	40	50
	100	00

Les proportions de *noir de fumée* fourni par les houilles, lors d'une combustion plus ou moins gênée, dépendent à la fois de la qualité de la houille et du mode de combustion. Les houilles qui en produisent le plus sont les charbons à gaz, dont la flamme est longue et fuligineuse. Celles qui sont maigres en donnent peu. Dans le cas le plus favorable, les fabricants qui préparent du noir de fumée peuvent en obtenir jusqu'à deux

1. *Annales des Mines,* 1855, t. VIII.

2. D'après M. Leblanc le gaz de la Compagnie parisienne renferme en moyenne, au volume, 50 pour 100 d'hydrogène libre, 33 pour 100 de gaz des marais, 4 pour 100 de gaz oléfiant, et 43 pour 100 d'oxyde de carbone, y compris une très faible dose d'acide carbonique.

et demi pour 100 du poids de la houille, mais alors le coke est léger et de mauvaise qualité. D'autre part, lorsqu'on veut plutôt soigner la qualité du coke, la dose ne dépasse guère un quart à un demi pour 100.

Les houilles renferment toutes une proportion plus ou moins forte de soufre, qui se rencontre à l'état de pyrites de fer, et non sous forme de soufre natif comme dans beaucoup de lignites.

Dans les charbons de la Loire, la proportion de soufre est généralement comprise entre 0,005 et 0,015; elle descend même quelquefois à 0,003, mais atteint d'autre part 0,02 dans certaines couches. D'après cela, le poids de la pyrite y serait moyennement compris entre 0,01 et 0,03, et irait parfois jusqu'à 0,04. Lorsque la pyrite s'y trouve sous forme de cristaux massifs, ou fixée sur des plaquettes de schiste, le lavage de la houille permet d'en éliminer une partie; mais lorsqu'elle se présente en lamelles minces, celles-ci flottent sur l'eau et s'accumulent dans le charbon lavé. Ainsi, aux mines de Côte-Thiolière (troisième couche), le charbon brut a donné 0,0088 de soufre, tandis que le charbon lavé en contenait 0,0108.

En carbonisant les houilles, la pyrite est transformée en protosulfure, de sorte que la moitié du soufre se trouve éliminé sous forme de sulfure de carbone ou de sulfhydrate d'ammoniaque; mais comme le poids du coke n'est lui-même que les deux tiers de celui de la houille, la proportion de soufre dans les cokes est toujours supérieure à la moitié de celle que l'on trouve dans les houilles mêmes. En moyenne elle varie, dans les cokes de la Loire, entre 0,003 et 0,009.

Au mois de juin 1875, l'usine du Creusot a fait analyser, au point de vue du soufre, par son chimiste M. Durassier, un certain nombre de houilles du bassin de la Loire, afin de pouvoir se procurer pour les cokes les charbons les plus purs.

Le tableau ci-joint, que je dois à l'obligeance de M. Schneider, renferme les principaux résultats de ces recherches.

Outre le soufre, on rencontre parfois dans les houilles, mais en proportions infiniment moindres, du phosphore et de l'arsenic, le premier très probablement sous forme de phosphate de chaux, le second à l'état de pyrites arsénicales. Les charbons de la Loire, examinés à ce point de vue au laboratoire du Creusot, n'ont donné que des traces indosables de ces deux substances. Mais il importe de ne pas négliger la recherche minutieuse de ces éléments, lorsque la houille doit servir dans les hauts fourneaux ou les cubilots.

HOUILLES DE SAINT-ÉTIENNE, CONSOMMÉES AU CREUSOT.

TENEUR EN SOUFRE.

Dosages, faits en juin 1875, dans le laboratoire du Creusot.

DÉSIGNATIONS.	QUALITÉ.	SOUFRE pour 100.	DÉSIGNATIONS.	QUALITÉ.	SOUFRE pour 100.
Concession du Treuil. . . . . (8ᵉ couche).	Brute.	0,417 0,465 0,506 0,465 0,417	Montaud. Concession du quartier Gaillard. . . . . (8ᵉ couche).	Lavée.	0,746 0,657 0,773 0,746
	Moyenne.	0,454		*Moyenne.*	0,731
Concession du Treuil . . . . (8ᵉ couche).	Lavée.	0,301 0,468 0,301	Concession du Cros . . . . . (15ᵉ couche).	Brute.	0,996 1,064 1,064
	Moyenne.	0,356		*Moyenne.*	1,051
Concession de Côte-Thiolière. (3ᵉ couche).	Brute.	0,886	Concession du Cros . . . . . (15ᵉ couche).	Lavée.	0,832 0,658
	Lavée.	1,143 1,085 1,143 0,959		*Moyenne.*	0,745
	Moyenne.	1,083	Puits Montmartre. Concession de Dourdel et Montsalson. .	Brute.	1,914 1,428 1,058 0,945 1,428 1,904
Puits Jabin. Concession de Terre-Noire. . . . . (8ᵉ couche).	Brute.	0,523 0,541 0,650 0,541 0,523		*Moyenne.*	1,446
	Moyenne.	0,556	Puits Montmartre. Concession de Dourdel et Montsalson. .	Lavée.	1,110 0,668 1,119
Puits Jabin. . . . . (8ᵉ couche).	Lavée.	0,328 0,573 0,318		*Moyenne.*	0,972
	Moyenne.	0,407			

| NUMÉROS D'ORDRE. | ORIGINE DES HOUILLES. | COMPOSITION DES HOUILLES déterminée par calcination. | | | CENDRES dans 100 de coke. | PROPORTION DE COKE PUR dans la houille sans cendres. | COULEUR des cendres. | OBSERVATIONS. — PROPRIÉTÉS SPÉCIALES DES HOUILLES et leur emploi dans les arts. |
		Matières volatiles.	Charbon.	Cendres.				

I. Charbons secs. — Laissant 0.50 à 0.59 de coke pulvérulent ou fritté.

NOTA. — Le bassin de la Loire ne renferme aucune houille de cette catégorie.

II. Charbons à gaz. — Laissant 0.59 à 0.67 de coke.

1re VARIÉTÉ. — *Houilles à très longue flamme.*

NUMÉROS D'ORDRE.	ORIGINE DES HOUILLES.	Matières volatiles.	Charbon.	Cendres.	CENDRES dans 100 de coke.	PROPORTION DE COKE PUR dans la houille sans cendres.	COULEUR des cendres.	OBSERVATIONS.
1	Houille de la 2e couche du puits de Monterrat. Concession de Firminy . . . . (Faisceau inférieur de Saint-Étienne. Groupe des couches nos 9 à 12).	39.7	57.6	2.7	4.5	0.592	Gris rosé clair.	Houille dure, bonne pour gaz. On y voit beaucoup de fusain. Coke boursouflé et cependant imparfaitement fondu.
2	Houille de la 2e couche du puits des Planches. Concession d'Unieux et Fraisse . . . (Faisceau inférieur de Saint-Étienne. Groupe des couches nos 9 à 12).	37.5	54.6	7.9	12.3	0.593	Gris foncé.	La houille se divise en plaquettes minces, alternativement brillantes et ternes. Le coke se présente, fabriqué en grand, sous forme d'aiguilles effilées.
3	Houille de la 1re couche du puits des Planches. Concession d'Unieux et Fraisse . . . (Faisceau inférieur de Saint-Étienne).	38.0	55.8	6.2	10.0	0.595	Gris clair.	La houille ressemble à la précédente et donne un coke identique.

Pour le n° 2 — La distillation lente a donné :

Goudron.	15.9
Eau	5.0
Gaz	12.4
Coke.	66.7
	100.0

Pour le n° 3 — La distillation lente a donné :

Goudron.	15.2
Eau.	4.8
Gaz.	13.7
Coke.	66.3
	100.0

NUMÉROS D'ORDRE.	ORIGINE DES HOUILLES.	COMPOSITION DES HOUILLES déterminée par calcination.			CENDRES dans 100 de coke.	PROPORTION DE COKE PUR dans la houille sans cendres.	COULEUR des cendres.	OBSERVATIONS. — PROPRIÉTÉS SPÉCIALES DES HOUILLES et leur emploi dans les arts.
		Matières volatiles.	Charbon. (COKE.)	Cendres. (COKE.)				
4	Houille de la grande couche du puits Saint-Léon. Concession de Firminy. . . . . . . (8e couche du faisceau moyen de Saint-Étienne.)	35.2	51.8	13.0	20.0	0 60	Rose tirant sur le gris.	Houille veinée, terne et brillante. Charbon à gaz impur et dur. Coke peu boursouflé, avec parties imparfaitement fondues.

Nota. — Les quatre houilles précédentes forment en quelque sorte le passage des charbons à gaz avec charbons secs à longue flamme.

NUMÉROS D'ORDRE.	ORIGINE DES HOUILLES.	Matières volatiles.	Charbon.	Cendres.	CENDRES dans 100 de coke.	PROPORTION DE COKE PUR	COULEUR des cendres.	OBSERVATIONS.
5	Houille de la 3e couche brûlante de l'ancienne mine du Brûlé. Concession de la Béraudière . . . . (Faisceau moyen de Saint-Étienne.)	38.0	59.5	2.5	4.0	0.60	Jaune rosé.	Houille bonne pour gaz et chauffage domestique. Coke boursouflé, très léger, mais bien fondu.
6	Houille de la couche des *trois gores*. Ancien puits n° 3 de la mine et concession de la Béraudière. . . . . . . (Partie haute du faisceau moyen de Saint-Étienne.)	36.8	58.1	5.1	8.0	0.61	Jaune rosé.	Charbon dur, peu brillant. Coke poreux, friable, mais bien fondu.
7	Houille du puits Marseille, grande couche. Concession de Montrambert. . . . . (3e couche du faisceau moyen de Saint-Étienne. La couche a 14 mètres de puissance).	Échantillon pris au toit de la couche. 31.0 | 57.8 | 8.1 | 12.2 | 0.63 Échantillon de qualité inférieure, pris aussi au voisinage du toit. 35.4 | 56.6 | 10.0 | 15.5 | 0.61					Jaune rosé. Jaune rosé.	Houille dure, bonne pour chauffage domestique. Peu employée dans les usines à gaz à cause de l'abondance des cendres. Contient du fusain minéral. Coke poreux, friable.
8	Houille de la 3e couche brûlante de la Béraudière, comme le n° 5, mais de l'ancien puits n° 2. (Faisceau moyen de Saint-Étienne).	36.7	60.5	2.8	4.5	0.62	Jaune rosé.	Houille dure, peu brillante, bonne pour gaz et chauffage domestique. Coke léger, friable, bien fondu.

NUMÉROS D'ORDRE.	ORIGINE DES HOUILLES.	COMPOSITION DES HOUILLES déterminée par calcination.			CENDRES dans 100 de coke.	PROPORTION DE COKE PUR dans la houille sans cendres.	COULEUR des cendres.	OBSERVATIONS. — PROPRIÉTÉS SPÉCIALES DES HOUILLES et leur emploi dans les arts.
		Matières volatiles.	Charbon.	Cendres.				
			COKE.					
9	Houille de la grande ou 1re couche de la Malafolie. Concession de Firminy. . . . . . . (Faisceau inférieur de Saint-Étienne. Groupe 9 à 12).	34.0	56.8	9.2 (Frich.)	15.8	0.62	»	Houille dure, peu brillante, à structure fibreuse. Bonne pour chauffage domestique.
10	Houille de la 3e couche de la Malafolie. Concession de Firminy. (Faisceau inférieur de Saint-Étienne. Groupe 9 à 12).	37.0	59.8	3.2	5.0	0.62	»	Houille dure, à éclat peu vif et structure fibreuse. Coke friable, bien fondu. Charbon à gaz, et bon pour chauffage domestique.
11	Houille de la grande masse du puits Saint-Mathieu. Concession de la Béraudière . . . (3e couche du faisceau moyen de Saint-Étienne) C'est le prolongement de la couche n° 7 du tableau.	1er ÉCHANTILLON. 35.6 | 58.8 | 5.6 | 8.7 | 0.62 2e ÉCHANTILLON. (Jan.) 34.0 | 58.7 | 7.3 | 11.0 | 0.63 3e ÉCHANTILLON. (Jan.) 35.0 | 60.1 | 4.9 | 7.6 | 0.63 Le premier échantillon a donné par distillation lente : Goudron. . . . . . 15.7 Eau. . . . . 4.6 Gaz . . . . 13.5 Coke. 66.2 100.00					Blanches. Blanches. Blanches.	Cette houille est le type des charbons à gaz du bassin de la Loire. Elle est dure, peu brillante, se divise en fragments parallélipipédiques. Le coke est poreux, friable, peu boursouflé. A l'usine à gaz ce charbon donne 260 à 280 litres par kil., et, par calcination brusque, 390 litres.
12	Houille de la Chauvetière. Concession de la Béraudière . . . . (Couche principale du faisceau supérieur de Saint-Étienne dans cette concession).	33.4	53.7	13.2	19.7	0.62	Jaune rosé.	Houille terne et dure, très impure. Coke très peu boursouflé et incomplètement fondu.

NUMÉROS D'ORDRE.	ORIGINE DES HOUILLES.	COMPOSITION DES HOUILLES déterminée par calcination.			CENDRES dans 100 de coke.	PROPORTION DE COKE PUR dans la houille sans cendres.	COULEUR des cendres.	OBSERVATIONS. — PROPRIÉTÉS SPÉCIALES DES HOUILLES et leur emploi dans les arts.
		Matières volatiles.	COKE.					
			Charbon.	Cendres.				
13	Houille de la couche qui affleure auprès de la chapelle de Valbenoîte. Concession de Ville-bœuf. . . . . (Couche supérieure de Saint-Étienne ; peut-être celle des Rochettes.)	31.5	55.4	10.1	15.5	0.62	»	Houille dure, plus ou moins terne et mêlée de schistes. Coke léger, friable.
14	Houille du puits Sainte-Marie de la concession de Tartaras .. (Semble appartenir par la flore au faisceau inférieur de Saint-Étienne).	34.6	55.8	9.5	14.0	0.62	Gris rosé.	Houille schisteuse terne et impure. Coke friable, dans lequel, quoique bien agglutiné, on reconnaît en partie la forme des fragments de houille.
	Contient 0,004 de soufre.							
15	Houille de la couche n° 3 du puits de Combe-Blanche. Concession d'Unieux et Fraisse. . (Prolongement des couches ci-dessus citées sous les n°ˢ 2 et 3. Faisceau inférieur de Saint-Étienne, groupe 9 à 12.)	35.3	58.2	6.5	10.0	0.623	Blanc rosé.	Houille légère, friable, à éclat vif. Coke argentin bien fondu, mais pierreux et friable.
16	Houille de la couche n° 2 du puits de Combe-Blanche. Concession d'Unieux et Fraisse... (Faisceau inférieur de Saint-Étienne. Groupe de 9 à 12 comme les n°ˢ 2, 3 et 15.)	35.7	59.8	4.5	7.0	0.626	Gris rosé.	Houille schisteuse, friable, mêlée de fusain. Coke bien fondu, mais poreux et friable.
17	Houille de la 1ʳᵉ couche du puits de Combe-Blanche. Concession d'Unieux et Fraisse. . (Faisceau inférieur de Saint-Étienne. Groupe 9 à 12.)	35.6	60.9	3.5	5.5	0.63	Gris rosé foncé.	Houille brillante, se divise en petits fragments schisteux. Coke argentin, bien collé en aiguilles minces, friable.

NUMÉROS D'ORDRE.	ORIGINE DES HOUILLES.	COMPOSITION DES HOUILLES déterminée par calcination.			CENDRES dans 100 de coke.	PROPORTION DE COKE PUR dans la houille sans cendres.	COULEUR des cendres.	OBSERVATIONS. — PROPRIÉTÉS SPÉCIALES DES HOUILLES et leur emploi dans les arts.
		Matières volatiles.	Charbon.	Cendres.				
18	Houille de la couche dite première brûlante de l'ancien puits n° 2 de la mine et concession de la Béraudière. (Faisceau moyen de Saint-Étienne, comme les n°ˢ 5 et 8.)	34.6	60.0	5.4	8.2	0.63	Rouge foncé.	Houille dure, striée de parties ternes. Coke poreux, friable, peu boursouflé. Charbon moins pur que les autres houilles de la Béraudière.
19	Houille de la couche dite 2ᵉ brûlante. Concession de Montrambert. . . . . (Faisceau moyen de Saint-Étienne.)	35.3	60.8	3.9 (Jan.)	6.0	0.63	Gris.	Houille dure, fibreuse, terne, poussière brune. Coke friable, inégalement fondu. Bon pour chauffage domestique.
20	Houille de la grande couche du puits n° 1 de Montsalson. Concession de Dourdel et Montsalson. (3ᵉ du faisceau moyen de Saint-Étienne.)	35.5	61.5	3.0	4.7	0.63	Gris rougeâtre.	Houille à éclat très vif, bonne pour forge et gaz. Coke argentin, bien fondu en aiguilles effilées, un peu friable.
21	Houille de la grande couche des Platières. Concession de Dourdel et Montsalson . . . . (3ᵉ du faisceau moyen, comme le n° 20).	35.8	62.8	1.4	2.2	0.64	Jaune rosé.	Houille à éclat très vif, comme la précédente. L'une des plus pures du bassin. Coke argentin, léger, en aiguilles minces comme le n° 20.
22	Houille de la couche des *Littes*, mine et concession de la Béraudière . . . . (Sommet du faisceau moyen de Saint-Étienne).	34.8	61.3	3.9	6.0	0.64	Jaune rosé.	Houille dure fibreuse. Bonne pour gaz et chauffage domestique, se divise en fragments parallélipipédiques. Coke argentin, peu solide.

Pour le n° 21 :

La distillation lente a donné :

Goudron.	13.47
Eau	3.22
Gaz	16.01
Coke.	67.30
	100.00

NUMÉROS D'ORDRE.	ORIGINE DES HOUILLES.	COMPOSITION DES HOUILLES déterminée par calcination.			CENDRES dans 100 de coke.	PROPORTION DE COKE PUR dans la houille sans cendres.	COULEUR des cendres.	OBSERVATIONS. PROPRIÉTÉS SPÉCIALES DES HOUILLES et leur emploi dans les arts.
		Matières volatiles.	Charbon.	Cendres.				
			COKE.					
23	Houille de la couche des *Littes ;* ancienne mine des Hospices. Concession de la Béraudière . . . . (Sommet du faisceau moyen de Saint-Étienne.)	34.7	62.1	3.2 (Frich.)	4.9	0.64	Jaune rosé.	Houille pareille à la précédente. Elle provient de la même couche, à 1200ᵐ, plus à l'Ouest. Distillée rapidement dans une petite cornue en fonte, elle a donné 328 litres de gaz par kil.
24	Houille de la 2ᵉ couche brûlante du puits nº 1 de la mine et concession de la Béraudière . . . . (Même couche que le nº 19. Faisceau moyen de Saint-Étienne.)	35.5	62.4	2.1	3.2	0.64	Rosc.	Houille dure, fibreuse, terne, poussière brune. Coke peu solide et inégalement agglutiné. Bonne pour chauffage domestique et gaz.
25	Houille de la 2ᵉ couche brûlante de l'ancienne mine du Brûlé. Concession de la Béraudière . . . . (Même couche que les nᵒˢ 19 et 24. Faisceau moyen de Saint-Étienne).	33.3	60.5	6.7 (Frich.)	10.1	0.64	»	Houille pareille à la précédente et coke semblable. Chauffée dans une petite cornue de fonte, a donné 328 litres de gaz par kil.
26	Houille de la couche des *Rochettes.* Concession de Monthieux . . (Partie haute du faisceau moyen de Saint-Étienne).	33.0	57.4	9.6 (Chans.)	14.3	0.635	Jaune.	Houille peu brillante, mêlée de schistes. Coke bien fondu, peu solide.
27	Houille de la couche dite *Mourinée.* Concession de Terre-Noire. . (Couche la plus élevée du faisceau supérieur, au bois d'Aveize.)	33.8	60.1	6.1	9.2	0.64	Jaune rosé.	Houille très collante, tendre et friable. Coke léger fendillé. À l'usine à gaz de Saint-Étienne le kil. a donné 255 litres de gaz.

NUMÉROS D'ORDRE.	ORIGINE DES HOUILLES.	COMPOSITION DES HOUILLES déterminée par calcination.			CENDRES dans 100 de coke.	PROPORTION DE COKE PUR dans la houille sans cendres.	COULEUR des cendres.	OBSERVATIONS. — PROPRIÉTÉS SPÉCIALES DES HOUILLES et leur emploi dans les arts.
		Matières volatiles.	COKE. Charbon.	Cendres.				
28	Houille de la couche dite du *Bon menu.* Concession de Terre-Noire. (3e couche du faisceau supérieur, au bois d'Aveize.)	35.1	62.3	2.6	4.0	0.64	Rouge.	Houille fibreuse, très brillante, fond à une faible température; double de volume au creuset. Coke argentin, peu solide. Donne beaucoup d'essences légères.
29	Houille de la *grande* couche du bois d'Aveize. Concession de Terre-Noire . . . . (5e du faisceau supérieur de Saint-Étienne.)	33.1	65.6	1.3	2.0	0.637	Jaune.	Houille très éclatante; double de volume au creuset. Coke blanc, argentin, friable, forte proportion d'essences légères. La faible proportion d'eau prouve que ces houilles sont peu oxygénées.
30	Houille de la couche dite *Rouillat*, ou 2e couche du bois d'Aveize. Concession de Terre-Noire . . . . . (2e du faisceau supérieur.)	32.0	65.2	2.8	4.1	0.67	Rouge.	Houille fibreuse brillante, ressemble aux trois précédentes; mais elle est un peu moins pure. Toutes les houilles du bois d'Aveize sont riches en hydrogène.
31	Houille de la 7e couche du bois d'Aveize. Niveau de 103 mètres à l'Est du puits d'Aveize. (7e couche du faisceau supérieur.)	31.2	55.9	12.9 (Chans.)	18.7	0.642	Rouge foncé.	Houille brillante à grands écussons, chargée de cendres. Coke boursouflé.
32	Houille de la 6e couche du bois d'Aveize. Niveau Est de la galerie d'Aveize . . . . . . (Faisceau supérieur.)	30.0	62.2	7.8 (Chans.)	11.1	0.675	Rouge foncé	Houille brillante, peu dure et moins pure que la grande couche n° 29. Coke pareil à ceux des n°s 27 à 30.

Pour le n° 29 :

La distillation lente a donné :

Goudron 12.2
Eau 1.3
Gaz 17.4
Coke 69.1
———
100.00

NUMÉROS D'ORDRE.	ORIGINE DES HOUILLES.	COMPOSITION DES HOUILLES déterminée par calcination.			CENDRES dans 100 de coke.	PROPORTION DE COKE PUR dans la houille sans cendres.	COULEUR des cendres.	OBSERVATIONS. — PROPRIÉTÉS SPÉCIALES DES HOUILLES et leur emploi dans les arts.
		Matières volatiles.	COKE. Charbon.	Cendres.				
33	Houille de la grande couche dite *du Soleil,* puits Chapelon. Concession de Firminy. . (Base du faisceau inférieur de Saint-Étienne. Probablement la 15e.)	32.5	58.5	9.0	13.3	0.643	Rouge.	Houille grasse à longue flamme, passant aux charbons de forge. Coke bien fondu et boursouflé. La distillation rapide donne 335 litres de gaz par kil.
34	Houille de la petite couche de 1^m,30 située au toit de la précédente; puits Chapelon. Concession de Firminy. (Base du faisceau inférieur de Saint-Étienne.)	31.4	60.8	7.8	11.4	0.659	Brun foncé.	Houille pareille à la précédente. Coke bien fondu, très boursouflé.
35	Houille de la couche n° 4 du puits de Combe-Blanche. Concession d'Unieux et Fraisse... (Faisceau inférieur de Saint-Étienne. Groupe 9 à 12).	27.7	51.0	21.3	29.5	0.648	Gris.	Houille schisteuse, entremêlée de lames ternes, riches en cendres. Elle brûle malgré cela avec flamme longue. Le coke est bien fondu, mais peu boursouflé.
36	Houille de la grande couche supérieure du puits Neyron. Concession du Treuil . . . . (3e du faisceau moyen de Saint-Étienne.)	32.0	59.4	8.6	12.6 (Chans.)	0.65	Rouge foncé.	Partie terne et impure de la couche. Passe à la houille grasse ordinaire. Coke peu boursouflé.
37	Houille de la grande couche du puits Deville. Concession de la Roche. (3e du faisceau moyen, prolongement du n° 36.)	(Menu.) 32.5 | 31.9 |	61.6 | 65.7 |	6.4 | (Gros.) 2.4 |	9.5 | 3.5 |	0.65 0.67	Blanche.	Houille grasse à éclat vif, peu dure, marque le passage des houilles à gaz aux charbons de forge. Coke gris argentin boursouflé. On voit, par l'eau résultant de la distillation, que cette houille contient moins d'oxygène que les n^{cs} 2, 3 et 11. Elle est moins *flambante.*

NOTA. — La même couche à la profondeur de 207 mètres est plus pure et fournit 31 pour 100 de matières volatiles.

La distillation lente a donné :

Goudron	12.0
Eau	2.1
Gaz	13.2
Coke	72.7
	100.0

NUMÉROS D'ORDRE.	ORIGINE DES HOUILLES.	COMPOSITION DES HOUILLES déterminée par calcination.			CENDRES dans 100 de coke.	PROPORTION DE COKE PUR dans la houille sans cendres.	COULEUR des cendres.	OBSERVATIONS. — PROPRIÉTÉS SPÉCIALES DES HOUILLES et leur emploi dans les arts.
		Matières volatiles	Charbon. (COKE.)	Cendres. (COKE.)				
38	Houille *menue*, de la 5e couche du puits Thibaut. Concession de Terre-Noire . . . . . (5e couche du faisceau moyen.)	31.8	58.7	9.5	14.0	0.65	Brun rougeâtre.	Houille de forge, de qualité très médiocre à cause de l'abondance des cendres, comme les n°s 34 et 35. Sert de passage aux houilles grasses ordinaires.
39	Houille du puits de l'Espérance. Concession de la Forestière à Givors. . . . . (Appartient par la flore à l'étage stérile compris entre Rive-de-Gier et Saint-Étienne.)	31.8	62.05	6.15	9	0.661	Rose.	Houille très bitumineuse, gonflant au feu. Coke gris foncé, bien fondu. (Échantillon choisi.)
40	Houille *menue* de la petite Ricamarie. Concession de la Béraudière . . . . (3e couche, ou grande, du faisceau moyen.)	32.0	61.2	6.8	11.1 (Jan.)	0.66	»	Houille grasse tendre, donne du coke léger, friable; fournit des essences moins légères que les houilles du bois d'Aveize n°s 27 et 28.

2e VARIÉTÉ. — Houilles grasses ternes, à longue flamme.

Houilles ternes, riches en oxygène, appelées charbons *rafforts* dans le bassin de la Loire.

NUMÉROS D'ORDRE.	ORIGINE DES HOUILLES.	Matières volatiles	Charbon.	Cendres.	CENDRES dans 100 de coke.	PROPORTION DE COKE PUR	COULEUR des cendres.	OBSERVATIONS.
41	Houille de la couche bâtarde de la mine et concession de Couzon, à Rive-de-Gier . . . . (Couche inférieure de l'étage de Rive-de-Gier.)	34.5	62.8	2.7	4.1	0.65	Blanc.	Houille terne, schisteuse, dure, brûle avec flamme longue. Coke bien fondu. Bonne pour chauffage domestique.

Composition élémentaire d'après Regnault :

    Carbone. 84.89
    Hydrogène 5.75
    Oxygène et azote. . .   9.36
                   100.00

NUMÉROS D'ORDRE.	ORIGINE DES HOUILLES.	COMPOSITION DES HOUILLES déterminée par calcination.			CENDRES dans 100 de coke.	PROPORTION DE COKE PUR dans la houille sans cendres.	COULEUR des cendres.	OBSERVATIONS. — PROPRIÉTÉS SPÉCIALES DES HOUILLES et leur emploi dans les arts.
		Matières volatiles.	Charbon.	Cendres.				
			COKE.					
42	Houille de la grande couche de la mine et concession de Couzon, à Rive-de-Gier . . . . (Couche principale de l'étage de Rive-de-Gier.)	30.9	63.6	5.5	8.0	0.67	Blanc un peu jaune	Houille très dure et terne. C'est le type des *Rafforts*. Coke peu boursouflé et parfois imparfaitement fondu. Charbon très recherché pour le chauffage domestique et les bateaux à vapeur du Rhône.

Autre échantillon analysé par Regnault.

| | | 32.6 | 62.1 | 5.3 | 7.9 | 0.66 | | |

Composition élémentaire :

Carbone. 86.30
Hydrogène 5.27
Oxygène et azote. . . 8.43
————
100.00

NUMÉROS D'ORDRE.	ORIGINE DES HOUILLES.	Matières volatiles.	Charbon.	Cendres.	CENDRES dans 100 de coke.	PROPORTION DE COKE PUR.	COULEUR des cendres.	OBSERVATIONS.
43	Houille de la grande couche de la mine et concession des Combes. (Partie inférieure de la couche principale de l'étage de Rive-de-Gier.)	31.5	63.5	5.0	7.3	0.07	»	Houille très dure et terne. Mine contiguë au n° 42, et même usage.
44	Houille de la couche *bourrue* de la mine et concession des Verchères. . . . . . . (Couche la plus inférieure de l'étage de Rive-de-Gier.)	33.3	60.0	6.7	10.0 (Jan.)	0.64	Brun foncé.	Houille schisteuse, impure, et pourtant moins terne que les deux précédentes. Coke bien fondu.
45	Houille de la galerie Sainte-Barbe. Concession de Villards. . . . (Couche la plus basse du faisceau moyen de Saint-Étienne.)	34.8	61.0	4.2	6.5	0.635	Rouge.	Houille dure, compacte et terne : dans le coke on reconnaît encore la forme des fragments de houille. Chauffage domestique.
46	Houille du puits Beaunier. Grande couche de la concession de Villards . . . . . . (Couche n° 8, placée au haut du faisceau inférieur de Saint-Étienne.)	33.7	63.0	3.3	5.0	0.65	Rose.	Houille à gaz passant aux houilles de forge. Veinée de lamelles ternes et de fusain. Coke boursouflé peu dur. Charbon plus gras que le précédent, qui est situé au-dessus.

NUMÉROS D'ORDRE.	ORIGINE DES HOUILLES.	COMPOSITION DES HOUILLES déterminée par calcination.			CENDRES dans 100 de coke.	PROPORTION DE COKE PUR dans la houille sans cendres.	COULEUR des cendres.	OBSERVATIONS. — PROPRIÉTÉS SPÉCIALES DES HOUILLES et leur emploi dans les arts.
		Matières volatiles.	COKE. Charbon.	Cendres.				
47	Houille du puits Villefosse. Grande couche de la concession de Villards . . . . (Couche n° 8; prolongement du n° 46)	33.8	63.9	2.3	4.5	0.65	Blanc.	Houille un peu plus dure que le n° 46, mais également veinée de lamelles ternes. Coke plus compact que celui du n° 46. Sert au chauffage domestique.
48	Houille du puits du Replat. Concession de la Catonnière. . . . . (Couche bâtarde, niveau inférieur de l'étage de Rive-de-Gier.)	32.0	64.5	3.5 (Frich.)	4.8	0.67	»	Ressemble aux houilles n° 41 et 44. Schisteuse et moins dure que le charbon *raffort* de Couzon n° 42.
49	Houille du puits Égarande. Concession des Combes et Égarande . (Grande couche de l'étage de Rive-de-Gier).	29.0	60.4	10.6	15.0	0.676	Rose.	Houille terne et dure, prolongement des n°ˢ 42 et 43. Charbon *raffort* chargé de cendres.

III. — Charbons de forge et houilles grasses ordinaires, donnant 0.67 à 0.74 de coke.

NUMÉROS D'ORDRE.	ORIGINE DES HOUILLES.	Matières volatiles.	COKE. Charbon.	Cendres.	CENDRES dans 100 de coke.	PROPORTION DE COKE PUR.	COULEUR des cendres.	OBSERVATIONS.
50	Houille du puits Bréchignac. Concession de Bérard. . . . . . . (Couche n° 8, qui sert de couronnement au faisceau inférieur de Saint-Étienne.)	30.3	61.0	8.7 (Frich.)	12.5	0.67	Jaune rosé.	Houille grasse ordinaire, moyennement dure, plutôt brillante que terne.
51	Houille du puits Peyret. Concession de Bérard. . . . . (Couche n° 8; la mine est contiguë à la précédente.)	29.9	64.2	5.9	8.5	0.68	Brun.	Houille grasse, plus pure que la précédente. Charbon de forge de qualité ordinaire.
52	Houille du puits Saint-André. Concession de Méons . . . . (Couche n° 8 du faisceau inférieur de St-Étienne.)	27.8	65.7	6.5	9.0	0 70	Jaune rosé.	Houille grasse à éclat moyennement vif, entremêlé de lamelles ternes. Coke argentin semi-dur.

NUMÉROS D'ORDRE.	ORIGINE DES HOUILLES.	COMPOSITION DES HOUILLES déterminée par calcination.			CENDRES dans 100 de coke.	PROPORTION DE COKE PUR dans la houille sans cendres.	COULEUR des cendres.	OBSERVATIONS. — PROPRIÉTÉS SPÉCIALES DES HOUILLES et leur emploi dans les arts.
		Matières volatiles.	Charbon.	Cendres.				
53	Houille du puits du Bessard. Concession de Méons. . . . . (Couche n° 8 comme les n°s 50 à 52.)	27.1	64.1	8.8	12.0	0.70	Jaune rosé.	Même houille que le n° 52. Les quatre mines des n°s 50 à 53 se touchent. Sert pour coke de 2e qualité.
54	Houille du puits n° 3 de la concession de Montsalson. . . . . . (8e couche, située au haut du faisceau inférieur de Saint-Étienne.)	29.6	64.4	6.0	9.5	0.685	Gris.	Houille grasse brillante sillonnée de lamelles ternes. On en fait du coke de 2e qualité. Prolongement de la couche de Villards n°s 46 et 47.
55	Houille de la mine et concession du Gourd-Marin. . . . . . . (Grande couche de Rive-de-Gier, banc inférieur.)	29.4	63.9	6.7	9.5	0.68	»	Houille moins dure et moins terne que celle de Couzon n°s 42 et 43. On y voit des lamelles à éclat vif.
56	Houille de la mine et concession du Gourd-Marin . . . . (Grande couche de Rive-de-Gier, partie supérieure, appelée *maréchale*, par opposition à l'inférieure *raffort*.)	28.8	68.1	3.1	4.5	0.70	»	Houille plus grasse, plus tendre, et à éclat plus vif que le n° 55. C'est de la houille de forge proprement dite.
57	Houille de la mine et concession des Combes . . . . (Grande couche de Rive-de-Gier, partie supérieure.)	30.0	65.6	4.4	6 7	0.69	»	Houille plus grasse, plus tendre, à éclat plus vif que le n° 43 de la même couche; c'est de la houille *maréchale*.

NUMÉROS D'ORDRE.	ORIGINE DES HOUILLES.	COMPOSITION DES HOUILLES déterminée par calcination.			CENDRES dans 100 de coke.	PROPORTION DE COKE PUR dans la houille sans cendres.	COULEUR des cendres.	OBSERVATIONS. — PROPRIÉTÉS SPÉCIALES DES HOUILLES et leur emploi dans les arts.
		Matières volatiles.	COKE. Charbon.	Cendres.				
58	Houille de la mine des Villes, ou mine Grangette. Concession de Montsalson.. . . . . (Grande ou 3e couche du faisceau moyen de Saint-Étienne, même niveau que les nos 36 et 37.)	1o Échantillon des Hautes-Villes. 30.4 | 68.0 | 1.6 | 2.3 | 0.70 La distillation lente a donné : Goudron. . . . . . 12.15 Eau. . . . . . . 2.78 Gaz. . . . . 18.66 Coke. . . . . . . 71.41 ——— 100.00 2o Échantillon de la Brunandière. .31.8 | 66.2 | 2.0 | 3.0 | 0.675					Rose. Gris.	C'est la houille la plus éclatante et la plus pure du bassin de la Loire.Charbon de forge par excellence. Coke argentin en aiguilles minces. Au creuset; double de volume comme les houilles du bois d'Aveize. Au puits *Basses-Villes* M.Desbief n'a trouvé que 1 p. 0/0 de cendres et au puits *Chatelus* 1,3.
59	Houille de la grande couche du puits de la Garenne. Concession du quartier Gaillard. . . (3e ou grande couche du faisceau moyen de Saint-Étienne. Prolongement du no 58.)	Échantillon choisi. 28.4 | 70.4 | 1.2 | 1.6 | 0.71 (Frich.) NOTA. — Au puits de la Loire M. Desbief a trouvé : 28.8 | 69.4 | 1.8 | 2.5 | 0.706					Blanc.	Houille très éclatante et pure comme la précédente. Bonne houille de forge. Coke argentin, très boursouflé. En moyenne, la houille est un peu moins pure que le no 58.
60	Houille de la 10e couche du puits d'Aveize, étage de 150m Est . . (Faisceau supérieur de Saint Étienne.)	27.2	63.3	9.5	13.0	0.70 (Chans.)	Gris foncé. -	Houille tendre, à éclat vif comme les nos 31 et 32. Coke boursouflé.
61	Houille de la 11e couche du puits d'Aveize, étage de 103m . . . . (Faisceau supérieur de Saint-Étienne).	Échantillon choisi. La couche est mêlée de schistes. 31.0	67.1	1.9	2.7	0.68 (Chans.)	Rouge.	Houille tendre à éclat vif. Coke boursouflé, très léger, comme tous les cokes d'Aveize.
62	Houille du puits Charles de la grande couche de Latour. Concession de Firminy . (Faisceau inférieur de Saint-Étienne. Groupe 9 à 12.)	27.1	66.9	6.0	8.2	0.70 (Frich.)	»	Houille terne, très éclatante et grasse, bonne pour forge. Coke gris argentin, léger.

| NUMÉROS D'ORDRE. | ORIGINE DES HOUILLES. | COMPOSITION DES HOUILLES déterminée par calcination. | | | CENDRES dans 100 de coke | PROPORTION DE COKE PUR dans la houille sans cendres. | COULEUR des cendres. | OBSERVATIONS. — PROPRIÉTÉS SPÉCIALES DES HOUILLES et leur emploi dans les arts. |
		Matières volatiles.	COKE. Charbon.	Cendres.				
63	Houille du puits du Chêne. Concession de la Roche. . . . . . . (5e couche du faisceau moyen de Saint-Étienne.)	28.5	67.9	3.6	5.0	0.70	Jaune rosé.	Houille assez tendre, à éclat vif. Bon charbon de forge. Donne aussi de bons cokes; gonfle beaucoup lors de la distillation lente.
	La distillation lente a donné : Goudron. . . . . . 11.69 Eau. . . . . 1 56 Gaz. . . . . 11.37 Coke. . . . . . . 75.38 — 100.00							
64	Houille du puits Vincent. Concession de Bérard . . . . (5e couche du faisceau moyen de Saint-Étienne. Mine voisine de la précédente.)	29.2	66.7	4.1	5.8	0695	Rouge.	Houille pareille à la précédente, mais un peu plus entremêlée de lamelles schisteuses.
05	Houille de la mine du Treuil, Concession du Treuil. . . . . . . (5e couche du faisceau moyen de Saint-Étienne.) (Frich.)	29.9	65.9	4.2	6.0	0.69	»	Houille de forge de bonne qualité. La mine est contiguë à celle du n° 63.

NOTA. — M. Chansolle a également essayé la houille de la 5e C. dans les concessions de la Roche, du Treuil et de Côte-Thiolière. — Les résultats obtenus confirment les chiffres précédents.

NUMÉROS D'ORDRE.	ORIGINE DES HOUILLES.	Matières volatiles.	Charbon.	Cendres.	CENDRES dans 100 de coke	PROPORTION DE COKE PUR	COULEUR des cendres.	OBSERVATIONS.
66	Houille du puits Vincent. Concession de Bérard. . . . . . . (6e couche du faisceau moyen de Saint-Étienne.)	27.1	64.0	8.9	12.2	0.70	Gris. .	Houille très entremêlée de nerfs, et, par ce motif, peu exploitée.
67	Houille du puits Deville. Concession de la Roche. . . . . . . (7e couche du faisceau moyen de Saint-Étienne.)	28.3	66.3	5.4	7.5	0.70	Blanc.	Houille grasse ordinaire, assez dure, à structure en écussons. A cause des schistes entremêlés, le charbon ne convient que pour le chauffage ordinaire.

NUMÉROS D'ORDRE.	ORIGINE DES HOUILLES.	COMPOSITION DES HOUILLES déterminée par calcination.			CENDRES dans 100 de coke.	PROPORTION DE COKE PUR dans la houille sans cendres.	COULEUR des cendres.	OBSERVATIONS. — PROPRIÉTÉS SPÉCIALES DES HOUILLES et leur emploi dans les arts.
		Matières volatiles.	COKE. Charbon.	Cendres.				
68	Houille du puits Vincent. Concession de Bérard. . . . . (7e couche du faicesu moyen de Saint-Étienne.)	25 3	63.7	11.0	14.7	0.70	Jaune rosé.	Houille grasse impure, bonne pour feu de grille. Le coke est bien fondu et boursouflé.
69	Houille du puits de la Pompe. Concession du Treuil . . . . . . (7e couche du faisceau moyen de Saint-Étienne.)	29.7	62.9	7.4	10.5	0.68	Gris jaunâtre.	Houille identique aux deux précédentes, qui proviennent de mines contiguës. Coke bien fondu et boursouflé.
70	Houille de la 7e couche du Treuil du puits des Flaches . . . . . (Faisceau moyen de Saint-Étienne.)	28.6	67.4	4.0 (Chaus)	5.6	0.70	Gris très clair.	Houille pareille aux trois précédentes. Coke bien fondu, d'un gris de plomb.
71	Houille de la 9e couche sous l'Église du Soleil. Concession de Bérard . . . . . . (Faisceau inférieur de Saint-Étienne.)	27.0	64.7	8.3 (Chaus.)	11.4	0.706	Rouge foncé.	Houille grasse très ordinaire, charbon mêlé de schistes. Coke bien fondu, peu boursouflé.
72	Houille de la 10e couche du puits Saint-Louis. Concession de Méons. . . . . . . (Faisceau inférieur de Saint-Étienne.)	27.8	67.7	4.5	6.2	0.709	Rouge.	Houille grasse très ordinaire. Charbon impur, contenant en moyenne plus de cendres que l'échantillon essayé. Coke boursouflé tendre.
73	Houille de la 11e couche de la mine et concession de Reveux . . (Faisceau inférieur de Saint-Étienne.)	25.7	64.3	10.0 (Frich.)	13.4	0.70	»	Houille grasse, de qualité médiocre à cause de l'abondance des cendres. Coke bien fondu, peu boursouflé.

NUMÉROS D'ORDRE.	ORIGINE DES HOUILLES.	COMPOSITION DES HOUILLES déterminée par calcination.			CENDRES dans 100 de coke.	PROPORTION DE COKE PUR dans la houille sans cendres.	COULEUR des cendres.	OBSERVATIONS. — PROPRIÉTÉS SPÉCIALES DES HOUILLES et leur emploi dans les arts.
		Matières volatiles.	Charbon.	Cendres.				
74	Houille de la 11ᵉ couche. Concession de Bérard. (*Montheil*). (Faisceau inférieur de Saint-Étienne.)	27.8	66.8	5.4	7.4	0.706	Jaune clair.	Houille grasse ordinaire, contient habituellement plus de cendres. Coke bien fondu peu boursouflé.
75	Houille de la 12ᵉ couche de la mine et concession de Reveux . . (Faisceau inférieur de Saint-Étienne.)	26.7	64.5	8.8 (Frich.)	12.0	0.70		Houille grasse ordinaire, moyennement dure. On a fabriqué pendant quelque temps du coke de hauts fourneaux avec le menu.
76	Houille de la 12ᵉ couche à 100ᵐ, au N.-E. du puits Saint-Louis. Concession de Méons. (Faisceau inférieur de Saint-Étienne.)	.	69.4	3.8	5.2	0.721	Rouge.	Houille grasse ordinaire, en général plus chargée de cendres que l'échantillon essayé. Coke bien fondu et boursouflé.
77	Houille de la petite couche, située au mur de celle dite du Soleil au puits Chapelon de la concession de Firminy . . . . (D'après la floro, ce serait une dépendance du nᵒ 15 du faisceau inférieur de Saint-Étienne.)	27.7	66.3	6.0	8.3	0.706	Gris jaunâtre.	Houille grasse ordinaire. Coke bien fondu et boursouflé.
78	Houille de la mine et concession de la Grand'-Croix . . . . (Grande couche de l'étage de Rive-de-Gier.) Nota : Les échantillons 2 et 3 ont été choisis avec soin et les analyses faites par V. Regnault.						Blanc jaunâtre.	Houille grasse à vif éclat, sert pour la forge et pour coke de hauts fourneaux. Dans les fours ordinaires, non chauffés, on obtient, en grand, 56 à 60 p. 0/0 de coke, tenant 10 à 14 p. 0/0 de cendres, et 0,004 à 0,007 de soufre. Le coke est moins dense et moins solide que celui des houilles grasses à *courte* flamme.

Détail de l'échantillon nᵒ 78 :

1ᵉʳ échantillon.

26.0 | 67.3 | 6.7 | 9.0 | 0.72 — Blanc jaunâtre.

2ᵉ Échantillon ; partie haute de la couche dite *Maréchale*.

29.7 | 68.5 | 1.8 | 2.6 | 0.685 — Jaune.

3ᵉ Échantillon ; partie inférieure dite *Raffort*.

28.8 | 69.8 | 1.4 | 2.0 | 0.70 — Blanc.

Composition élémentaire :

	2ᵉ échant.	3ᵉ échant.
Hydrogène.	5.23	4.93
Oxygène, azote. . .	5.73	6.00
Carbone.	89.04	89.07
	100.00	100.00

| NUMÉROS D'ORDRE. | ORIGINE DES HOUILLES. | COMPOSITION DES HOUILLES déterminée par calcination. | | | CENDRES dans 100 de coke. | PROPORTION DE COKE PUR dans la houille sans cendres. | COULEUR des cendres. | OBSERVATIONS. — PROPRIÉTÉS SPÉCIALES DES HOUILLES et leur emploi dans les arts. |
| | | Matières volatiles. | COKÉ. | | | | | |
			Charbon.	Cendres.				
79	Houille du puits Saint-Mathieu de la concession du Reclus . (Grande couche de Rive-de-Gier.)	27.8	69.3	2.0	4.0	0.71	Gris rosé.	Houille de forge de qualité ordinaire. On en fait du coke de h^{ts} fourneaux comme à la Grand'Croix.
80	Houille du puits Didier. Concession de Bérard. . . . . . . (3e ou grande couche du faisceau moyen de Saint-Étienne).	27.2	67.9	4.9	6.8	0.74 (Frich.)	»	Houille grasse ordinaire de moyenne dureté. Coke bien fondu, faiblement boursouflé.
81	Houille du puits du Milieu. Concession de la Roche. . . . . . (3e couche du faisceau moyen de Saint-Étienne.)	25.3	67.6	7.1	9.6	0.73	»	Houille grasse ordinaire, comme la précédente ; provient d'une mine contiguë. Charbon de forge et de coke ordinaire.
82	Houille de la mine et concession de la côte Thiolière . . . . . . (3e couche du faisceau moyen de Saint-Étienne.)	25.7	69.1	5.2	7.0	0.73	Blanc.	Houille à éclat vif. Coke gris argentin. Le menu a servi pour coke de hauts fourneaux.
	NOTA. — La même couche, dans la concession de la Barallière, a donné . 0 729.							
83	Houille du puits Remel. Concession de Monthieux. . . . . . (3e couche du faisceau moyen de Saint-Étienne).	25.2	68.7	6.1	8.1	0.73 (Frich.)	Blanc.	Houille pareille à la précédente. Les deux mines se touchent.
84	Houille de la mine de la petite Chaux. Concession de Terre-Noire . . . . (Partie inférieure de la 3e couche, ou plutôt 4e couche du faisceau moyen de Saint-Étienne).	25.0	67.4	7.6	10.1	0.73 (Frich.)	»	Houille pareille aux deux précédentes. Le menu a également servi pour coke de hauts fourneaux.

NUMÉROS D'ORDRE.	ORIGINE DES HOUILLES.	COMPOSITION DES HOUILLES déterminée par calcination.			CENDRES dans 100 de coke.	PROPORTION DE COKE PUR dans la houille sans cendres.	COULEUR des cendres.	OBSERVATIONS. — PROPRIÉTÉS SPÉCIALES DES HOUILLES et leur emploi dans les arts.
		Matières volatiles.	COKE. Charbon.	Cendres.				
85	Houille du puits Re-mel. Concession de Monthieux. . . . . . (4ᵉ couche du faisceau moyen de Saint-Étienne.)	24.8	69.9	5.3	7.1	0.74	Blanc.	Houille tendre, à éclat assez vif. Coke gris argentin. Le menu a servi pour coke de hauts fourneaux.
86	Houille du puits Ro-binot au bois Montzil. Concession de Villards. (Couche nᵒ 15, du sys-tème inférieur de Saint-Étienne, comme les nᵒˢ 46 et 47.)	26.8	68.8	4.4	6.1	0.72	»	Houille composée de lamelles brillantes et ternes. Les premières sont à cassure conchoï-dale, les autres, schis-teuses. Coke peu boursouflé ; on y reconnaît encore en partie la forme des fragments de houille.
87	Houille du puits de la Doa. Concession de la Chana. . . . . . . (Couche nᵒ 15, divisée en deux bancs, séparés par 1ᵐ,80 des schistes ; sys-tème inférieur de Saint-Étienne).	Banc supérieur. 27.6 | 68.5 | 3.9 | 5.3 | 0.71 Banc inférieur. 24.9 | 68.1 | 7.0 | 9.3 | 0.73					Gris rosé. Blanc jau-nâtre.	Houille pareille à la précédente, composée aussi de lames ternes et brillantes. Provient de la même couche se-lon toutes les probabi-lités.
88	Houille du puits Mar-toret. Concession du Sardon. . . . . (Grande couche de Rive-de-Gier. Partie inférieure dite *Raffort.*)	26.7	69.8	3.3	4.8	0.72	»	Houille dure, terne, striée de lames brillan-tes. Recherchée pour le chauffage sur grille.
89	Houille des Verchè-res ; puits Jamin et de l'Espérance. Concession des Verchères . . . . (Grande couche de Rive-de-Gier).	27.2	66.5	6.3	8,6	0.71	Gris.	Houille à écussons, comme les charbons gras ordinaires de Saint-Étienne. Éclat peu vif. Coke bien fondu.

(Frich.)

NUMÉROS D'ORDRE.	ORIGINE DES HOUILLES.	COMPOSITION DES HOUILLES déterminée par calcination.			CENDRES dans 100 de coke.	PROPORTION DE COKE PUR dans la houille sans cendres.	COULEUR des cendres.	OBSERVATIONS. — PROPRIÉTÉS SPÉCIALES DES HOUILLES et leur emploi dans les arts.
		Matières volatiles.	Charbon.	Cendres.				
90	Houille de la mine des Verchères; puits Jamin . . . . (Couche bâtarde de Rive-de-Gier).	26.0	67.3	6.7	9.0	0.72	Gris.	La houille de la bâtarde ressemble au charbon de la grande; mais elle est plus chargée de cendres.
91	Houille du puits Gré-zieux. Concession du Sardon . . . . (Couche bâtarde de Rive-de-Gier.)	25.4	62.5	12.4	16.5	0.71	Blanc.	Houille terne et dure comme les rafforts. Coke mal agglutiné. Si la houille est terne, cela doit tenir, dans ce cas, à la forte propor-tion de cendres.

IV. — Charbons à coke, ou houilles grasses à courte flamme, donnant 0,74 à 0,82 de coke.

NUMÉROS D'ORDRE.	ORIGINE DES HOUILLES.	COMPOSITION DES HOUILLES déterminée par calcination.			CENDRES dans 100 de coke.	PROPORTION DE COKE PUR dans la houille sans cendres.	COULEUR des cendres.	OBSERVATIONS.
		Matières volatiles.	Charbon.	Cendres.				
92	Houille du puits Saint-Claude. Conces-sion de Méons . . . . (Grande couche n° 13 du faisceau inférieur de Saint-Étienne, dite couche de l'Étang.)	24.2	74.3	1.5	2.0	0.75	Gris.	Houille tendre, d'un beau noir éclatant. Coke gris argentin, dur et compact. C'est le type des houilles à coke de la Loire. Fort estimée aussi pour la forge. Dans les anciens fours non chauffés, dits de *boulanger*, on ob-tient 60 à 65 p. 0/0 de coke.

Houille menue pour le coke.

24.5 | 72.1 | 3.4 | 4.5 | 0.75 — Gris.

La distillation lente a donné :

Goudron.	8.80
Eau.	0.96
Gaz.	11.55
Coke.	78.69
	100.00

NUMÉROS D'ORDRE.	ORIGINE DES HOUILLES.	Matières volatiles.	Charbon.	Cendres.	CENDRES dans 100 de coke.	PROPORTION	COULEUR	OBSERVATIONS.
93	Houille du puits de l'Étang de la mine et concession de Méons . (Faisceau inférieur de Saint-Étienne. C. n° 13.)	25.5	74.1	2.4	3.2	0.70	Gris.	Houille pareille à la précédente. Après peu de semaines d'exposi-tion à l'air, le menu ne s'agglomère plus.
94	Houille du puits Sainte-Marie, mine et concession de Chancy. (Grande couche n° 13 du faisceau inférieur de Saint-Étienne.)	24.3	73.8	1.9	2.5	0.75	Gris.	Houille et coke, pa-reils à ceux des n°s 92 et 93. Les propriétés et les usages sont les mêmes. Les deux mines sont contiguës.

NUMÉROS D'ORDRE.	ORIGINE DES HOUILLES.	COMPOSITION DES HOUILLES déterminée par calcination.			dans 100 de coke.	PROPORTION DE COKE PUR dans la houille sans cendres.	COULEUR des cendres.	OBSERVATIONS. — PROPRIÉTÉS SPÉCIALES DES HOUILLES et leur emploi dans les arts.
		Matières volatiles.	Charbon.	Cendres.				
95	Houille du puits Rosau. Mine et concession de Reveux. . . . (N° 13 du faisceau inférieur.)	22.8	72.8	4.4	5.7	0.76	Gris rosé.	Houille tendre et brillante, comme les trois précédentes; le menu est mêlé de schistes.
96	Houille de la couche n° 13 du puits Verpilleux. Concession de Méons.	23.8	74.0	2.2 (Chaus.)	3.0	0.757	Jaune.	C'est l'aval pendage du puits Saint-Claude n°. 92, houille identique.
97	Houille de la couche n° 13, au voisinage de la faille du Soleil, à plus de 300ᵐ de profondeur	21.6	75.4	3.0	3.8	0.777	Blanc.	Houille tendre, à vif éclat. Coke dur, bien fondu.
98	Houille de la couche n° 13 dans la traversée du puits Saint-Louis. Concession de Méons.	21.0	74.3	4.7	5.9	0.78	Gris clair.	Houille tendre à vif éclat. Coke dur, bien fondu. On voit par les n°ˢ 97 et 98, comparés aux n°ˢ 92 à 96, que la houille devient plus maigre avec la profondeur.
99	Houille de la 8ᵉ couche du puits Châtelus à 425ᵐ de profondeur. Concession de Montsalson . . . . . . (Couche la plus élevée du faisceau inférieur ; même couche que les n°ˢ 50 à 54 et les n° 86 et 87.)	21.7	73.7	5.6	7.2	0.77	»	Houille grasse, sillonnée de lamelles ternes ; semblable au n° 54 qui provient de la même région, mais d'une profondeur moindre, où le rapport du coke pur est de 0,68.
99 bis.	Houille de la 8ᵉ couche au puits Ambroise de la concession de Villebœuf, à la profondeur de 525ᵐ	20.9	72.3	6.8	8.6	0.75	Gris clair.	Houille tendre, collante, donnant du coke solide, peu boursouflé.

Nota. — Cette houille donne sans lavage du bon coke de cubilot, comme les n°ˢ 92 à 94.

NUMÉROS D'ORDRE.	ORIGINE DES HOUILLES.	COMPOSITION DES HOUILLES déterminée par calcination.			CENDRES dans 100 de coke.	PROPORTION DE COKE PUR dans la houille sans cendres.	COULEUR des cendres.	OBSERVATIONS. — PROPRIÉTÉS SPÉCIALES DES HOUILLES et leur emploi dans les arts.
		Matières volatiles.	COKE.					
			Charbon.	Cendres.				
100	Houille de la 3ᵉ couche de la mine de Latour. Concession de Firminy . . . . (Faisceau inférieur de Saint-Étienne, groupe 9 à 12.)	25.0	71.6	3.4	4.5	0.74	Gris.	Houille noire, très brillante, peu dure. Coke bien fondu, solide.
101	Houille de la 3ᵉ couche de Latour. Concession de Firminy, puits de la Chaux . . . . . (Faisceau inférieur de Saint-Étienne, groupe de 9 à 12.)	23.0	72.5	4.5	5.8	0.759	Gris clair.	Houille noire brillante, peu dure; provient d'une profondeur plus grande que le nᵒ 100. Coke bien fondu, dur et compact.
102	Houille de la couche dite du Moulin. Concession de Roche-la-Molière . . . . (9ᵉ couche du faisceau inférieur de Saint-Étienne.)	22.4	63.6	14.0 (Jan.)	18.0	0.74	Gris.	Houille terreuse. Coke bien fondu, terne, compact.
103	Houille de la couche du Sagnat. Concession de Roche-la-Molière. . (10ᵉ couche du faisceau inférieur de Saint-Étienne)	23.5 21.1 19.2 16.0	71.5 76.5 76.8 80.5	5.0 (Desb.) 2.4 4.0 (Jan.) 3.5	6.6 3.0 5.0 4.2	0.753 0.78 0.80 0.83	Blanc jaunâtre. Gris. Id. Id.	Houille noire éclatante, tendre, à structure feuilletée. La couche devient plus maigre en allant du Sud au Nord. Coke gris, dur et compact, de fort bonne qualité. Les divers échantillons essayés se suivent du Sud au Nord. La houille sert pour la forge et pour le coke.
104	Houille de la couche du Peyron. Concession de Roche-la-Molière. . (11ᵉ couche du faisceau inférieur de Saint-Étienne.)	20.7	72.2	7.1 (Jan.)	9.0	0.78	Gris.	Houille ordinaire très feuilletée. Coke bien fondu, gris, compact. Proportion de cendres élevée.

Ce dernier échantillon provient du travers banc du puits du Crêt, c'est-à-dire du Nord. C'est déjà une houille à demi-maigre. (Desb.)

NUMÉROS D'ORDRE.	ORIGINE DES HOUILLES.	COMPOSITION DES HOUILLES déterminée par calcination.			CENDRES dans 100 de coke.	PROPORTION DE COKE PUR dans la houille sans cendres.	COULEUR des cendres.	OBSERVATIONS. — PROPRIÉTÉS SPÉCIALES DES HOUILLES et leur emploi dans les arts.
		Matières volatiles.	COKE.					
			Charbon.	Cendres.				
105	Houille de la couche de la Grille. Concession de Roche-la-Molière . (12e couche du faisceau inférieur de Saint-Étienne.)	21.0	70.0	2.8	3.6	0.78	Gris.	Houille à éclat vif, assez tendre. Sert pour la forge et le coke. Coke compact, dense et dur.
			(Jan.)					
106	Houille du puits Montessut. Concession d'Unieux et Fraisse. . (Partie basse du faisceau inférieur de Saint-Étienne.)	21.0	73.5	5.5	7.0	0.78	Gris.	Houille tendre très brillante. Coke bien fondu et dur.
107	Houille du pré du Soleil. Couche des Roches. Concession du Montcel . . . . (Couche n° 14 du faisceau inférieur de Saint-Étienne.)	19.6	77.6	2.8	3.5	0.80	Gris.	Houille striée, composée de lamelles éclatantes et ternes, coke dur, bien fondu et compact. Le menu est mêlé de schistes.
	Échantillon choisi.							
108	Houille de la grande couche du puits du Cros. Concession du Cros. . (Couche n° 15 du faisceau inférieur de Saint-Étienne.)	22.0	71.5	6.5	8.3	0.765	Blanc.	Houille striée, formée de lames brillantes et ternes. Coke dur et compact, bien fondu.
	Partie inférieure de la couche.	23.3	69.0	7.1	9.3	0.75	Id.	
109	Houille de la grande couche inférieure du puits Mars. Concession de Méons. . . . . . . (Paraît être le n° 15 du faisceau inférieur de Saint-Étienne.)	21.0	76.6	2.4	3.0	0.785	Gris clair.	Houille pareille à la précédente; vient d'une profondeur plus grande. Donne encore du coke bien fondu, mais à 377m de profondeur; au puits Verpilleux, il est maigre (n° 123).
110	Houille du puits Henry. Concession de Corbeyre . . . . . . (Couche bâtarde de l'étage de Rive-de-Gier.)	23.0	71.0	3.0	3.9	0.76	»	Houille schisteuse, entremêlée de veines ternes. Coke dense.

Analyse élémentaire par Regnault :

Hydrogène.	5.05
Oxyde et azote. . . .	4.42
Carbone.	90.53
	100.00

NUMÉROS D'ORDRE.	ORIGINE DES HOUILLES.	COMPOSITION DES HOUILLES déterminée par calcination.			CENDRES dans 100 de coke.	PROPORTION DE COKE PUR dans la houille sans cendres.	COULEUR des cendres.	OBSERVATIONS. — PROPRIÉTÉS SPÉCIALES DES HOUILLES et leur emploi dans les arts
		Matières volatiles.	Charbon.	Cendres.				
111	Houille du puits Saint-Isidore. Concession du Reclus . . . . (Grande couche de l'étage de Rive-de-Gier).	23.7	72.1	4.2 (Frich.)	5.5	0.75	Gris clair.	Houille tendre, à éclat vif. Coke compact, bien fondu. Le menu sert pour coke de hauts fourneaux.
112	Houille du puits d'Assailly. Concession de Lorette . . . . . . (Grande couche de l'étage de Rive-de-Gier.)	18.4	69.1	12.5 (Desb.)	15.3	0.79	Blanc.	Houille semblable à la précédente, mais beaucoup plus impure. Les deux mines sont voisines. Coke dur, terreux.
113	Houille du puits Pinay. Concession de la Péronière . . . . . . (Grande couche de l'étage de Rive-de-Gier.)	Partie supérieure de la couche. 24.6	72.2	2.8 (Jan.)	5.0	0.75	Jaunâtre. Id.	Houille à éclat vif, tendre, coke compact, bien fondu. Fournit d'excellent coke de hauts fourneaux. Rend dans les fours de boulanger, 61 à 63 p. 0/0.
	Partie inférieure de la couche.	24.2	70.2	5.6 (Frich.)	7.4	0.74		
114	Houille du puits Camille. Concession de la Péronière . . . . . . (Même couche que le n° 113, mais à une profondeur plus grande.)	20.4	74.3	5.3 (Desb.)	6.7	0.785	Blanc.	Même houille et même usage que ci-dessus.
115	Houille du puits Saint-Antoine. Concession de la Péronière . (Même couche que les n° 113 et 114. Profondeur plus grande.)	18.4	78.0	3.6	4.4	0.809	Id.	Houille à éclat vif comme ci-dessus, mais, pour obtenir de bons cokes, il faut des fours à parois chauffées.
116	Houille de la couche de la Vaure. Concession du Montcel . . . (15e couche du faisceau inférieur de Saint-Étienne.)	19.0	74.1	6.9	8.5	0.796	Gris rosé.	Houille tendre, à lames ternes et brillantes. Coke gris compact, dur, bien fondu. Le coke, fait en grand, présente quelques parties peu déformées.

NUMÉROS D'ORDRE.	ORIGINE DES HOUILLES.	COMPOSITION DES HOUILLES déterminée par calcination.			CENDRES dans 100 de coke.	PROPORTION DE COKE PUR dans la houille sans cendres.	COULEUR des cendres.	OBSERVATIONS. — PROPRIÉTÉS SPÉCIALES DES HOUILLES et leur emploi dans les arts.
		Matières volatiles.	Charbon.	Cendres.				
117	Houille du puits Julie. Couche de *la Vaure*. Concession de la Calaminière, partie supérieure de la couche. . (15ᵉ couche du faisceau inférieur de Saint-Étienne.)	20.0	76.5	3.5	4.6	0.793	Jaunâtre.	Houille tendre, pareille à la précédente. Coke gris, compact, bien fondu.
118	Houille du puits Julie. Concession de la Calaminière . . . . . (Même couche que le nᵒ 117. Partie inférieure de la couche nᵒ 15.)	17.5	77.5	5.0	6.4	0816	Brun foncé.	Houille tendre brillante. Coke mal aggluginé. On reconnaît la forme de quelques fragments de houille.
119	Houille du puits Saint-Claude de la concession de Combérigol, grande couche de Rive-de-Gier à 600 mètres de profondeur.	18.3	78.2	6.5	7.7	0.81	Rose foncé.	Houille friable, à lames ternes et brillantes. Coke bien fondu, mais où l'on reconnaît encore la forme de quelques fragments de houille.

NOTA. — Les nᵒˢ 118 et 119 forment le passage aux charbons anthraciteux, comme le dernier échantillon du nᵒ 103.

V. — Houilles maigres, ou charbons anthraciteux, laissant 0,82 à 0,90 de coke fritté ou pulvérulent.

NOTA. — Dans le bassin de la Loire toutes les houilles de cette catégorie sont encore *mi-grasses* et laissent du coke bien *fritté*, à part certains charbons de Saint-Chamond (nᵒˢ 125 et 126).

NUMÉROS D'ORDRE.	ORIGINE DES HOUILLES.	Matières volatiles.	Charbon.	Cendres.	CENDRES dans 100 de coke.	PROPORTION DE COKE PUR.	COULEUR des cendres.	OBSERVATIONS.
120	Houille du puits Saint-Privat. Concession du Plat-de-Gier . (Grande couche de Rive-de-Gier, mine contiguë à celles de Combérigol et de la Péronière, nᵒˢ 119 et 115.)	18.4	79.1	2.5	3.1	0.811	Blanc.	Houille tendre brillante. Le coke, préparé au creuset, est encore bien fondu ; mais en grand on obtient difficilement du coke solide, même dans les fours chauffés.
	Autre échantillon plus voisin de la moyenne.	14.4	81.6	4.0	4.7	0.85		

NUMÉROS D'ORDRE.	ORIGINE DES HOUILLES.	COMPOSITION DES HOUILLES déterminée par calcination.			CENDRES dans 100 de coke.	PROPORTION DE COKE PUR dans la houille sans cendres.	COULEUR des cendres.	OBSERVATIONS. — PROPRIÉTÉS SPÉCIALES DES HOUILLES et leur emploi dans les arts.
		Matières volatiles.	COKE. Charbon.	Cendres.				
121	Houille du puits Martin. Concession de la Calaminière . . . . (Couche de la Vaure, n° 15 du faisceau inférieur de Saint-Étienne.) La distillation lente a donné : Goudron. . . . . . 4.45 Eau. . . . . 0.78 Gaz. . . . . 9.27 Coke. . . . . . . 85.50 ——— 100.00	16.0	79.0	5.0	6.0	0.83	Blanc.	Houille tendre, à lamelles ternes et brillantes. Pesanteur spécifique 1,35. Coke gris foncé, aggloméré. Les fragments de houille sont incomplètement déformés. La distillation prouve que la houille contient à la fois peu d'oxygène et peu d'hydrogène.
122	Houille du puits de la Vaure. Concession de la Chazotte . . . . (Couche de la Vaure, 15° du faisceau inférieur de Saint-Étienne. Mine contiguë au n° 121.) Les houilles n°s 121 et 122 conviennent surtout pour les agglomérés.	16.6	81.3	2.1	2.5	0.83	Rouge.	Houille tendre, un peu plus brillante que la précédente à cause de la moindre proportion de cendres. Coke gris foncé, mieux fondu que le précédent, mais on reconnaît encore la forme des fragments de houille.
123	Houille du puits Verpilleux. Concession de Méons, à 377 mètres de profondeur. . . . . (Couche n° 15 du faisceau inférieur de Saint-Étienne.)	15.8	80.7	3.5	4.2	0.836	Gris clair.	Houille tendre, formée de lames ternes et brillantes. C'est l'aval pendage du n° 109 ; mais beaucoup plus maigre. La houille fond au creuset, mais ne colle pas en grand, même dans les fours chauffés.
124	Houille du puits Rosan. Concession de Reveux, à 345 mètres de profondeur. . . . . . (Couche n° 16 du faisceau inférieur de Saint-Étienne.)	16.8	78.2	5.0	6.0	0.823	Rouge brun.	Houille peu grasse, s'agglomère mal, même au creuset.

NUMÉROS D'ORDRE.	ORIGINE DES HOUILLES.	COMPOSITION DES HOUILLES déterminée par calcination.			CENDRES dans 100 de coke.	PROPORTION DE COKE PUR dans la houille sans cendres.	COULEUR des cendres.	OBSERVATIONS. — PROPRIÉTÉS SPÉCIALES DES HOUILLES et leur emploi dans les arts.
		Matières volatiles.	Charbon.	Cendres.				
125	Houille de la couche n° 6, ou grande couche Darnon de Saint-Chamond	14.2	79.0	6.8	8.0	0.85	Gris foncé.	Houille à lames ternes et brillantes, tout à fait maigre. Le coke est pulvérulent. La couche correspond probablement au n° 14 de Saint-Étienne.
126	Houille de la couche n° 7, du puits des Roches de Saint-Chamond	13.4	83.7	2.9	3.4	0.86	Gris.	Houille noire comme l'anthracite, assez friable. Le coke entièrement pulvérulent. C'est le charbon le plus maigre de Saint-Étienne. La couche correspond probablement au n° 15 de Saint-Étienne.

NOTA. — Nous donnons ici, pour clore la liste des charbons de la Loire, les résultats fournis par le *cannel-coal* de Montrambert, houille spéciale très hydrogénée, passant à la série des roches *à pétrole*.

NUMÉROS D'ORDRE.	ORIGINE DES HOUILLES.	Matières volatiles.	Charbon.	Cendres.	dans 100 de coke.	PROPORTION DE COKE PUR.	COULEUR des cendres.	OBSERVATIONS.
127	Houille formant une veine distincte au milieu de la grande couche de Montrambert . (3ᵉ couche du faisceau moyen de Saint-Étienne.)	47.3	47.2	5.5	10.5	0.50	Blanc.	*Le cannel-coal* est brun, tout à fait terne, à cassure conchoïde, très inflammable ; fond sans augmenter de volume. Le goudron est brun clair très fluide, *plus léger* que l'eau, tandis que les houilles proprement dites donnent du goudron plus dense que l'eau.

La distillation lente a donné :

Goudron. 21.6
Eau 4.8
Gaz. 14.4
Coke. 59.2
——————
100.00

§ 52. — L'examen attentif des tableaux, dans lesquels je viens de résumer la composition des houilles de la Loire, montre, d'une façon évidente, que la nature des charbons varie d'un point à un autre du bassin sous l'influence de trois causes différentes :

La situation spéciale du district ; la profondeur relative des couches dans chaque district en particulier, et, dans une même couche, *la distance plus ou moins grande en aval des affleurements.*

1° Certains districts fournissent surtout des houilles à longue flamme, tandis que d'autres sont caractérisés par les charbons de forge, ou par les charbons gras à courte flamme, et cela, jusqu'à un certain point, à tous les niveaux et dans toutes les couches d'un même district. Ainsi, presque toutes les couches, sauf les plus inférieures des districts de Firminy, de Montrambert et de la Béraudière, donnent des charbons à gaz, ou du moins des houilles grasses à longue flamme, riches en bitume et pauvres en coke, comme le prouvent les n°' 1 à 12 et 15 à 25, des faisceaux moyen et inférieur de Saint-Étienne, qui ne laissent à la calcination que 0,59 à 0,64 de charbon fixe.

De même, au bois d'Aveize, toutes les couches du faisceau supérieur sont remarquables par leur éclat vif et la structure fibreuse de la houille. A ces caractères correspondent une forte proportion d'hydrogène et une faible dose d'oxygène ; de plus, la distillation produit un foisonnement extraordinaire avec dégagement d'essences légères fort abondantes (n°' 26 à 32). La proportion de coke varie dans ces houilles de 0,64 à 0,67.

Dans deux districts, assez éloignés l'un de l'autre, à l'extrémité orientale de Rive-de-Gier, et dans la concession de Villards au Nord-Ouest de Saint-Étienne, on rencontre des houilles à longue flamme d'un caractère spécial; elles sont dures, ternes, riches en oxygène, non brillantes et tendres comme les houilles de Firminy et de la Béraudière, ou celles du bois d'A-veize ; ce sont les charbons, dits *Rafforts*, à cause de leur dureté (n°' 41 à 44, 47 à 49 à Rive-de-Gier, et les n°' 45 à 47, 86 et 87 de Villards).

Les couches les plus importantes du district proprement dit de Saint-Étienne fournissent surtout des houilles *grasses ordinaires*, donnant à l'essai 0,67 à 0,74 de coke. Ce sont les 3°, 4°, 5°, 6° et 7° couches du faisceau moyen, avec les veines voisines du faisceau supérieur et les couches les plus élevées du faisceau inférieur, c'est-à-dire les 8°, 9°, 10°, 11° et 12° couches, comme le prouvent les analyses des échantillons portant les numéros 50 à 54, 58 à 61, 63 à 76 et 80 à 85.

Enfin, dans la partie centrale du district de Rive-de-Gier tous les charbons appartiennent également à cette même catégorie des houilles grasses ordinaires ; tels sont les numéros 55 à 57, 78 et 79, 88 à 91.

Le quatrième type, celui des *charbons à coke*, se rencontre surtout au Nord-Est de Saint-Étienne, dans les 13ᵉ, 14ᵉ et 15ᵉ couches des concessions de Méons, du Cros, de Reveux, de Chaney, de la Calaminière et du Montcel (nᵒˢ 92 à 98, 107 à 109 et 116 à 118). A cette même catégorie appartiennent aussi les couches de la série 9 à 12 du faisceau inférieur de Roche-la-Molière, vers la lisière Ouest du bassin de la Loire, les nᵒˢ 102 à 105 ; enfin, citons encore la partie occidentale du district de la Grand'Croix, contenant les nᵒˢ 110 à 115 et 119.

Le cinquième type, celui des houilles *maigres*, apparaît uniquement dans la partie la plus occidentale du district de la Grand'Croix et dans les couches les plus profondes du faisceau inférieur de Saint-Étienne, c'est-à-dire dans la concession du Plat-de-Gier (nᵒ 120) et dans les concessions de la Chazotte, de la Calaminière, de Méons et de Reveux (nᵒˢ 121 à 124).

2ᵒ La nature des houilles dépend, en second lieu, de la *profondeur relative des couches*. Ainsi, à la Béraudière et à Firminy, où, comme nous venons de le dire, la plupart des veines donnent des charbons à gaz, on constate pourtant que les houilles des couches inférieures renferment moins de matières volatiles que celles des veines plus élevées. Dans le district de Firminy, par exemple, où la plupart des houilles ne donnent à la distillation que 0,59 à 0,64 de coke pur, on voit le charbon de la houille inférieure de *Montessut* (nᵒ 106) en laisser jusqu'à 0,78 ; la troisième couche des mines de Latour (nᵒˢ 100 et 101), 0,74 et 0,76 ; la 15ᵉ couche, au puits *Chapelon*, 0,706, et la grande couche de Latour, au puits *Charles*, 0,70.

Mais l'influence du niveau relatif des couches se fait surtout sentir lorsqu'on compare entre elles les diverses houilles d'une même coupe verticale, se succédant, du Sud au Nord, dans les trois faisceaux supérieur, moyen et inférieur de Saint-Étienne.

Partons, par exemple, du sommet du bois d'Aveize, et suivons les couches du toit au mur jusqu'aux mines de Méons et de Reveux. Voici ce que nous trouverons : les couches les plus élevées du bois d'Aveize (n⁰ˢ 27 à 32) donnent 0,64 à 0,67 de coke pur. Les 10ᵉ et 11ᵉ couches du faisceau supérieur, au puits d'*Aveize* (n⁰ˢ 60 et 61), 0,68 et 0,70. Les 3ᵉ et 4ᵉ couches du faisceau moyen, à *Côte-Thiolière* et au puits *Remel* de Monthieux (n⁰ˢ 82 à 85), 0,73 et 0,74. La 13ᵉ couche du faisceau inférieur à *Méons* (n⁰ˢ 92, 93 et 96 à 98), 0,75 à 0,78. Enfin, la 15ᵉ couche, au puits *Mars* de Méons (n° 109), 0,785; la même couche, au puits *Verpilleux*, à la profondeur de 377 mètres (n° 123), 0,836, et la 16ᵉ couche au puits *Rosan*, à Reveux, à la profondeur de 345 mètres (n° 124), 0,823. La loi de l'amaigrissement graduel des charbons, depuis le faisceau supérieur jusqu'au faisceau inférieur, est ici bien évidente. Cependant on constate aussi quelques exceptions, qui paraissent tenir surtout à la profondeur absolue des points où les charbons ont été pris. Ainsi la 15ᵉ couche laisse 0,75 et 0,76 de coke au puits du *Cros* (n° 108), tandis que, comme on vient de le voir, la même couche en donne au puits *Mars* (n° 109) 0,785, et au puits *Verpilleux* (n° 123), jusqu'à 0,836; mais aussi au puits du Cros cette couche est à moins de 100 mètres, au puits Mars et au puits Verpilleux à 377 mètres, ce qui prouve déjà, comme au reste nous le verrons positivement dans un instant, qu'en général, dans une couche donnée, le charbon s'amaigrit à mesure qu'on avance des affleurements vers l'aval pendage.

On peut attribuer à la même cause le fait que la couche des Rochettes (n° 26) laisse moins de charbon fixe, 0,635, que les cinq couches plus élevées, les 2ᵉ, 5ᵉ, 6ᵉ, 10ᵉ et 11ᵉ couches du bois d'Aveize (n⁰ˢ 29, 30, 32, 60 et 61), qui en donnent 0,67 à 0,70. Ces derniers échantillons proviennent, en effet, de la profondeur de 103 mètres; tandis que le n° 26 de la couche des Rochettes a été pris à la fendue Monthieux, à une faible distance des affleurements, comme le n° 13 de la chapelle de Valbenoîte.

Enfin 3°, la composition des houilles varie aussi, le plus souvent, dans chaque mine et pour chaque couche en particulier, *avec le niveau du chantier où l'échantillon a été recueilli.* De cent mètres en cent mètres on constate un amaigrissement très sensible. Dans le bassin de la Loire, ce fait apparaît nettement lorsqu'on compare le charbon pris, à divers niveaux, dans les 8e et 13e couches de Saint-Étienne et dans la grande couche de Rive-de-Gier

Près des affleurements et à moins de cent mètres de profondeur, la 8e couche laisse moins de 0,70 de charbon fixe; ainsi à *Villards* (n°s 46 et 47), 0,65; dans la concession de *Bérard* (n°s 50 et 51), 0,67 à 0,68; à la mine du *Bessard*, concession de Méons (n°s 52, 53, 54), 0,685 à 0,70, et, d'après les essais de MM. Desbief et Chanselle, au puits des *Baraudes*, concession de Montsalson, 0,675; au puits de *Montaud*, concession du Quartier Gaillard, 0,686 et au puits de la *Manufacture*, concession du Treuil, 0,697 ; tandis qu'aux profondeurs de 300 mètres, aux puits *Jabin* et *du Treuil*, on trouve 0,738 et 0,737 ; au puits *Chatelus*, concession de Montsalson, 0,77 à la profondeur de 425 mètres (n° 99), et même 0,775 à *Villebœuf* à la profondeur de 525 mètres (n° 99 *bis*).

Les nombreux essais de MM. Desbief et Chanselle confirment pleinement l'accroissement régulier du carbone fixe, dans les mines du Treuil et de Terrenoire, à mesure que l'on descend des niveaux supérieurs vers l'aval pendage.

Des modifications analogues s'observent dans la 13e couche, quoique d'une façon moins prononcée, parce qu'elle est partout riche en carbone.

Au puits de l'*Étang*, concession de Méons, au puits *Sainte-Marie*, concession de Chaney et au puits *Rosan*, concession de Reveux (n°s 93, 94 et 95), où la profondeur ne dépasse guère 100 mètres, la proportion de charbon fixe est, dans cette couche, de 0,75 à 0,76 ; tandis qu'au puits *Saint-Louis* et auprès de la faille du Soleil, où la profondeur dépasse 300 mètres, on trouve 0,777 et 0,78 (n°s 97 et 98).

La proportion de carbone fixe croît également avec la profondeur à Rive-de-Gier; la loi se manifeste dans les petites couches, comme dans la grande masse ; seulement, il convient d'observer dès maintenant que pareille modification s'observe aussi, assez souvent, en poursuivant certaines couches de houille, au même niveau, dans le sens de la direction, ou, en d'autres termes, comme nous l'avons déjà dit, en passant d'un district à un autre.

C'est ainsi que, dans le bassin d'Ahun (Creuse), toutes les couches, sur moins de six kilomètres en direction, donnent du charbon gras aux deux extrémités et du charbon maigre vers le milieu. De même dans la Loire, à la mine de Roche-la-Molière, les diverses couches du district s'amaigrissent notablement vers le Nord et deviennent, au même niveau, plus riches en matières volatiles vers le Sud ; et cette modification se manifeste surtout en s'avançant plus encore vers le Sud, dans les districts de la Malafolie et de Firminy.

Il se pourrait donc qu'une modification analogue se fît aussi en partie sentir, suivant le sens de la direction, dans la partie du district de Rive-de-Gier comprise entre Couzon et la Grand'Croix ; mais, depuis la Grand'Croix, l'influence de la profondeur est, en tout cas, prépondérante. Cela résulte d'une façon positive des chiffres suivants, tirés du tableau des analyses.

Dans la partie orientale de Rive-de-Gier, les charbons des concessions de *Couzon* et des *Combes* donnent 0,66 à 0,67 de charbon fixe (n⁰ˢ 42, 43 et 49). Aux *Verchères*, au *Sardon*, au *Reclus* et à la *Grand'Croix*, où les profondeurs n'atteignent pas 300 mètres, les proportions de charbon fixe oscillent entre 0,685 et 0,72 (n⁰ˢ 78, 79 et 88 à 91.) Aux profondeurs plus grandes des puits d'*Assailly*, concession de Lorette (n⁰ 112), des puits *Camille* et *Saint-Antoine*, concession de la Péronnière (n⁰ˢ 114 et 115), du puits *Saint-Claude*, concession de Combérigol (n⁰ˢ 119), on trouve 0,785 à 0,81. Enfin, au puits *Saint-Privat*, concession du Plat-de-Gier (n⁰ 120), 0,81 à 0,85.

En résumé, on le voit, si les mêmes couches se modifient parfois, *au même niveau*, en passant d'un district au district voisin, les modifications les plus considérables dans la nature chimique des houilles semblent être surtout le résultat de *la profondeur*, et cela, soit que l'on envisage chaque couche en elle-même à ses divers niveaux, soit que l'on compare entre elles les principales veines, placées les unes au-dessous des autres, dans un même district.

Nous verrons plus tard quelles conséquences on peut tirer de là, lorsqu'on cherche à se rendre compte des causes qui ont transformé en houille, dans le sein de la terre, la matière végétale des temps anciens.

II

MINERAIS DE FER

§ 53. — Le terrain houiller de la Loire renferme, en second lieu, comme substance minérale *utile*, du *fer carbonaté lithoïde* [1].

Mais, tandis que ce minerai alimente, en Angleterre, des centaines de hauts fourneaux, il suffirait à peine, dans le bassin de la Loire, pour deux ou trois de ces grands appareils, en admettant qu'il pût être exploité à un prix de revient suffisamment bas. Au fond, il n'est pas très rare, mais partout tellement clairsemé que son exploitation en devient impossible.

On le rencontre sous trois formes différentes : en *rognons*, en *couches continues*, et en *plaquettes* ou *fragments de troncs d'arbres pétrifiés*.

Le minerai en *rognons* est le plus abondant des trois; il accompagne surtout *les grandes* couches houillères du bassin, c'est-à-dire la 3ᵉ, la 8ᵉ, la 13ᵉ et la 15ᵉ des faisceaux moyen et inférieur de Saint-Étienne, tandis qu'à Rive-de-Gier il est rare. Il se trouve spécialement dans les schistes du toit et au milieu des nerfs argilo-terreux qui divisent les couches en plusieurs bancs. Il y forme une série de masses lenticulaires, disposées par lits plus ou moins continus parallèlement à la stratification. Ces masses se séparent presque toujours facilement des schistes qui les enveloppent. Parfois cependant ceux-ci affectent, autour des rognons, une sorte de structure testacée, et alors chacune de ces enveloppes est elle-même d'autant plus riche en fer qu'elle est plus voisine du noyau central. Exposées à l'air, elles se délitent et se détachent successivement sous forme de grandes écailles. La densité et surtout la dureté croissent avec la teneur en fer. On reconnaît le

---

1. Guenyveau dit, dans son *Mémoire sur le bassin houiller de la Loire* (*Journal des mines, 1809*), que le minerai de fer est connu depuis longtemps, mais que l'on ignorait jusque-là son mode de gisement et sa richesse réelle.

minerai au son clair et sec que produit le choc du pic. Le diamètre des rognons varie de quelques centimètres à 4 ou 5 décimètres ; ils sont en général d'autant plus aplatis que les schistes encaissants sont à grains plus fins. Dans les grès micacés, grossièrement schisteux, que traverse le tunnel du chemin de fer de Montrambert, sous la Béraudière, on trouve de nombreux petits rognons, tout à fait sphériques, de 4 à 5 centimètres de diamètre.

La teneur en fer des masses lenticulaires est variable comme leur grosseur ; les plus purs donnent à l'essai 40 pour cent de fonte ; mais, en général, la richesse moyenne n'est pas supérieure à 30 pour cent, et, dans les échantillons argilo-sableux, on ne trouve souvent pas au delà de 20 à 25 pour cent de fer. Des grains pyriteux accompagnent ordinairement le carbonate, et l'acide phosphorique n'est jamais tout à fait absent. Il s'y trouve, sans nul doute, uni à la chaux. Exceptionnellement on y rencontre aussi, en proportion faible, de l'acide arsénique, ou de la pyrite arsenicale.

Malgré ces circonstances défavorables, on a jadis exploité ces minerais, aux environs de Saint-Étienne, dans la colline du cimetière au Treuil, à la Brunandière (concession de Montsalson), et au Breuil (concession de Firminy). Le minerai se rencontre sur ces trois points au toit de la 3° couche, et au niveau des 1.ʳᵉ et 2° couches du faisceau moyen. On l'a exploité de même au Parterre (concession de Saint-Chamond) et au Brûlé (concession de Chaney) dans le toit de la treizième couche du faisceau inférieur, et au toit de la 8° à Roche-la-Molière. Ces exploitations ont cessé dès que les chemins de fer et les canaux ont permis d'amener à Saint-Étienne le minerai des contrées voisines. Le prix de revient du carbonate houiller est rarement descendu au-dessous de 40 à 50 francs la tonne ! Les frais sont cependant moindres dans les mines où l'on se contente de trier les rognons, qui tombent du toit au moment où les mineurs abattent la houille. Les exploitations des 3°, 8° et 13° couches, dans les concessions de Méons, Bérard, Côte-Thiolière, le Cros, etc., ont fourni ainsi, l'espace de vingt à vingt-cinq années, un peu de minerai aux hauts fourneaux de l'Horme et de Terre-Noire ; mais, depuis dix ou douze ans, ces livraisons mêmes ont cessé à cause de la qualité inférieure des minerais houillers.

Le fer carbonaté en couches, ou *bancs continus,* est tout à fait exceptionnel dans le bassin de la Loire. Le schiste ferro-bitumineux, appelé *black-band* (banc noir), en Angleterre, n'existe pas à Saint-Étienne. On y connaît bien un schiste dur un peu ferrifère, que les mineurs appellent *manifer,* et dont j'ai parlé à l'occasion des divers *gores* que les ouvriers distinguent dans les mines (§ 12). Mais ce schiste n'est jamais bitumineux, ni riche en fer; c'est un simple grès fin, tenant en moyenne 8 à 10 pour cent de fer. Un échantillon *choisi* des mines du Mouillon (Rive-de-Gier) a donné 19 à 20 pour cent de fonte [1]. Mais c'est là un maximum rare, fort au-dessus de la moyenne générale.

On connaît cependant, dans le bassin de la Loire, deux bancs de minerai de fer en masses continues; elles se rencontrent, dans les concessions de Méons et du Cros au toit de la 8ᵉ couche, et à Saint-Chamond au niveau de la principale couche du faisceau inférieur, au lieu dit le Parterre. Malheureusement ce minerai est plus impur encore que les rognons. Celui de la 8ᵉ couche contient une proportion fort élevée de phosphate de chaux, et celui du Parterre de l'acide arsénique.

Le minerai de fer de Méons et du Cros caractérise surtout la petite veine *crue,* située tantôt à 1 ou 2 mètres et tantôt à 10 ou 15 mètres au-dessus du toit de la 8ᵉ proprement dite. On peut citer le puits du *Crêt* à la Baralière, la mine de l'*Eparre* à Méons, les anciennes mines de *Montheil* et de *Bréchignac* dans la concession de Bérard, le puits du *Bessard* à Méons, etc. Sur tous ces points le minerai s'y montre, sous sa forme habituelle, en rognons ou masses isolées. Par contre, dans la mine du Bessard, vers le Nord-Est du puits *Saint-André,* au voisinage de la concession du Cros, les rognons se rapprochent, puis forment un banc continu qui peut être suivi jusque dans la mine voisine de la fendue *Planterre,* appartenant à la concession du Cros, où la couche fut exploitée le long de son affleurement. Sur ce point la veine supérieure se trouve à 10 ou 12 mètres de la couche principale; elle se compose de deux bancs de houille entre lesquels le minerai

---

1. Soit 40 pour cent de carbonate de fer. Berthier, *Essais par voie sèche,* t II, p. 258.

a une épaisseur massive d'un mètre en moyenne. Au-dessus du minerai la houille mesure 1 mètre, au-dessous 0^m,50 à 0^m,70. On hâvait le banc inférieur, puis on abattait le minerai et la houille supérieure. Mais ce banc *continu* de minerai n'existe, en réalité, que sur environ 200 mètres en direction, et 300 à 400 mètres, dans le sens de l'aval pendage, à partir des affleurements. A l'Est, la couche est rejetée au jour par la faille du puits *Mars;* à l'Ouest, le minerai disparaît graduellement avant d'atteindre la faille du Soleil. Et, sur l'aval pendage, le banc fait place aux ropnons isolés du puits *Saint-André*. Ce banc, on le voit, est une sorte de formation locale, contemporaine de celle du fer en rognons, mais d'un caractère tout à fait spécial.

Les caractères physiques et chimiques du minerai sont en effet entièrement différents. Le fer carbonaté en rognons est compact, terreux, homogène, couleur gris plus ou moins foncé; il contient rarement au delà de 1 pour cent d'acide phosphorique ; tandis que le minerai en banc continu est fibreux, ou sub-cristallin, d'une nuance gris clair jaunâtre, fort dur, quoique fissuré en divers sens. Il renferme jusqu'à 6 et 10 pour cent d'acide phosphorique. C'est en réalité un mélange infime de phosphate de chaux et de fer carbonaté lithoïde. Il semble qu'il y ait eu sur ce point une source minérale de nature phosphatée. Avant de connaître sa composition, on a fondu ce minerai pendant quelques mois à Terre-Noire, ce qui rendait, comme de raison, la fonte des plus mauvaises, même en ne le faisant entrer qu'en faible proportion dans le dosage du lit de fusion.

Ce qui prouve l'intervention positive d'une source phosphatée, c'est qu'au minerai se trouvaient associées, sur quelques points, des masses terreuses, d'un blanc jaunâtre, à structure fibreuse, formées d'un mélange intime de phosphate de chaux et d'argile sans fer.

A Saint-Chamond, au Nord de la ville, au lieu dit le *Parterre*, on a exploité, pour les hauts fourneaux de l'Horme, un autre banc de minerai continu, dont la puissance était de 0^m,40 à 0^m,50. Les couches de houille de ce district appartiennent au faisceau inférieur de Saint-Étienne. La plus importante du groupe, la plus élevée des environs de Saint-Chamond, a une puissance qui varie de 2 à 5 mètres ; c'est au mur de cette couche, à la distance de 15 mètres sur certains points, de 2 ou 3 mètres sur d'autres, que se rencontre le minerai en question. Ce minerai ne diffère pourtant pas autant du carbonate ordinaire que celui de la mine du Planterre. Le banc ferreux était continu, mais avait l'apparence et même, jusqu'à un certain point, la structure des masses lenticulaires. Sa nature chimique diffère d'ailleurs assez peu de celle des rognons proprement dits; on n'y trouve guère plus d'acide phosphorique, et le peu d'arsenic qui s'y trouve existe aussi dans certains rognons.

La troisième forme sous laquelle se montre le minerai carbonaté, dans les mines de la Loire, est celle *des plaquettes ou fragments de troncs*. Ce sont des masses noires, dures et denses, ayant la structure ligneuse des bois. Sur certains points, on voit des troncs d'une certaine longueur; ailleurs, ce sont de simples débris de ces mêmes troncs, irrégulièrement dispersés au milieu des schistes. C'est une véritable pétrification du tissu ligneux, par l'infiltration du bicarbonate ferreux, comme ailleurs on observe l'intrusion de l'acide silicique. Entre les deux modes de pétrification, il y a cependant cette différence que les troncs sidérifiés restent en général fortement carburés, tandis que les bois silicifiés ont le plus souvent perdu toute trace de matières charbonneuses. Ad. Brogniart a reconnu, à l'aide du microscope, que tous ces débris sont des restes de Conifères, et, selon M. Grand'Eury, ils appartiendraient à des familles voisines des *Taxinées*, des *Cupressinées* et des *Gnétacées*. On les rencontre surtout dans les parties hautes du terrain houiller, où les Conifères tendent à prédominer sur les Cryptogames.

Le mode de gisement est d'ailleurs le même que celui des rognons; on rencontre *les plaquettes*, comme les rognons, dans les schistes du toit, et même bien souvent pêle-mêle avec eux.

Dans la concession du Treuil, sous le coteau du cimetière, il y a, au niveau des couches n°s 1 et 2, trois bancs de minerai houiller; le plus élevé se compose surtout de troncs sidérifiés, les deux autres de rognons ordinaires. Comme ils se trouvaient tous trois très rapprochés l'un de l'autre, on les exploitait simultanément, ainsi que la houille qui les séparait.

Dans l'ancienne mine de Montheil (concession de Bérard) on exploitait, il y a trente ans, comme au Bessard et à Planterre, dont je viens de parler, la petite couche, située à 10 mètres ou 12 mètres au-dessus de la 8ᵉ. Sur ce point aussi on a rencontré du minerai de fer ; mais, au lieu du carbonate phosphaté en banc continu, on y trouvait des troncs sidérifiés, entremêlés de rognons ordinaires. Enfin, dans l'ancienne mine, dite les *Villes* (concession de Montsalson), le toit de la quatrième couche du faisceau moyen est également caractérisé par un lit assez épais de troncs d'arbre, transformés en fer lithoïde des houillères.

Sous le rapport de la teneur et de la pureté, le minerai des troncs sidérifiés se rapproche de celui des rognons ; il est cependant, assez souvent, plus chargé de pyrites, et passe même sur quelques points à de véritables nodules de fer pyriteux. Ceux-ci se rencontrent assez souvent, à Saint-Étienne, au milieu même des couches de houille. Les ouvriers les appellent des *chiens*, à cause de leur dureté, et les redoutent, par ce motif, lors du hâvage de la couche.

Donnons, pour terminer, les analyses de quelques échantillons des trois variétés de nos minerais houillers.

NATURE DES ÉLÉMENTS.	MINERAIS EN ROGNONS.	MINERAIS EN PLAQUETTES.		MINERAIS EN BANCS CONTINUS.			
	Ancienne mine du Soleil (Bérard).	Ancienne mine du Soleil (Bérard).	Mine et concession du Mouillon.	Mine et concession du Cros.	Puits Saint-André. (Méons).	Manifer du Mouillon.	Manifer des Verchères.
	(1)	(2)	(3)	(4)	(5)	(6)	(7)
Carbonate de fer	0.615	0.5770	0.4020	0.568	0.476	0.403	0.219
Carbonate de manganèse	0.060	0.0360	0.0390	0.015	traces	0.045	0.004
Carbonate de magnésie	»	0.0310	0.1150	0.063	0.030	0.105	0.018
Carbonate de chaux	0.004	0.2150	0.0500	0.025	0.004	0.048	0.133
Acide phosphorique		0.0080	0.0055	0.061	0.102	0.003	
Chaux unie à $Ph^2 O^5$	non déterminés.	0.0096	0.0066	0.073	0.122	0.004	non déterminés.
Arsenic		»	0.0045	»	»	»	
Alumine		»	0.0125	»	»	»	
Silice		»	0.0260	»	»	»	
Argile	0.155	0.0200	0.1465	0.195	0.199	0.392	0.534
Quartz			0.1600				
Eau et matières organiques	0.166	0.1034	0.0354	»	0.062	»	0.092
Pyrites de fer	»	»	»	»	0.005	»	»
	1.000	1.0000	1.0000	1.000	1.000	1.000	1.000

Nota. — Le minerai (1) provient de l'ancienne mine du Soleil (concession de Bérard). Les rognons appartiennent, comme ceux du Treuil, aux couches nos 1 et 2 du faisceau moyen. — L'analyse est de *Berthier* (Traité de la voie sèche, t. II, p. 258). — L'acide phosphorique n'a pas été recherché. — Les rognons accompagnent la houille elle-même.

Le minerai (2) provient de la même mine, mais il existe à l'état de tronc sidérifié, quoique associé aux rognons précédents. — Sa pesanteur spécifique est de 2,15 seulement, à cause de l'abondance des matières combustibles.

L'échantillon (3) a été analysé d'une façon complète par *Rivot* qui le mentionne dans sa docimasie, t. III, p. 476. Il provient de la mine du Mouillon, au-dessus de Rive-de-Gier, du toit de la grande masse de ce district. C'est une couche mince, sous forme de plaquettes plus ou moins continues, qui se rapprochent plutôt du schiste dit *manifer* que des troncs sidérifiés de la classe des conifères. L'arsenic s'y trouve, comme dans le minerai en couches de Saint-Chamond, sous forme de pyrites arsenicales en mouches fines. — L'alumine et la silice solubles proviennent de l'attaque à l'acide chlorhydrique. L'acide carbonique, mentionné à part par Rivot, figure dans le tableau uni aux bases.

Les échantillons (4) et (5) proviennent de la couche spéciale, ci-dessus mentionnée, des concessions contiguës du Cros et de Méons, où la dose de chaux phosphatée dépasse souvent dans le minerai 20 à 22 pour cent. — Le no 4 a été analysé par *Berthier*, le no 5, par mon frère, sous ma direction (*Annales des mines*, 4e série, t. VI, p. 582). — Je rappelle que le minerai forme avec les deux bancs de houille, situé au-dessus et au-dessous, la *crue* du toit de la 8e couche. La pesanteur spécifique du no 4 est de 3,40.

Les échantillons (6) et (7) sont du *manifer* proprement dit, que l'on rencontre au-dessus et au-dessous de la grande couche de Rive-de-Gier, comme le no (3). Pas plus que ce dernier, ils ne sont assez riches pour pouvoir être traités au haut fourneau. Ce sont des grès fins argilo-sableux, cimentés et durcis par du carbonate de fer. La pesanteur spécifique du premier est de 3,03; celle du second de 2,75. Les deux analyses sont de *Berthier* (Traité de la voie sèche). La mine des Verchères forme l'aval pendage de celle du Mouillon, dans le fond de la vallée de Rive-de-Gier.

III

PIERRES DE CONSTRUCTION ET ARGILES RÉFRACTAIRES

§ 54. — Je ne citerai, en quelque sorte, que pour mémoire cette troisième classe des matières utiles du terrain houiller.

Les roches du terrain houiller, nous l'avons vu, se composent de *poudingues*, de *grès* et de *schistes*. Ni les schistes ni les grès schisteux *micacés* ne peuvent servir pour la construction ; ils se délitent rapidement à l'air. Les poudingues *micacés* présentent le même inconvénient, et d'ailleurs les poudingues en général, à cause des galets qui s'y trouvent, sont peu propres pour la construction ; on ne les utilise, à défaut de grès plus fins, que pour moellons. Les véritables matériaux de construction sont les grès quartzofeldspathiques à grains fins, qui existent, dans le terrain houiller, en masses puissantes à tous les niveaux.

Ils sont faciles à tailler et peuvent être débités en blocs de plusieurs mètres cubes ; de là le nom de *taille* par lequel on désigne ces grès dans le bassin de la Loire. Mais, même en cet état, ce sont des matériaux médiocres. Le grain est plus ou moins grossier et fort inégal ; on y constate, des stries irrégulières, dues à des variations dans la finesse du grain et la couleur de la roche. Celle-ci est tantôt blanche, ou légèrement ocreuse, tantôt grise et plus ou moins carburée. Outre cela, certaines parties sont entre-veinées de stries argileuses qui se délitent facilement. De plus, même les grès les plus purs sont légèrement gélifs et s'égrènent à la longue sur les arêtes. C'est le cas de tous les vieux bâtiments de la ville de Saint-Étienne. Enfin, au bout de peu d'années, les grès les plus blancs se couvrent de taches ocreuses, provenant de l'altération de petits nodules, presque invisibles, de carbonate de fer ou de pyrites. Notons aussi que peu de gros blocs sont tout à fait exempts de fragments d'écorces végétales, transformées en houille lamelleuse brillante.

Le grès *taille,* propre aux constructions, se montre, avons-nous dit,
à tous les niveaux ; mais il est limité aux faisceaux *houillers* proprement
dits ; dans les massifs stériles abondent surtout les poudingues et les grès
micacés. Les principales carrières existent, à Rive-de-Gier, sur le plateau
du Mouillon, au toit de la grande masse, et, au même niveau géologique,
au fond de la vallée, entre Assailly et la Grand'Croix. A Saint-Chamond, on
l'exploite, au Nord de la ville, au-dessus de la couche principale du faisceau inférieur.

A Saint-Étienne, plusieurs carrières sont ouvertes au-dessus de la première couche du faisceau moyen, au Treuil, à la Roche, à la Culatte, à la
Béraudière, etc. ; on en trouve également au-dessus de la cinquième
couche au quartier Gaillard ; au toit de la huitième couche, à Villards et au
Cluzel, et entre les diverses couches du faisceau inférieur à Roche-la-
Molière et à Firminy.

Les *argiles réfractaires* abondent en Angleterre au *mur* des couches de
houille ; ce sont les *under-clays,* sorte de vase durcie, ou de terre végétale,
sur laquelle s'est formée, ou déposée, la matière combustible. Dans la Loire,
on rencontre bien çà et là de véritables *under-clays ;* en particulier à Rive-
de-Gier au mur des *bâtardes,* et, à Saint-Étienne, sous les affleurements des
carrières de Montaud et dans plusieurs autres mines ; mais ces argiles sont
presque toutes plus ou moins fusibles. Cependant il ne serait pas impossible
que quelques-uns de ces *under-clays* fussent également réfractaires. Il faudrait les essayer, avec quelque attention, à ce point de vue.

CHAPITRE V

RESTES ORGANIQUES DU TERRAIN HOUILLER

ET MODE DE FORMATION DE LA HOUILLE

§ 55. — Tout le monde sait que les roches houillères, les schistes
en particulier, sont sillonnées d'empreintes végétales, et qu'à côté des
feuilles et des tiges couchées se trouvent aussi des troncs et des souches
en place, ensevelis au milieu des sables qui furent accumulés et cimentés à l'entour de ces végétaux. Alexandre Brongniart a signalé, dès
1821 [1], de nombreuses tiges de Calamites en place dans le grès fin qui
couvre, au-dessus du Treuil, la première couche de houille du faisceau
moyen; et, depuis lors, les travaux de mines et les carrières à ciel ouvert
ont fait connaître, à tous les niveaux, de pareilles forêts fossiles, formées
les unes de Calamites, comme celle du Treuil, les autres de troncs de Conifères ou de Fougères. L'étude attentive de ces débris végétaux offre à tous
les points de vue un intérêt majeur; elle nous met sur la voie du mode de
formation de la houille et permet, jusqu'à un certain point, de fixer l'âge
relatif des diverses couches. On a constaté, en effet, que la végétation se modifie, comme la faune, avec la succession des âges géologiques, de sorte
que la détermination des restes végétaux, qui accompagnent une couche de

---

1. *Annales des mines,* 1re série, t. VI.

houille, permet de dire si deux couches, exploitées sur des points divers d'un bassin donné, sont contemporaines ou non, ou du moins, si elles appar·tiennent à un même faisceau ou ensemble de couches. On peut aussi paral-léliser, ou différencier, par ce moyen, les étages, ou faisceaux, appartenant à des bassins divers, c'est-à-dire constater non seulement si un bassin houiller appartient au terrain carbonifère *inférieur, moyen* ou *supérieur,* mais encore si l'étage en question appartient à la base, au centre, ou à la partie haute des terrains carbonifères inférieur, moyen et supérieur.

Pour accomplir un pareil travail, il faut être botaniste consommé ; il faut pouvoir comparer les restes fossiles aux végétaux vivants ; il faut de plus étudier les débris fossiles, non seulement dans le cabinet, mais encore sur *place,* dans les mines, car il importe de constater les rapports des feuilles, des tiges, des fleurs et des racines ; en un mot, recomposer sur les lieux mêmes le végétal entier depuis sa racine jusqu'aux feuilles et aux fleurs. Pour un pareil travail, j'étais complètement incompétent, et si j'ai pu con-stater, dans mes nombreuses visites de mines, que certaines couches étaient spécialement caractérisées par des Fougères ou des Calamites, et d'autres par des troncs de Sigillaires ou de Conifères, etc., il y a loin de là à l'étude scientifique, approfondie, des restes houillers de la Loire. Heureusement ce travail a été accompli, avec une rare ténacité, par M. Grand'Eury, sous la direction du regretté Ad. Brongniart. Il a résumé dans un travail impor-tant, hautement apprécié par l'Académie des sciences de Paris, ses études persévérantes de douze années, faites d'abord à Saint-Étienne même, puis dans plusieurs voyages entrepris en vue d'explorer comparativement les houillères de la France et de l'étranger. Les détails dans lesquels jé vais entrer sont, par suite, presque entièrement extraits du beau volume de M. Grand'Eury [1]. Je ne pouvais suivre, en pareille matière, un guide plus sûr.

Disons encore que les restes organiques du terrain houiller de la Loire appartiennent presque tous au règne végétal. La faune est extrêmement pauvre. En dehors de quelques ailes d'insectes et de quelques écailles

[1]. *Flore carbonifère du département de la Loire et du centre de la France,* par M. C. Grand'Eury, ingénieur à Saint-Étienne. (Extrait du *Recueil des savants étrangers,* 1877. Imprimerie nationale.)

de poissons, on ne trouve guère que de rares *Unios*, de petite taille, et des pistes d'*Annélides*. Ces dernières seules se rencontrent abondamment dans le bassin de la Loire. On les trouve surtout dans les grès fins schisteux et micacés de la partie haute du bassin houiller.

§ 56. — Si nous revenons à la *flore* fossile, le premier fait qui ressort, sans conteste, de l'examen des débris organiques, c'est que, non seulement dans la Loire, mais encore dans tous les terrains houillers sans exception, moyen, supérieur et inférieur, les restes de plantes dénotent une végétation *terrestre,* ou tout au moins *aérienne.* Si le sol a été humide, et même souvent inondé, les végétaux ont dû néanmoins se développer à l'air et sous l'action directe de la lumière. Il n'y a pas traces de plantes marines, et, si l'on rencontre çà et là des plantes lacustres à *feuilles nageantes,* la masse de la végétation est pourtant surtout arborescente et herbacée. On constate ensuite que si, comparativement à la flore actuelle, la flore houillère a été pauvre en groupes et en espèces, elle fut, par contre, remarquable par le nombre des individus et la vigueur de la croissance. Elle ne comprend, ou ne paraît comprendre, que des plantes de l'ordre des *Cryptogames vasculaires* et des *Phanérogames Dicotylédones Gymnospermes.* Si quelques paléo-botanistes allemands et anglais croient encore devoir placer certains groupes de plantes parmi les Monocotylédones, il paraît évident, d'après les dernières études de MM. Brongniart et Grand'Eury, que ces plantes ont réellement la structure des Dicotylédones, tandis que d'autres, considérées comme Monocotylédones, appartiennent, comme toutes les Fougères, au grand embranchement des Cryptogames. Il résulte aussi des récentes études de M. Grand'-Eury que si les dépôts houillers moyens et surtout inférieurs sont encore pauvres en plantes Dicotylédones, celles-ci abondent déjà dans les étages houillers supérieurs de la Loire et des autres bassins du Centre de la France.

En résumé donc, la végétation si vigoureuse du bassin de la Loire comprend uniquement des plantes appartenant, d'une part, à l'embranchement des *Cryptogames* vasculaires, dont les organes de la fructification sont peu nets, et d'autre part, au sous-embranchement des *Dicotylédones Gymno-*

spermes, portant des graines non renfermées dans une enveloppe. Ajoutons que, d'après M. Grand'Eury, la flore du terrain houiller supérieur se partagerait à peu près par parties égales entre les Cryptogames et les Phanérogames Gymnospermes. Cela dit, donnons quelques détails sur les divers groupes dont se composent, dans notre bassin houiller, les deux embranchements que je viens de citer.

Les Cryptogames vasculaires comprennent trois groupes ou classes : les *Calamariées*, les *Filicacées* et les *Sélaginées;* les Dicotylédones Gymnospermes se divisent, d'autre part, en *Sigillarinées*, *Cordaïtées* et *Calamodendrées*.

I

PLANTES CRYPTOGAMES VASCULAIRES

1°. — Calamariées.

§ 57. — M. Grand'Eury réunit sous ce nom divers genres de plantes qui se rapprochent plus ou moins des Prêles actuels (*Equisetum*), et dont les types fossiles les plus nombreux sont depuis longtemps connus sous le nom de *Calamites*. Elles appartiennent toutes, par leur organisation, aux Cryptogames vasculaires, tandis que les *Calamodendrées,* autrefois confondues avec elles, sont des tiges, à structure *ligneuse,* faisant partie de l'embranchement des Phanérogames Gymnospermes.

Les *Calamites* proprement dits, type du groupe, sont des tiges articulées, sillonnées de côtes, alternant d'un nœud à l'autre, et pourvues en ces points de diaphragmes intérieurs, tandis qu'à l'extérieur se trouvent des organes appendiculaires en verticille ; ces tiges sont, le plus souvent, à l'état d'une mince enveloppe corticale de houille, en dedans de laquelle se rencontre un moule en grès fin, nettement articulé et pourvu de sillons correspondant à un cercle de canaux vides. Lorsque ces tiges sont entières et dans

leur position naturelle, elles s'élèvent droites et simples, à la hauteur de 4 à
5 mètres, se terminant en pointe vers leur sommet. Elles naissent de minces
rhizomes rampants, qui sont articulés comme les tiges et émettent sur ces
points de fines radicelles. Les espèces les plus connues et les plus répandues sont le *C. Suckowii* à côtes plates, séparées par des sillons faibles, mais
nets ; le *C. Cistii* à côtes étroites, plus ou moins carénées, séparées par des
sillons ouverts ; le *C. ramosus* à côtes peu accentuées et pourvues de sillons
peu nets ; il se distingue des deux espèces précédentes par des cicatrices
raméales nombreuses et par des rameaux souvent encore attachés ; enfin le
C. cannæformis à côtes bombées, séparées par des sillons étroits prononcés,
mais peu pénétrants. Nous ne citons pas quelques autres espèces, mal ou
peu connues, parce qu'elles ne sont établies que sur des échantillons isolés,
non étudiés ni observés sur les lieux.

Les Calamites se rencontrent en place, comme nous l'avons dit, sous
forme de tiges cylindriques plus ou moins amincies aux deux bouts ; ou
bien, plus souvent encore, à l'état d'empreintes aplaties fort minces, d'où
l'on peut conclure que le tissu intérieur, de nature cellulaire, était lâche
et restait herbacé. Les Calamites paraissent s'être multipliées et propagées
souterrainement par des rhizomes traçants, à la façon des Prêles. On les
rencontre à tous les niveaux du bassin houiller de la Loire ; ils ne caractérisent spécialement aucun des étages ou faisceaux de couches, sauf peut-
être l'espèce appelée *C. ramosus,* qui paraît cantonnée à Rive-de-Gier.

Les Calamariées comprennent, en second lieu, une partie des plantes
fossiles désignées sous le nom d'*Astérophyllites,* je dis une partie, c'est-à-
dire uniquement les espèces Cryptogames, car d'autres espèces doivent être
rapprochées plutôt des Calamodendrées, dont ils formeraient les feuilles
et rameaux extrêmes. Aux Astérophyllites se rattachent directement les
Volknannia, qui sont les épis de fructification de ces plantes. Notons d'ailleurs que, dans le bassin de la Loire, les Astérophyllites sont fort peu abondantes comparativement aux restes des Calamites.

A côté des Astérophyllites viennent se placer les *Annularia,* qui paraissent avoir été des plantes nageantes, dont les épis fructifères sont appelés

Bruckmannia et les racines *Pinnularia*. Les *Annularia* sont plus abondants que les Astérophyllites.

Enfin au même groupe appartiennent encore les *Sphenophyllum*, plantes herbacées, à tiges noueuses et feuilles verticillées. Celles-ci sont minces, planes, cunéiformes, sensiblement triangulaires et plus ou moins dentées sur les bords. Les épis fructifères paraissent avoir été différents de ceux des deux genres précédents ; les sporanges sont fixés sur les bractées mêmes des épis.

2°. — Filicacées, ou Fougères.

§ 58. — Les Fougères sont extrêmement abondantes dans le terrain houiller supérieur ; elles dominent dans les parties moyennes et supérieures du bassin de la Loire, et y ont largement contribué à la formation de la houille. On y rencontre à la fois des frondes, des tiges et des stipes de Fougères, les unes de nature herbacée, les autres arborescentes, et souvent de dimensions colossales. M. Grand'Eury divise les Fougères en trois tribus, ou groupes, se rapprochant plus ou moins des types actuellement vivants. Les Fougères du premier groupe, les *Hétéroptéridées,* sont surtout herbacées ; elles se rapprochent, par la forme et la nervation des frondes, des genres vivants *Dicksonia* et *Anemia,* et par la fructification, des *Schizéacées.* Ce groupe comprend surtout les frondes des *Sphenoptœris* et quelques *Pecopteris* herbacées, tels que le P. *Pluckeneti.* M. Grand'Eury y rattache, comme tiges ou pétioles, les *Rhachiopteris* et, comme souches, les *Tubicaulis.*

Ce premier groupe des *Hétéroptéridées* est relativement peu abondant dans le bassin de la Loire.

Le second groupe comprend les *Pécoptéridées arborescentes,* c'est-à-dire les frondes des véritables *Pecopteris,* qui sont très variés et nombreux à Saint-Étienne, et leurs tiges et troncs, appelés *Caulopteris* et *Psaronius.* Ce groupe se rapproche de la famille vivante des *Marattiacées,* avec les formes et le port des *Cyathea* de nos zones tropicales actuelles.

Les Pécoptéridées arborescentes avaient des troncs de 15 à 20 mètres de hauteur, dont les parties hautes et moyennes, les *Caulopteris,* portent des cicatrices pétiolaires plus ou moins nettes, tandis que le bas (*Psaronius*) se trouve entouré de radicelles touffues, qui cachent entièrement les anciennes cicatrices. Ces troncs, souvent silicifiés, permettent d'étudier la structure intime de ces végétaux, qui est en effet celle des *Marattiacées* vivantes. Je renvoie pour les espèces nombreuses de ce groupe à l'ouvrage même de M. Grand'Eury. J'ajouterai seulement que les troncs de Fougère en place sont très nombreux à Saint-Étienne.

Le troisième groupe, les *Névroptéridées,* renferme, comme frondes, les *Alethopteris, Callipteris, Odontopteris, Nevropteris,* etc. ; comme supports de ces frondes, les *Aulacopteris,* tiges finement striées, et, comme troncs ou souches, les *Medullosa,* qui présentent, à l'état silicifié, la structure des *Angiopteris* vivants. Les espèces dont se compose ce groupe n'étaient pas en réalité arborescentes; mais leur port, malgré cela, tout à fait gigantesque, car on rencontre des frondes de 8 à 10 mètres de longueur. Les fructifications paraissent avoir été formées de sporanges caducs; on ne les observe, en effet, jamais sur les empreintes mêmes, et M. Grand'Eury a rencontré une seule fois des capsules fructifères aux extrémités des nervures d'une feuille d'*Odontopteris.*

On peut noter encore que le troisième groupe offre ce caractère spécial de présenter, vers la base du rachis, à côté des feuilles normales allongées, des feuilles plus ou moins orbiculaires, considérées jadis, sous le nom de *Cyclopteris,* comme des espèces tout à fait distinctes. Ajoutons que le genre *Odontopteris* est beaucoup plus répandu dans le terrain houiller supérieur que les *Nevropteris.*

3°. — Sélaginées.

§ 59. — La classe des Sélaginées comprend les *Lycopodiacées* du monde actuel et les *Lépidodendrées* du monde ancien. Les espèces vivantes sont petites, herbacées, peu différentes des mousses ; les espèces fossiles sont la plupart arborescentes et de dimensions colossales, comparées aux *Lycopodes* vivants. On en connaît de 30 mètres de hauteur et de 1 mètre de diamètre à la base. Les *Lépidodendrées* sont, au reste, rares dans le terrain houiller supérieur ; on les rencontre plutôt dans le terrain inférieur du Roannais. Les Lépidodendrons sont des tiges, ou troncs, à coussinets foliaires en losange, séparés par des sillons croisés. M. Grand'Eury fait remarquer que les empreintes des Lépidodendrons se rapprochent souvent beaucoup de certaines espèces de Sigillaires qui semblent avoir une structure analogue à celle des Lycopodiacées ; aussi désigne-t-il ces espèces spéciales par le nom de *Pseudo-Sigillaires,* et les considère-t-il comme appartenant en réalité au groupe des Sélaginées. M. Grand'Eury range dans ce groupe les *Sig. striata* et *monostigma*.

A Rive-de-Gier on rencontre très fréquemment, dans les schistes des couches bâtardes, des séminules perceptibles à l'œil nu, de 1 à 2 millimètres de largeur (des *macrospores*), qui sont isolées le plus souvent, mais aussi parfois encore renfermées dans des sacs entre les bractées des *Lepidostrobus*.

II

PLANTES PHANÉROGAMES DICOTYLÉDONES GYMNOSPERMES.

§ 60. — Ce sous-embranchement comprend les plantes dont les graines ne sont pas renfermées dans une enveloppe, et dont le ligneux est à structure rayonnante. Ces plantes sont représentées, dans le monde actuel, par les *Cycadées* et les *Conifères,* et, dans le monde ancien, par les *Sigillarinées,* les *Cordaïtées* et les *Calamodendrées*.

M. Grand'Eury a découvert et M. Brongniart a déterminé, dans le terrain houiller de la Loire, près de trente genres de graines silicifiées qui toutes appartiennent aux Dicotylédones gymnospermes. Ces graines dénotent, dans le terrain houiller supérieur, une abondance de plantes Dicotylédones qui contraste singulièrement avec leur rareté dans les terrains moyen et inférieur. Ces plantes appartiennent surtout aux *Cordaïlées* et aux *Calamodendrées* et peut-être aussi aux *Sigillarinées*. Les graines, extrêmement variées de formes, paraissent toutes appartenir aux *Gymnospermes*. Je renvoie d'ailleurs, pour les détails, au bel ouvrage de M. Grand'Eury.

4°. — Sigillarinées.

§ 64. — Les Sigillarinées comprennent les *Sigillariées* proprement dites et les *Stigmariées*. Ces dernières paraissent être, le plus souvent, les véritables racines des premières.

Le groupe des Sigillarinées est au reste peu abondant dans le terrain houiller supérieur; il caractérise surtout le terrain moyen.

Les *Sigillaires* sont des tiges constamment réduites à leur enveloppe corticale houillifiée; elles sont cannelées, et les cicatrices foliaires ne sont pas portées par des coussinets décurrents, ce qui les distingue des *Lépidodendrons*.

M. Grand'Eury sépare les *Sigillaria* proprement dites des *Syringodendrons*. Ces derniers sont seuls quelque peu répandus dans le bassin de la Loire, et y ont été jusqu'à présent, en général, confondus avec les Sigillaires. Les *Sigillaria* proprement dites ont des cicatrices foliaires nettes, percées de trois passages, ou cicatricules, en ligne droite; celui du centre plus ou moins punctiforme, les deux autres en arcs tournant leur concavité à l'intérieur. Les *Syringodendrons*, par contre, portent des cicatrices moins nettes et munies d'un seul point central assez vague. Mais il faut ajouter que les Sigillaires et les Syringodendrons sont, en général, mal conservés et difficiles à déterminer. On ne connaît pas encore, d'une façon positive, les graines des Sigillariées, aussi les botanistes sont-ils encore partagés sur la question de l'embranchement auquel ce groupe appartient réellement. MM. Brongniart, Grand'Eury et plusieurs autres croient cependant pouvoir affirmer qu'il doit être classé parmi les Phanérogames gymnospermes, comme les *Cordaïlées* et les *Calamodendrées.*

Je ne dirai rien des *Stigmaria*, que tout le monde connaît au voisinage de certaines couches de houille; ils abondent surtout à Rive-de-Gier et dans le terrain houiller moyen. Il paraît aujourd'hui démontré que les véritables *Stigmaria*, comme le *S. ficoïdes*, sont bien réellement les racines des Sigillaires. M. Grand'Eury appelle, d'autre part, *Stigmariopsis*, des souches un peu différentes, composées de branches plongeantes, inégales et courtes, que l'on rencontre à Saint-Étienne sous les tiges verticales des *Syringodendrons*.

2°. — **Cordaïtées.**

§ 62. — On a appelé jadis *Nœggerathia* de très nombreuses feuilles, parcourues en long de nervures fines et parallèles. M. Grand'Eury a reconnu que la plupart de ces feuilles appartiennent à un groupe de hautes tiges, les *Cordaïtes*, et que les véritables Nœggerathia n'existent pas à Saint-Étienne et sont même relativement rares dans le terrain houiller moyen. Les Cordaïtes sont des Conifères voisins des *Taxinées*, dont le type est l'*if* vivant. Ils atteignaient jusqu'à 40 mètres de hauteur et ne se ramifiaient que vers le sommet. Les feuilles sont allongées, obtuses, plus ou moins spatulées, ayant parfois près de 1 mètre de longueur et une largeur de $0^m,20$. M. Grand'-Eury a trouvé les fleurs mâles et femelles de ces végétaux, et leurs jeunes graines, soit à l'état silicifié, soit sous forme d'empreintes ordinaires. La tige ligneuse offre les caractères du bois des Conifères avec des fibres pourvues de ponctuations en séries alternes, comme dans les *Araucariées*.

Dans l'axe des tiges se trouvait un étui médullaire volumineux, coupé de nombreux diaphragmes. Il en est résulté des moules intérieurs que l'on avait décrits jusqu'à présent sous le nom d'*Artisia*. Entre ce noyau central et l'écorce houillifiée de la tige se trouvait la partie ligneuse qui, souvent détruite, se rencontre cependant, sur quelques points, à l'état de *fusain;* ce sont ces restes qui ont été décrits comme *Dadoxylon*. Bref, M. Grand'Eury a pu reconstituer l'ensemble de cette végétation antique, formée de feuilles, les *Cordaïtes;* de branches, les *Cordaïcladées;* de tiges, les *Artisia* et *Dadoxylon;*

enfin de troncs, dont l'écorce houillifiée seule a été conservée, les *Cordaï-floyos*. Outre cela M. Grand'Eury a rencontré en place des souches de *Cordaïtes*, avec leurs grosses racines rameuses, étalées à la façon de beaucoup de Conifères; et, d'autre part, des graines, jadis appelées *Cardiocarpus*, à cause de leur apparence cordiforme, et que M. Grand'Eury nomme désormais, avec M. Geinitz, *Cordaïcarpus*, pour rappeler leur intime connexion avec la famille des Cordaïtes.

Les Cordaïtes sont, au dire de M. Grand'Eury, les plantes les plus abondamment répandues dans le bassin de la Loire. On en trouve à tous les niveaux, mais surtout à la base du massif proprement dit de Saint-Étienne, dont elles caractérisent l'étage inférieur; la houille de cet étage en est en grande partie formée, comme, dans le terrain houiller moyen, les couches les plus importantes ont été formées de débris de Sigillaires. On reconnaît aussi que la plupart des débris charbonneux, si fréquents dans les grès quartzo-feldspathiques (*taille*) de Saint-Étienne, sont des fragments d'écorce houillifiée de *Cordaïfloyos*. L'épaisseur de ces écorces atteint parfois jusqu'à 0^m,05 et même 0^m,07 d'épaisseur.

A côté des Cordaïtes proprement dites, M. Grand'Eury signale les *Dory-Cordaïtes* dont les feuilles sont lancéolées et allongées, et non obtuses comme celles des Cordaïtes. On les rencontre partout, dans la Loire, avec les Cordaïtes, mais en proportion moindre, si ce n'est à Rive-de-Gier, où elles semblent l'emporter sur les Cordaïtes proprement dites. Ces Dory-Cordaïtes se rapprochent, par leurs caractères, des *Cupressinées* actuelles. Enfin, dans les parties supérieures et moyennes du terrain stéphanois, plutôt mêlées aux Fougères qu'aux Cordaïtes proprement dites, on trouve un troisième groupe de tiges, que M. Grand'Eury appelle *Poa-Cordaïtes*, et dont les feuilles sont presque linéaires, ou aciculaires, c'est-à-dire d'une largeur de 0^m,01, pour une longueur allant parfois à 0^m,40.

D'après l'ensemble de ses études, M. Grand'Eury est arrivé à cette conclusion que les *Cordaïtes* se plaisaient, comme la plupart des plantes houillères (p. 269), dans des lieux bas et humides, soumis aux inondations; que les tiges poussaient très rapidement, mais n'atteignaient qu'un faible diamètre eu égard à leur hauteur ; qu'elles parvenaient ainsi en peu d'années au terme de leur existence et devaient par suite fournir rapidement, comme les Sigillaires du terrain houiller moyen, des débris végétaux fort abondants.

M. Grand'Eury cite, à la suite des Cordaïtes, quelques débris de *Walchia* qui sont également des *Conifères*. Au fond, ce genre caractérise le terrain permien, mais il apparaît déjà dans les parties hautes du district stéphanois; ce sont des empreintes de branches, avec nombreux rameaux distiques, garnis de petites feuilles rapprochées, coriaces, épaisses, aiguës au sommet, élargies à la base.

3°. — Calamodendrées.

§ 63. — Les Calamodendrées, autrefois confondues avec les Calamites, sont des tiges ligneuses pourvues d'un épais étui médullaire, aujourd'hui remplacé par un moule d'apparence calamitoïde. Comme les *Artisia,* dans les Cordaïtes, ce moule remplit l'espace occupé jadis par la moelle.

L'écorce est houillifiée à la façon des autres tiges; le ligneux, souvent disparu, est transformé en fusain. Ce bois est formé de lames rayonnantes de tissus différents, d'où résulte une surface cannelée, pareille à celle des véritables Calamites. Les Calamodendrées se divisent en deux groupes : les *Arthropitus*, dont le bois est uniquement formé de fibres vasculaires, et les *Calamodendrons* proprement dits, formés de lames alternes, les unes de fibres libériennes, les autres de fibres vasculaires. Disons encore que le bois du Calamodendron est appelé *Calamodendroxylon,* leur écorce *Calamodendrofloyos,* et leur racine ligneuse, qui est pivotante, *Calamodendrea rhizobola*. Ni les feuilles ni les graines des Calamodendrées ne sont positivement connues jusqu'à présent; mais M. Grand'Eury croit devoir admettre, par suite de leur fréquente association, que les tiges minces et hautes des Calamodendrons portaient au sommet, comme feuilles caduques denses, des Astérophyllites gymnospermes, et comme graines, des *Polypterocarpus,* c'est-à-dire des graines, munies aux arêtes d'ailes saillantes, régulières, au nombre de trois, six ou douze. Ajoutons enfin que l'empreinte, si répandue sous le nom de *Calamites cruciatus*, est, en réalité, une écorce de Calamodendron qui caractérise le faisceau houiller le plus élevé de Saint-Étienne, les couches du bois d'Aveize.

Les Calamodendrons, comme les Cordaïtes, ont dû pousser rapidement en hauteur; leur diamètre est faible, de $0^m,20$ au plus ; leur hauteur, de 30 à 40 mètres. Les tiges sont simples, droites, sans feuilles, ni rameaux persistants, sauf au sommet. Les racines pivotantes, pourvues d'une épaisse écorce, poussaient aux articulations de nombreuses radicelles grêles, s'enfonçant obliquement dans la vase sableuse environnante.

Les *Arthropitus* sont rameux et non à tige simple et droite, comme les Calamodendrons. M. Grand'Eury les suppose également couronnés d'Astérophyllites gymnospermes.

§ 64. — Le savant ingénieur termine la revue des principales plantes, dont on retrouve les restes dans les terrains houillers du centre de la France, par quelques considérations sur le caractère général de cette végétation et les conditions dans lesquelles elle s'est développée. Il établit d'abord que les plantes houillères, Cryptogames et Gymnospermes, montrent, dès leur apparition, une perfection d'organisation supérieure à celle des types analogues actuels; cette supériorité résulte surtout de l'étude des graines des Gymnospermes et de celle du bois des Conifères. M. Grand'-Eury en conclut que la théorie de l'évolution ou de la transmutation se trouve en défaut lorsqu'on étudie la flore houillère, et que tout concourt à prouver la création indépendante des divers types.

Il rappelle ensuite que les herbes proprement dites étaient rares à cette époque, que la végétation est éminemment arborescente et que les végétaux herbacés eux-mêmes s'élevaient à la hauteur d'arbres proprement dits. On n'y trouve pourtant nulle part des arbres géants, comme les *Sequoïa* (*Wellingtonia*) de la Californie, qui ont jusqu'à 10 mètres de diamètre à la base et 100 mètres de hauteur. La croissance était alors beaucoup plus active; les tiges à tissu succulent poussaient rapidement en hauteur, mais devaient atteindre aussi, en peu d'années, le terme de leur croissance. Le tissu végétal, en un mot, se développait avec énergie et une rapidité beaucoup plus considérable qu'aujourd'hui. Cette rapide croissance prouve que le climat devait être alors à la fois humide et chaud, et même à un plus haut degré que celui des terres basses de nos zones torrides actuelles. Il fallait en même temps une lumière abondante, puisque la lumière seule fixe le carbone dans les plantes. Pourtant elle a dû être moins directe qu'aujourd'hui, car l'atmosphère terrestre était certainement alors chargée de vapeurs aqueuses denses. Par contre, la lumière était alors, je le présume du moins, plus abondante aux latitudes élevées, si l'on admet, avec les astronomes, que la sphère lumineuse du soleil était, à cette époque reculée, notablement plus étendue qu'aujourd'hui. Il est évident aussi qu'à l'époque où le carbone des houilles n'était point encore fixé par la végétation, l'acide carbonique devait certainement se trouver, dans l'atmosphère terrestre, en plus forte proportion que maintenant, et, par suite, contribuer au développement plus rapide des plantes. Le climat de la période houillère était enfin sensiblement *uniforme*. On ne connaissait pas alors la variabilité des saisons et de la température, car les plantes houillères n'offrent aucune trace des zones annuelles d'accroissement, si marquées dans les bois de nos latitudes.

CONSIDÉRATIONS SUR LE MODE DE FORMATION DE LA HOUILLE.

§ 65. — Les détails que nous venons de donner sur la végétation de la période houillère nous amènent aux questions concernant l'origine et le mode de formation de la houille. Comment et dans quelles conditions la houille s'est-elle formée?

Ce qui précède prouve, à n'en pas douter, que la houille est d'origine végétale, et de plus que les plantes qui l'ont formée ne sont pas marines, mais se développèrent sur terre sous l'action de la lumière et de l'eau. Cela admis, ces végétaux ont-ils poussé sur place, ou furent-ils entraînés par les eaux et accumulés, comme les roches sédimentaires, sous l'action de courants marins, ou par le fait de rivières qui se rendaient des continents dans des lacs ou des lagunes? Pour résoudre ces questions, il convient de rappeler ce que nous avons dit sur les oscillations que le sol a dû éprouver durant le cours entier de la période houillère, et de compléter les renseignements déjà donnés sur les forêts enfouies de cette antique époque. Occupons-nous d'abord de ce dernier point, et revenons aux tiges de Calamites debout, signalées, dès 1821, par Alex. Brongniart, dans les carrières du Treuil [1].

Au toit de la première couche du faisceau moyen de Saint-Étienne, on observait, à la suite de quelques lits de schistes et de rognons de fer lithoïde, un banc de grès fin de 3 à 4 mètres, traversé normalement par une série de troncs que Ad. Brongniart (le fils) a reconnu appartenir à l'espèce *Calamites pachyderma*. Aujourd'hui, et même depuis fort longtemps, les carrières du Treuil, au Nord du cimetière de Saint-Étienne, sont abandonnées et les traces de ces anciennes tiges à peu près effacées. Mais on les distinguait encore très nettement en 1834, lors de mon arrivée à Saint-Étienne. Outre cela, il y a vingt-cinq ans, lors de la construction de l'ancien chemin de fer de Montrambert, on recoupa le même banc, en tranchée ouverte, à l'Est du Treuil, entre les hameaux du Soleil et du Château-Creux. J'y observai alors plusieurs tiges verticales, fort rapprochées, du même *Calamites pachyderma*. Ces tiges avaient 2 à 3 mètres de longueur. Vers le haut, elles étaient brusquement rompues au milieu d'un banc de grès, et là elles mesuraient $0^m,15$ à $0^m,20$ de diamètre. Vers le bas, elles s'amincissaient et se recourbaient horizontalement, en forme de racines traçantes, à la façon des Prèles. L'écorce houillifiée était épaisse, comme l'indique le nom de l'espèce ; la surface extérieure en était sensiblement lisse, le moule intérieur nettement cannelé. L'ensemble offrait tous les caractères de tiges, venues sur place, ensevelies au milieu des sables et de la vase qu'amenaient les cours d'eau du marécage houiller. En un mot, c'est, comme le pensait déjà Alex. Brongniart en 1821, une véritable forêt de la période carbonifère. Or ce fait est loin d'être unique; on rencontre à chaque

---

1. *Annales des Mines,* première série, t. VI.

pas, dans le bassin de la Loire, tantôt des troncs isolés avec leurs racines, tantôt un ensemble de troncs voisins formant une véritable forêt, et ces troncs, comme l'a constaté M. Grand'Eury, appartiennent les uns à la famille des Calamites, les autres à celle des Sigillaires, des Cordaïtes ou des Calamodendrées. Je me bornerai à donner ici quelques détails sur une seconde forêt houillère que j'ai eu occasion d'observer sur place dans ce même district du Treuil, à 100 mètres verticalement au-dessous des Calamites dont je viens de parler. Si je la cite, c'est pour en conclure que si, en un même point, deux forêts ont pu se superposer à la distance verticale de 100 mètres, c'est qu'il a bien fallu, comme nous l'avons déjà établi par des considérations d'un autre ordre, que le sol houiller se soit affaissé, dans de notables proportions, pendant toute la longue période de formation des sédiments houillers.

La forêt souterraine en question était située dans la mine du Treuil, au puits Achille, au toit immédiat de la cinquième couche, dans le banc de grès du toit de la houille, c'est-à-dire à très peu près verticalement au-dessous de la tranchée à troncs de Calamites dont je viens de parler. Dans une chambre de moins de 10 mètres de côté, j'ai compté plus de douze grands troncs, dont plusieurs avaient à la base plus de 1 mètre et même jusqu'à $1^m,50$ de diamètre. La couche de houille était sur ce point à peu près horizontale, et toutes les tiges s'élevaient au-dessus, droites et verticales, au travers des roches du toit. On pouvait les suivre sur $1^m,80$ à 2 mètres de hauteur, se rétrécissant d'abord rapidement en forme de troncs de cône, puis se poursuivant cylindriquement au delà. Les premières assises autour du tronc se composaient de schistes et de grès fin, tandis que le banc, dans lequel les troncs se trouvaient rompus, était plutôt formé d'un grès à gros grains passant au poudingue, c'est-à-dire à une roche dont les éléments ont dû être amenés par un courant rapide, capable de renverser des tiges à tissu végétal lâche et peu solide. Ce tissu avait en effet entièrement disparu comme dans les Calamites; l'écorce seule était conservée entre le moule intérieur en grès et les assises régulièrement stratifiées de l'extérieur. Les troncs étaient directement implantés sur la houille, ou plutôt quelques grosses racines s'épanouissaient à la surface du banc de houille, mais sans y pénétrer réellement. La séparation entre la houille et la souche du tronc m'a toujours paru nette, ainsi qu'à M. Grand'-Eury. En général, une mince pellicule de schiste fin séparait les racines du banc de houille.

Les troncs dont je viens de parler appartiennent à la famille des Sigillaires, ou peut-être plutôt au genre *Syringodendron*, qui, d'ailleurs, comme nous l'avons dit, fait aussi partie de la grande famille des Sigil-larinées. La distinction est presque impossible à cause de l'altération des cicatrices foliaires des tiges en place. L'écorce des tiges droites a dû, en effet, souffrir plus de la sédimentation que celle des tiges cou-chées. Le tassement des sables, sous le poids des assises supérieures en voie de formation, a dû produire, le long des troncs, un déplacement continu des matières sableuses, recevant l'empreinte des cicatrices, par suite, altérer cette empreinte elle-même. Au reste, on rencontre sur ce point non seulement des forêts houillères en place, mais encore de nom-breuses tiges couchées suivant le sens même de la stratification. J'ai constaté, en effet, dans mes courses de mines, que les toits des 4ᵉ et 5ᵉ cou-ches du faisceau moyen étaient partout marqués, aux environs de Saint-Étienne, par des empreintes de tiges complètement aplaties, ayant $0^m,15$ à $0^m,60$ et même jusqu'à 1 mètre de largeur. Toutes ces tiges, dont les empreintes sont fort nettes, appartiennent à la famille des Sigillarinées; tandis que le toit de la 3ᵉ couche renferme plutôt des empreintes de Fou-gères. Ainsi donc, lors du dépôt des 4ᵉ et 5ᵉ couches, la végétation locale a dû être spécialement caractérisée par l'abondance des Sigillarinées, et les tiges couchées semblent bien représenter les parties rompues des tiges debout. Bref on voit, par l'exemple du Treuil, non seulement que la végé-tation s'est développée successivement, sur les mêmes points, à des ni-veaux fort différents, ce qui suppose l'affaissement du sol ou l'élévation graduelle des eaux, mais encore que, d'un étage au suivant, ou même d'une couche à une autre, les proportions relatives des diverses plantes se sont notablement modifiées.

Ajoutons que le rôle que l'on voit ici jouer aux Syringodendrons, ou en général à la famille des Sigillarinées, a été occupé ailleurs par les Cordaïtées, les Fougères et les Calamodendrées. D'après les études de M. Grand'-Eury, la base du faisceau moyen de Saint-Étienne est surtout caractérisée par les Fougères, le haut par les Calamodendrées. Les Sigillarinées, partout si abondantes dans le terrain houiller moyen, n'occuperaient plus qu'une place assez restreinte dans le terrain supérieur ; elles se seraient en quelque sorte exceptionnellement localisées dans les 4e et 5e couches dont je viens de parler.

Notons encore que l'origine végétale de la houille, déjà évidente par ce qui précède, a été, en outre, pleinement confirmée par l'examen microscopique de la houille elle-même. On reconnaît, jusque dans la houille la plus compacte, une succession de lames, les unes d'origine corticale, les autres d'origine foliaire. En un mot, la houille se compose surtout d'une accumulation de feuilles et d'écorces, régulièrement couchées les unes et les autres parallèlement au plan de la couche. Çà et là seulement apparaissent aussi des lits de *fusain,* dont la structure fibreuse dénote l'origine ligneuse. Ce sont les restes de Conifères, sous forme de débris fragmentaires.

§ 66. — Les éléments dont se compose la houille étant ainsi connus, on peut se demander comment ces feuilles et ces écorces ont pu former des couches puissantes et régulières, et comment ces couches ont pu se superposer, avec intercalation de bancs de grès ou de schistes, au nombre de 20, 30, 40 et plus ?

Certains géologues ont admis jadis l'accumulation par voie de flottage ; l'eau aurait entraîné les troncs et les feuilles des continents vers des bassins (lacs ou lagunes), où les végétaux auraient graduellement coulé au fond de l'eau. Cette hypothèse soulève des objections auxquelles on ne peut répondre d'une façon satisfaisante. Comment concevoir dans ces conditions la formation d'une couche uniforme et continue ? Je sais bien que, dans nos bassins limités du centre de la France, les couches ne brillent pas par leur régularité parfaite ; et cependant, même dans ces petits bassins, on peut suivre une même couche sur 5, 6,

10 kilomètres en direction, et sur au moins 2, 3 et 4 kilomètres en largeur. Et si, de là, nous nous transportons vers les grands dépôts du terrain houiller moyen du Nord, en Allemagne, en Angleterre, en Amérique surtout, où les mêmes couches ont dix, vingt, trente fois plus d'étendue, on est amené à se demander comment, par voie de flottage, il eût pu se former, sur une pareille surface, une couche régulière, uniquement composée d'éléments végétaux? Lorsqu'on étudie l'embouchure d'un grand fleuve, comme le Mississipi, on y rencontre bien de nombreux troncs d'arbres; mais ils sont toujours irrégulièrement dispersés au milieu des sables et de la vase.

Un courant qui arrache de gros troncs entame aussi le sol et entraîne au loin de nombreux galets. Ces galets se déposent, il est vrai, dès que la pente devient moindre; bientôt les troncs ne sont plus associés qu'à de menus sables, ou à de la vase en quelque sorte impalpable. D'autre part, tout le monde sait que les eaux des grands fleuves, qui charrient des troncs, sont toujours troubles et que les éléments minéraux, annuellement amenés par ces fleuves à la mer, se chiffrent par milliers de tonnes. Dubuat a constaté d'ailleurs, par des expériences directes, qu'un cours d'eau entame l'argile dès que sa vitesse atteint $0^m,08$ par seconde, et le sable fin lorsqu'elle monte à $0^m,16$. On voit donc que la conséquence inévitable du charriage par les eaux est un mélange, ou une alternance plus ou moins intime, de boue et d'éléments végétaux. Or c'est précisément ce que nous avons constaté dans certaines couches de houille où des schistes fins se développent, sous forme de lits minces, entre les bancs de matière combustible, et tendent même à les remplacer presque entièrement sur quelques points; nous rappelons la 13ᵉ couche au Sud du puits *Saint-Claude* de Méons, et la 8ᵉ couche dans la partie Sud des concessions de Bérard et de Monthieux (§ 19).

Ailleurs, et c'est même un fait à peu près général, les bancs de houille pure, dont se composent les couches, sont séparés les uns des autres, d'une façon presque constante, soit par de minces lits de schistes, soit par de faibles nerfs de grès, dont les éléments n'ont pu être amenés que par de l'eau en mouvement. Ainsi donc, de quelque façon que les débris végétaux aient été accumulés, il est évident qu'à certains moments et sur certains points des eaux troubles ont dû envahir le dépôt végétal et le couvrir d'une mince couche de vase ou de sable fin. C'étaient, à n'en pas douter, des inondations de faible durée, qui auront couvert momentanément les débris végétaux, si nous les supposons accumulés à sec, ou qui auront envahi, d'une façon transitoire, le vaste bassin à eaux peu profondes et limpides, dans lequel les feuilles et les tiges se sont lentement déposées. Dans les deux cas, d'après les faits que je viens de rappeler, la végétation se serait développée, sur place, dans des lieux bas et humides, ou dans un marécage proprement dit très peu profond. Les feuilles et les tiges à rapide croissance auraient constamment jonché le sol de leurs débris, qui se seraient plus ou moins accumulés *à sec,* dans le premier cas ; au fond de *l'eau stagnante,* dans le second. En réalité, les deux modes ont dû se produire simultanément. Dans les parties basses, plus faciles à submerger, se seront formées des couches impures à nombreux éléments schisteux ; dans les parties plus élevées, ou mieux protégées contre les inondations, des couches moins entrelardées de parties terreuses. On conçoit aussi que la végétation ait pu commencer plus tard, ou ait été moins active, sur certains points que sur d'autres, par suite du défaut d'eau ; qu'ailleurs, enfin, elle se soit arrêtée plus tôt par des motifs analogues. Ainsi s'expliqueraient les variations de puissance si fréquentes dont nous avons parlé au § 19.

Disons ici que ce double mode de formation, que je viens de rappeler, se rencontre dans les tourbières actuelles. Les tourbes des vallées sont terreuses, parce qu'elles sont submergées périodiquement à chaque crue. Les tourbières des hauts plateaux ne sont jamais, ou tout au moins rarement, inondées ; elles se développent sur terre sous la simple influence des brouillards et des rosées abondantes des montagnes. Certains arbres, tels que le sapin blanc, le bouleau, divers saules, etc., y croissent en même temps et contribuent aussi, par leurs débris, à la formation de la couche tourbière. J'ai constaté maintes fois ce fait dans mes courses de montagnes du plateau central, du Jura et des Alpes. En exploitant ces tourbes on y rencontre des souches et des troncs couchés qui se transforment en bois fossiles. J'ajouterai que, dès 1838, le professeur Link, de Berlin, avait reconnu au microscope que ces tourbes compactes renferment souvent de véritables feuilles, et que la houille, comme la tourbe, se compose pour ainsi dire exclusivement de tissu cellulaire [1]. Par le rapprochement que je viens de faire, je ne veux pas dire cependant que la houille soit la tourbe des temps paléozoïques. Je sais parfaitement que la véritable tourbe exige un climat et des conditions tout autres que ceux de la période houillère, que, d'ailleurs, les plantes des deux époques sont totalement différentes. Je veux dire seulement que le mode de formation a dû être analogue. Les végétaux de l'époque houillère, comme les tourbes de la période actuelle, se sont développés sur place, et si, dans certains cas, les débris de ces végétaux ont pendant quelque temps flotté à la surface d'eaux stagnantes, l'accumulation des débris par strates successives n'exige pas nécessairement l'intervention d'une nappe liquide. Et, si parfois cette nappe fut animée d'une certaine vitesse, il en est résulté immédiatement un véritable arrêt dans la formation du dépôt combustible ; un lit de boue, ou de sable, a pris la place de l'élément végétal. Sur ce point, je ne puis donc admettre entièrement la théorie de M. Grand'Eury. Il nie la formation proprement dite sur place, parce qu'il n'a constaté nulle part un tronc ou une souche dans les couches de houille elles-mêmes. Il admet un certain flottage, le transport *peu lointain,* depuis la terre ferme où la tige a vécu, jusqu'au bassin où les débris végétaux se seraient déposés. A ce mode de formation j'oppose non seulement l'objection, déjà tirée du courant qui aurait entraîné le sol aussi bien que les feuilles et les tiges, et accumulé les débris végétaux fort inégalement, mais encore l'impossibilité de concevoir une terre marécageuse assez étendue pour couvrir d'une puissante couche de débris végétaux plusieurs milliers de kilomètres carrés, comme il s'en rencontre, à chaque pas, dans les grands bassins houillers du Nord. M. Grand'Eury oppose à la formation sur place l'absence

____

[1]. *Mémoires de l'Académie de Berlin,* 1838.

de toute souche et racine passant des couches dans le mur. J’avoue que si j’ai constaté, comme M. Grand’Eury, la séparation nette de la houille d’avec les souches du toit, il n’en est pas de même du mur. Sir Ch. Lyell me fit remarquer, à Saint-Étienne même, des radicelles partant de la houille et se prolongeant dans les *Underclays*, et ce fait m’a paru surtout évident dans les bâtardes de Rive-de-Gier, où les Stigmaria abondent au mur des couches. Quant aux souches, il est évident, vu la nature molle des tissus, qu’elles devaient être promptement écrasées, après la rupture ou le renversement des tiges, sous le poids des nombreux débris sans cesse accumulés au-dessus d’elles. Par suite, les vestiges des anciens troncs ont dû promptement s’effacer, et d’ailleurs leur nombre doit être nécessairement restreint lorsqu’on le compare à la masse des débris couchés. Il suit de là que la constatation des souches dans la houille même est fort difficile, sinon impossible; aussi, à mon avis, le résultat négatif, auquel M. Grand’-Eury déclare être arrivé, ne prouve pas, d’une façon péremptoire, que les plantes houillères n’aient pas vécu sur les lieux mêmes où on les rencontre aujourd’hui enfouies. Puisque les Calamites, les Syringodendrons des forêts fossiles du Treuil, n’ont pu être déracinés par le rapide courant qui a accumulé des amas de sables à l’entour d’eux, on a quelque peine à comprendre que les eaux peu agitées qui, selon l’hypothèse de M. Grand’Eury, y auraient amené exclusivement des feuilles et quelques tiges molles, n’eussent pas laissé en place les souches dont les racines se voient encore aujourd’hui dans les *Underclays*.

Enfin, la conservation même de ces *Underclays*, sorte de terre végétale peu consistante, prouve que les souches ne furent certainement pas enlevées avant le dépôt des débris végétaux, dont se compose la couche de houille, car cet enlèvement supposerait l’érosion, si fréquemment constatée au toit des couches (§ 25), tandis qu’on n’en voit nulle trace au mur. Le dépôt même de ces *Underclays* dénote l’aurore de la longue période de grande tranquillité qui a présidé au dépôt de la couche de houille. Il me semble donc que l’on doive admettre, comme à peu près établi, que les couches de houille proviennent d’une vigoureuse végétation locale, dont les débris se sont accumulés, sans transport sensible, au fond d'une eau stagnante, peu profonde, et même probablement, tout aussi souvent, sur un sol humide non inondé.

§ 67. — Mais d'où vient l'alternance des couches de houille et des bancs de roche ? Au fond, ces roches représentent simplement, sur une plus vaste échelle, les lits schisteux et les nerfs qui sous-divisent en général les couches de houille. Au lieu d'un simple trouble passager, d'une inondation de faible durée, la végétation houillère a été arrêtée, dans son tranquille développement, par de forts courants d'une durée prolongée. Leur existence est prouvée par les érosions précédemment signalées (§ 25), et par les sables qui ont graduellement envahi et couvert les forêts houillères. Le sol a dû s'affaisser par intervalles, comme je l'ai constaté en étudiant le régime des failles (§ 45). La végétation ne fut cependant pas toujours complètement anéantie, puisqu'on observe, dans beaucoup de grès et à tous les niveaux, des forêts ou des troncs isolés en place, dont les écorces se sont conservées, sous forme de houille, entre les grès extérieurs et les moules intérieurs du tronc évidé. Mais ces sables prouvent que les eaux étaient alors fortement agitées et n'ont pas permis le tranquille dépôt des débris végétaux. Ceux-ci furent, ou détruits par putréfaction, ou entraînés et dispersés au loin.

Cependant, à la longue, le sol affaissé fut de nouveau nivelé et la dépression comblée. Un deuxième marécage a pu s'établir au-dessus du premier, maintenant enfoui sous un épais banc de sable ou de vase. La végétation houillère s'est alors derechef développée paisiblement, pendant un long espace de temps, et une nouvelle couche s'est formée dans des conditions peu différentes de celles de la première, du moins lorsque l'abaissement du sol n'a pas dépassé notablement 10, 20 ou 30 mètres. Mais dès que le massif stérile atteint 100 mètres et plus, comme celui qui sépare la 8ᵉ couche de la 7ᵉ à Saint-Étienne, et surtout lorsqu'il monte à 500 et peut-être même à 800 ou 900 mètres, comme à Saint-Chamond, entre l'étage de Rive-de-Gier et ceux de Saint-Étienne, alors l'affaissement a dû atteindre des proportions inusitées. Par suite, un temps extrêmement long

22

a dû s'étendre entre les deux périodes de végétation calme ; et celle-ci a pu alors se modifier quelque peu. C'est ainsi, en effet, que, dans le cours de la longue période houillère, on voit apparaître successivement les Sélaginées, les Sigillarinées, les Cordaïtes, les Fougères et finalement les Calamoden-drées ; et ce sont précisément ces modifications qui permettent de classer les couches houillères d'après leur flore.

L'affaissement graduel du sol, alternant avec le développement de végé-tations successives, en divers points d'une même verticale, s'est d'ailleurs reproduit jusqu'aux époques les plus récentes. MM. Laurent et Degoussée, en creusant des puits artésiens à Venise, ont rencontré, à 40, 60, 100 et 120 mètres de profondeur, plusieurs bancs de lignite et d'argile charbon-neuse qui prouvent une végétation locale à divers niveaux ; par suite, l'affais-sement notable du sol actuel, et l'ensablement graduel des lagunes, grâce aux débris amenés, dans le golfe de Venise, par le Pô, l'Adige, le Tagliamento et les autres nombreux torrents qui descendent des Alpes vers la mer[1]. Ainsi donc, si la végétation a changé de nature, si le climat s'est notablement modifié, les conditions générales sont restées les mêmes. Si le sol s'affaisse aujourd'hui encore le long de certaines côtes, si de récentes tourbières, formées en dedans de cordons littoraux, ont été couvertes de sables et de boues fines, les mêmes phénomènes ont eu lieu avec plus ou moins d'é-nergie à toutes les époques. On constate tour à tour une végétation locale fort énergique, puis l'ensevelissement des débris végétaux sous d'épais bancs de vase et de sable.

Rappelons d'ailleurs que le sol houiller du bassin de la Loire s'est affaissé fort inégalement sur divers points. Au centre, et surtout le long de la lisière Sud, l'affaissement a duré plus longtemps que dans la région Nord et vers les deux extrémités. Ces parties centrales, en dehors desquelles les étages supérieurs sont inconnus, sont en partie limitées par de grandes failles, le long desquelles le mouvement a surtout dû s'opérer. Ce sont elles qui ont, par suite, joué un rôle prédominant lors de la formation du dépôt

----

1. *Bulletin de la Société géologique,* 2ᵉ série, t. VII, p. 481.

houiller. Or ce rôle, je ne puis le bien préciser qu'après la description de chacun des districts et de leurs principales failles. Je reviendrai donc, après l'étude spéciale des divers districts dont se compose le bassin, sur cette question du rétrécissement graduel du bassin houiller, lors du dépôt de ses étages supérieurs.

§ 68. — Une dernière question se pose naturellement, lorsqu'on s'occupe du mode de formation de la houille. Comment les végétaux enfouis se sont-ils modifiés au point de devenir de la houille? Sans pouvoir entièrement soulever le voile qui nous cache encore le secret de cette curieuse transformation, on peut cependant signaler certains points qui semblent hors de doute.

On sait que les végétaux, par leur macération prolongée dans l'eau, perdent peu à peu leur oxygène, tandis que le carbone tend à augmenter relativement dans la masse brune ou noire, formant le résidu de cette lente transformation (§ 49). Le tissu ligneux se compose, en moyenne, de 50 de carbone, 6 d'hydrogène, 42 d'oxygène, plus 2 de cendres et d'azote; les tourbes et les bois fossiles tiennent déjà 60 de carbone pour 6 d'hydrogène et seulement 30 à 32 d'oxygène. Dans les lignites proprement dits le carbone monte à 70, contre 25 d'oxygène, et dans les houilles, comme nous l'avons dit (§ 50), le carbone dépasse 75 et l'oxygène descend au-dessous de 20.

Ainsi le simple séjour dans l'eau, ou plutôt dans la terre humide, a dû lentement transformer le tissu cellulaire des plantes houillères.

Un second point, également acquis, est l'accroissement du carbone avec la profondeur, et cela, soit que l'on descende, dans une couche donnée, des affleurements vers l'aval pendage, soit que l'on passe des couches supérieures aux couches inférieures d'un même district (§ 52). Cette influence positive de la profondeur ne peut guère s'expliquer que par l'accroissement de la chaleur centrale, qui a éliminé les éléments volatils, en proportions croissantes, à mesure que la température est devenue plus forte. On sait qu'aujourd'hui cet accroissement de température est d'un degré centigrade par 30 à 35 mètres d'approfondissement; mais il a dû être plus rapide lors de l'antique période houillère, puisque la croûte solide du globe était alors moins épaisse. Or la température moyenne était à cette époque, à la surface du sol, au moins égale à celle de nos zones torrides, c'est-à-dire de 25 à 30°, par suite, d'environ 50° à 500 mètres de profondeur, et de 70° ou 80° à 1,000 mètres. On conçoit aisément qu'une pareille température, agissant sur les débris végétaux pendant des milliers d'années, ait pu non seulement modifier la proportion des matières volatiles, mais encore changer le mode de combinaison des éléments restants, de façon à produire des houilles plus ou moins collantes, ou bitumineuses, et, dans les cas extrêmes, des charbons maigres passant aux véritables anthracites.

On peut se demander cependant si la nature primitive de la végétation n'a pas eu également une certaine influence sur la qualité des houilles.

Une influence physique sans nul doute; des feuilles minces ont dû fournir une houille plus friable que l'écorce dure des Fougères, des Cordaïtes et des Sigillaires; et nous savons, d'autre part, que le tissu ligneux s'est transformé en fusain minéral. Mais lorsque nous voyons une même couche devenir plus grasse ou plus riche en matières volatiles, en passant d'un district au district voisin (§ 52), on ne peut guère attribuer ces changements à une modification dans la nature des végétaux, car, nous l'avons vu, dans une couche donnée la végétation est sensiblement uniforme; elle ne varie guère d'un district à l'autre; et, d'ailleurs, la composition chimique du tissu végétal reste la même dans les diverses familles ou genres de plantes; les seules modifications portent sur les substances incrustantes accessoires, telles que les résines, les gommes, les matières colorantes, etc., dont la proportion relative est toujours faible.

D'autres causes, purement locales, ont dû influencer les débris végétaux, je dis *les débris,* car les plantes elles-mêmes n'ont pas varié, je le répète, d'un district à l'autre, et le climat ainsi que l'exposition étaient alors bien certainement, dans ces marécages houillers, complètement uniformes. Mais, après leur enfouissement, les amas combustibles ont pu subir des influences inégales de la part du sol. Nous verrons, dans le chapitre suivant, que, pendant la période houillère même, et durant les longues périodes postérieures, le sol fut agité par des actions volcaniques. On y constate l'existence de roches éruptives et de puissantes sources thermo-minérales, qui ont dû augmenter, sur certains points, la température moyenne des roches, ainsi que cela se voit encore aujourd'hui au voisinage des masses éruptives et auprès de certaines grandes failles. Par là s'expliquerait, selon moi, ce fait précédemment signalé, que, dans la Loire, comme ailleurs, les couches de houille changent parfois de nature et s'amaigrissent dans leur ensemble, en passant d'un district au district voisin, sans quitter un niveau déterminé.

Je dois mentionner une dernière hypothèse, mise en avant par quelques géologues. Partant de l'origine supposée *minérale* des pétroles, qui proviendraient de la réaction de l'eau sur les masses de fer carburé des couches profondes de la terre, on s'est demandé si l'élément bitumineux des houilles ne proviendrait pas aussi d'une pareille source, si le pétrole ne serait pas venu s'ajouter aux débris végétaux enfouis. Je comprendrais cette double origine s'il s'agissait de schistes bitumineux, ou de calcaires asphaltiques, car le bitume s'y rencontre partout au sein de la roche. Mais ce qui caractérise précisément nos dépôts houillers, c'est que le bitume se trouve exclusivement dans la houille proprement dite, et nulle part dans les schistes, ni dans les grès. On rencontre au milieu de ces derniers des débris d'écorce, entièrement transformés en houille grasse; mais le grès lui-même n'est en aucune façon imprégné de la plus légère trace de bitume proprement dit.

Certains schistes houillers donnent, à la vérité, du goudron, lorsqu'on les soumet à la distillation; mais ce goudron provient de filets de houille, intercalés entre les schistes, et jamais de la roche elle-même. On comprendrait donc difficilement que l'élément *collant* de la houille vînt d'ailleurs que des végétaux eux-mêmes.

CHAPITRE VI

PRODUITS DES ÉRUPTIONS VOLCANIQUES ET HYDRO-THERMALES

§ 69. — La période carbonifère est marquée, dans le nord du département de la Loire, par une activité volcanique très intense. J'ai montré, dans ma description géologique du département, que le dépôt du calcaire carbonifère s'est trouvé suspendu, dans le Roannais, par les éruptions prolongées du porphyre *granitoïde*. Celles-ci paraissent avoir été actives, d'une façon plus ou moins intermittente, pendant tout le temps que s'est formé le grès à anthracite.

On a vu aussi que ce grès fut à son tour traversé, après son dépôt, par de nombreux dykes de porphyre *quartzifère* à grands cristaux de feldspath orthose. La période d'activité de ce deuxième porphyre paraît même correspondre à l'époque où s'est formé le terrain houiller *moyen*, qui manque dans le plateau central. En tout cas, ce porphyre n'apparaît nulle part dans le terrain houiller supérieur, si ce n'est, sous forme de galets rares, dans les poudingues houillers, preuve évidente de son antériorité. Mais ce terrain supérieur est, à son tour, caractérisé par d'autres roches volcaniques, les unes *à excès de silice,* comme les deux porphyres dont je viens de parler, les autres de nature *basique,* comme les basaltes et les laves des périodes géologiques modernes. La roche à excès de silice est *l'eurite quartzifère*, qui diffère du porphyre quartzifère par la rareté, ou même l'absence totale des cristaux d'orthose nettement développés. C'est une pâte euritique, blanche, jaune ou rosée, dans laquelle le feldspath, largement cristallisé, est rare, mais où les dodécaèdres de quartz gris bipyramidé abondent toujours.

Cependant je n'ai pas rencontré cette eurite dans le terrain même de la Loire, mais il existe dans la Creuse et la Haute-Vienne. Je l'ai signalé en dykes nombreux aux environs d'Aubusson et de Bourganeuf, en particulier dans les petits lambeaux houillers, situés à quelques kilomètres au Sud de cette dernière ville. Elle y coupe et relève les bancs de grès[1]. Mais si l'eurite quartzifère manque dans le terrain houiller de la Loire, on y trouve, par contre, de nombreux vestiges de la roche éruptive *basique*. Celle-ci, au reste, existe déjà dans le grès à anthracite du Roannais ; je l'ai mentionnée sous le nom de *Wake* caverneuse, au sommet du chaînon de la Madeleine et sur les bords de la Loire, entre Bully et Saint-Maurice, et je rappelai déjà alors l'identité de cette roche avec les porphyres bruns noirs des terrains houillers de la Creuse et de Rive-de-Gier[2]. Depuis lors, j'ai fait une étude plus spéciale de ces roches basiques, en m'occupant des bassins houillers de la Creuse et de l'Allier. J'ai montré, dans un mémoire spécial, qu'elles ont dû couler, sous forme de nappes, au sein des marécages houillers et pendant le dépôt même des terrains houillers supérieurs et permiens[3]. Ce sont les roches que l'on a appelées *Dioritine* à Commentry, *Porphyres verts* à Brassac, *Roche noire* à Noyant et Fin, *Porphyres pyroxéniques* sur les rives du Lot, *Toadstones, Trapps et Greenrocks* en Angleterre, *Basaltite* en Allemagne[4].

Il y a de plus, dans le bassin de la Loire, outre ces roches éruptives basiques, des assises siliceuses et argilo-feldspathiques, qui semblent

1. *Description géologique du département de la Loire,* 1857, p. 425. *Étude des bassins houillers de la Creuse,* p. 178 et 180.

2. *Description géologique de la Loire,* p. 440.

3. *Bulletin de la Société géologique,* 2ᵉ série, t. XXIII, p. 96.

4. *Id.*

être aussi des produits d'origine volcanique. Occupons-nous d'abord des roches basiques.

§ 70. **Roches éruptives basiques.** — Les roches éruptives basiques ne se rencontrent que dans l'étage le plus inférieur du bassin de la Loire, celui qui forme son extrémité orientale, fort étroite et discontinue, entre Rive-de-Gier et Givors. Elles y apparaissent, comme dans le département de la Creuse, tantôt sous forme de dykes ou de culots isolés et tantôt à l'état de nappes, s'étendant parallèlement aux assises du terrain. La plus considérable de ces masses est voisine de Givors. On la voit à la surface du sol, au hameau de Fillon, à l'Ouest de la ville et on la rencontre, en outre, non loin de là, au fond du puits *Saint-Étienne*, dans la concession de Fontanas et la Forestière; d'autres lambeaux existent au Nord de Saint-Romain-en-Gier, entre le château de Manévieux, Fontanas et la Rivollière. Ils sont au nombre de six ou sept. Le plus considérable se voit à l'Est de Fontanas, auprès des maisons Journoud, sur 200 mètres de longueur. Il s'y présente sous forme de dôme surbaissé, dont la surface extérieure est plus ou moins bosselée et inégale. Le dôme est renflé aux deux extrémités jusqu'à 40 mètres de largeur, tandis que, dans le ravin qui les sépare, la largeur est réduite à 15 ou 20 mètres. On ne voit pas nettement sur ce point si la roche traverse le terrain houiller, sous forme de dyke, ou si elle lui est superposée à l'état de nappe. Cependant la plus grande partie de la masse semble bien simplement couvrir le grès. Les dykes proprement dits sont plus étroits et ne présentent pas, comme les dômes, la structure colonnaire des basaltes.

Les autres lambeaux de ce district, sauf celui situé au Nord de Fontanas, qui est long de 100 mètres et se termine en pointe vers le Sud, ont tous la forme de protubérances arrondies et surbaissées, de 30 à 40 mètres de diamètre. Des travaux souterrains sérieux pourraient seuls montrer si ce sont de simples témoins d'une grande nappe unique, aujourd'hui détruite et enlevée en majeure partie par érosion, ou si chacune de ces calottes isolées correspond réellement à un dyke indépendant. Cette dernière hypothèse doit paraître plus plausible lorsqu'on se rappelle les nombreux cônes basaltiques voisins du Forez. Nous verrons cependant que la masse de Givors et du puits Saint-Étienne offre nettement les caractères d'une coulée souterraine comme celle de Fourneaux dans le département de la Creuse[1]. Aussi me paraît-il assez probable que la plupart des lambeaux en question représentent, à la façon des champignons, l'épanouissement superficiel d'un mince dyke souterrain. L'un de ces dykes proprement dits, ou plutôt deux, assez voisins l'un de l'autre, de 1 à 2 mètres de puissance, se voient au milieu du grès houiller, sous forme de faible crête saillante, non loin du chemin qui monte, en face de la Madeleine près de Rive-de-Gier, depuis le pont du canal, vers la grande route de Lyon. Sur ce point le chapeau extérieur aurait entièrement disparu. La roche éruptive y ressemble à une wake brune, dure et caverneuse, sans trace de structure colonnaire. Plus à l'Ouest, à Rive-de-Gier même, et surtout vers Saint-Chamond et Saint-Étienne, je ne connais plus aucune trace de roche basique éruptive. Auprès de Firminy seul, vers l'extrémité Ouest du bassin, j'ai rencontré, sur l'ancienne route du Puy, une mince veine ferrugineuse dont l'origine pourrait être analogue.

Revenons maintenant à la roche éruptive ordinaire de la vallée du Gier. Comme les roches analogues de la Creuse et de l'Allier, celle du bassin de la Loire est compacte, mais peu dure; l'acier la raye facilement. Sa couleur varie du gris bleuâtre au vert brun foncé dans les cassures fraîches, du vert olive au jaune ocreux dans les parties depuis longtemps exposées à l'air. La cassure est rude au toucher, plane, ou largement conchoïdale en grand, grenue-esquilleuse ou même terreuse en petit. Le souffle humide engendre toujours la forte odeur caractéristique des roches argileuses. A côté de la variété compacte et unie, qui domine, on rencontre aussi çà et là, comme dans le département de l'Allier, des parties caverneuses, qui passent à l'amygdaloïde. On peut citer, comme exemple, le dyke du pont de la Madeleine près de Rive-de-Gier; le même fait se reproduit dans les pointements isolés de la commune de Saint-Romain auprès de Fon-

---

1. *Bulletin de la Société géologique,* 2° série, t. XXIII, p. 99.

tanas. Les cellules sont tapissées de terre verte, de quartz, de baryte sulfatée, etc. La grande masse du puits Saint-Étienne et de Givors est plutôt compacte. Cependant là, comme dans certaines variétés de la Creuse et du Derbyshire (les *toadstones* anglais), on observe parfois des taches, ou mouchetures, diversement nuancées. C'est probablement le résultat d'une première tendance vers la formation de véritables cristaux, mais on ne distingue ni pyroxènes ni feldspaths proprement dits. Toutefois l'action de l'acide démontre l'existence de silicates divers, où les pyroxènes, c'est-à-dire les bisilicates, semblent dominer, car, dans son ensemble, la roche renferme habituellement moins de 55 pour 100 de silice et souvent au-dessous de 50 ; tandis que dans les porphyres quartzifères la teneur en silice dépasse 70 pour 100; aussi la fusibilité de la roche basique est-elle grande. On peut la comparer à celle des laitiers les plus fusibles des hauts fourneaux.

Un échantillon de la commune de Saint-Romain-en-Gier, que Fournet fit analyser [1], a donné, après forte dessiccation :

Silice	45$^\mathrm{m}$,6
Alumine et oxyde de fer	25 0
Magnésie	29 1
Total	99$^\mathrm{m}$,7

C'est une roche plus magnésienne et moins ferrugineuse que les basaltes; de là sa moindre densité.

A côté des silicates proprement dits, la roche renferme assez souvent une faible dose de carbonate qui, à en juger par la lente effervescence, semblerait être plutôt du carbonate de fer, ou de magnésie, ou un carbonate multiple que du carbonate de chaux pur. Pourtant la roche du puits Saint-Étienne est traversée de veinules spathiques d'un blanc rosé qui est du carbonate de chaux sensiblement pur. Outre cela, l'eau fait partie intégrante de la roche éruptive; on en trouve dans les fragments les moins altérés, provenant des travaux souterrains.

1. *Bulletin de l'industrie minérale,* 1$^\mathrm{re}$ série, t. VI, p. 21.

Un échantillon compact de la galerie de Givors m'en a donné 4 pour 100, et la roche prise au puits Saint-Étienne, à la profondeur de 150 mètres, 2, 5 pour 100.

Les roches éruptives basiques, qui nous occupent, sont en quelque sorte les *basaltes* de la période houillère ; mais il ne faudrait pourtant pas les confondre avec eux, car elles sont moins denses et moins ferrugineuses, comme je viens de le dire.

Tandis que la densité des basaltes varie de 2,90 à 3,0, celle des roches en question est comprise entre 2,60 et 2,70.

La roche de la galerie Givors m'a donné 2,60.

Celle du puits Saint-Étienne 2,62.

Mais je n'ai pas rencontré, dans le bassin de la Loire, les variétés blanches d'Ahun et de Noyant, dont la densité est de 2,51 seulement et les teneurs en eau de 6 et 8,5 pour 100.

Cependant à Givors la partie inférieure de la masse est aussi plus terreuse et plus hydratée que le reste ; elle tient 5,7 pour 100 d'eau.

A quel moment et de quelle façon ces roches éruptives ont-elles percé le terrain houiller? L'existence de véritables dykes prouve qu'une partie au moins des assises houillères était déjà déposée au moment de leur éruption, mais les nappes interstratifiées ont-elles coulé, à la façon des laves, dans le marécage houiller, ou furent-elles introduites, après coup, entre les bancs où on les rencontre aujourd'hui ? Le dernier mode de formation a eu ses partisans, mais il soulève de bien graves objections, et, en tout cas, j'ai prouvé que, dans le bassin d'Ahun, l'intercalation n'avait pu avoir lieu, et que la roche éruptive avait positivement coulé sur le sol même où se déposaient alors les éléments houillers. Dans le bassin de la Loire le fait n'est pas aussi évident. Cependant on m'accordera, je pense, que l'intercalation postérieure suppose la rupture, la disjonction d'éléments unis, par suite, la formation de débris et d'un véritable conglomérat de frottement. Or, à Givors, pas plus que dans la Creuse, on n'en trouve le moindre vestige.

La galerie de Givors, percée aux environs de la maison Fillon, est ouverte dans le grès houiller, dont les bancs plongent au S.-S.-E. La galerie elle-même va en sens inverse, vers le N.-O., et traverse les assises du toit au mur.

Voici la coupe, relevée sur les lieux par M. Brochin, l'ingénieur des travaux :

Grès blancs à grains grossiers	$32^m,00$
Grès blanc fin très quartzeux.	16 00
Schistes charbonneux et veine de houille.	0 50
Porphyre argilo-terreux verdâtre	3 00
Porphyre, dur compact, vert foncé	33 00
Porphyre terreux, tendre	2 50
(Cette roche de la base tient 5, 7 p. 0/0 d'eau et blanchit rapidement dans les acides.)	
Grès houiller ordinaire	33 00
Total.	$120^m,00$

Les dimensions sont comptées suivant l'axe de la galerie et ne représentent pas la puissance des bancs. L'épaisseur réelle de la nappe porphyrique est de 20 à 25 mètres.

Eh bien, dans cette galerie que j'ai visitée moi-même avec le plus grand soin, on ne voit pas la moindre trace de conglomérat de frottement, ni au mur ni au toit de la masse porphyrique. Le banc de $0^m,50$ de houille et de schiste charbonneux du toit est en particulier tout à fait intact et régulièrement déposé sur la nappe porphyrique. Par suite, on peut difficilement admettre ici une intercalation postérieure à la façon d'un dyke interstratifié.

La même conclusion s'impose, lorsqu'on examine le puits Saint-Étienne. Ce puits est situé sur la lisière Nord de la bande houillère, à 2 kilomètres au Nord-Ouest de la galerie Fillon, soit 3 kilomètres de la ville de Givors. Après avoir recoupé 135 à 140 mètres de grès houiller micacé, peu incliné, le puits a rencontré un peu de schiste noir avec une veine de houille de $0^m,15$, puis immédiatement après, la roche porphyrique verte, pareille à celle de la galerie de Givors. On a continué le puits jusqu'à 156 mètres sans avoir atteint la base du massif porphyrique. Ici encore la veine de houille n'était ni altérée ni broyée au contact de la roche éruptive; la surface de séparation est parallèle à la stratification du terrain houiller et ne présente aucune trace d'intrusion postérieure. Il me paraît donc certain que, dans le bassin de la Loire comme à Ahun, la roche feldspathique a dû couler, à la façon des basaltes ou des laves, pendant la période houillère elle-même. Il semble d'ailleurs assez probable que la nappe du puits Saint-Étienne et celle de la galerie Fillon proviennent de la même coulée, ou tout au moins de coulées à peu près contemporaines.

Si enfin on se demandait pourquoi ces roches éruptives sont surtout fréquentes dans les bassins houillers, on pourrait répondre que cela tient aux énormes failles qui limitent latéralement ces bassins. Ainsi, on a déjà vu que celui de la Loire est borné au Sud-Est par une très grande faille qui a dû s'ouvrir dès l'origine du dépôt houiller de la Loire, faille dont l'amplitude s'est graduellement accrue pendant la durée entière de la formation du dépôt et probablement encore après. C'est d'ailleurs aussi à cette faille longitudinale principale qu'est venue se rattacher une partie au moins des failles transversales. Il en est résulté, à l'époque houillère, une communication directe avec les masses fluides intérieures, et celles-ci ont pu aussi, en suivant ces grandes fentes, se déverser au dehors et envahir les bas-fonds houillers.

§ 74. — **Roches siliceuses et argilo-feldspathiques**. — Les roches siliceuses et argilo-feldspathiques du bassin de la Loire sont de nature plus variable et d'origine moins nette que les roches basiques. Les unes, comme la roche de Saint-Priest et plusieurs analogues, sont positivement d'origine hydrothermale ; tandis que d'autres, comme le **gore blanc** et la **talourine** de Rive-de-Gier, ressemblent à certains tufs ou cendres volcaniques, et peut-être mieux encore aux produits d'éruptions boueuses, avec intervention de sources siliceuses ; mais nulle part on ne rencontre ces roches sous forme de dykes proprement dits, à la façon des eurites quartzifères de la Creuse.

Occupons-nous d'abord du **gore blanc**. Nous avons déjà mentionné cette roche en décrivant les divers schistes du bassin houiller (§ 13). Nous ne reviendrons pas sur le gore blanc de la Béraudière, qui est un schiste argilo-feldspathique, caractérisé par sa teinte d'un blanc pur, mais, à part cela, analogue aux schistes argileux ordinaires non charbonneux. Le *gore blanc* proprement dit de Rive-de-Gier, dont il me reste à parler, est au fond plutôt jaune ou gris verdâtre, que blanc, et rarement feuilleté, comme celui de la Béraudière.

Dans la plupart des puits de Rive-de-Gier, on a rencontré, au milieu du puissant poudingue qui recouvre la grande couche, une assise argileuse compacte, d'un blanc sale jaunâtre, dans laquelle on distingue, à la loupe, des nodules et des mouchetures pétro-siliceuses, plus ou moins verdâtres, qui lui donnent une très grande ressemblance avec certains tufs ou cendres volcaniques. Ce banc a de deux à trois mètres d'épaisseur, dans la concession du Sardon, à Rive-de-Gier même ; il se trouve là vers 140 à 150 mètres au-dessus de la couche de houille principale de ce district.

Plus à l'Ouest, au Reclus, la distance est réduite à 110 mètres ; mais elle augmente de nouveau à la Grand'Croix et à la Péronnière, où d'ailleurs la puissance du banc atteint 15 et même 25 mètres. En même temps les parties dures, pétro-siliceuses, deviennent plus abondantes ; elles font passer la roche à une sorte de brèche, ou de tuf siliceux, plus dur et plus grossier. On voit les affleurements de ce banc sur les deux versants du bassin: au Sud-Est, près du hameau de Burlat (Grand'Croix), et au Nord-Ouest, à côté du puits *Pinay* de la Péronnière. Sur ce dernier point, la couche est verte et bréchiforme ; mais les fragments semblent resoudés par un ciment siliceux, à cassure esquilleuse, peu différent des fragments eux-mêmes. M. Mallard le décrit en ces termes : « On distingue, au milieu de la pâte, quelques lamelles feldspathiques, qui se fondent dans la masse, des grains de quartz hyalin fort nets, de grosseur variable, d'autres grains pétro-siliceux de couleur verte, et çà et là des paillettes de mica. Cette roche, où le pétrosilex semble dominer, passe tantôt à la variété compacte et argileuse de Rive-de-Gier, tantôt à une véritable brèche dans laquelle les fragments de couleur claire sont liés par un ciment noirâtre foncé[1]. »

1. *Mémoire sur le gore blanc*, par MM. Leseure et Mallard. — *Bulletin de l'industrie minérale,* 1872.

C'est cette dernière variété que les ouvriers mineurs appellent spécialement *Talourine*. A la Grand'Croix, elle se rencontre à la base du gore blanc proprement dit. Remarquons enfin que la variété argileuse du gore blanc est toujours pétrie d'empreintes végétales, et qu'à Burlat la variété siliceuse contient spécialement, d'après M. Grand'Eury, de nombreux débris de Cordaïtes. Ces faits prouvent, à n'en pas douter, que le gore blanc est tout autre chose que le porphyre vert de Givors; ce ne peut être une roche éruptive proprement dite, mais elle s'y rattache par les fragments d'origine volcanique qui s'y trouvent et le ciment siliceux qui les unit.

Outre les localités déjà signalées, on a aussi rencontré le gore blanc au puits *Saint-Privat* du Plat-de-Gier, à 200 mètres au-dessus de la grande masse. Sa puissance y est de 33 mètres, et la roche peu homogène, de couleur verte. On voit également affleurer le *gore blanc*, le long du flanc Nord du bassin, à la Jusserandière et sur les deux rives de la Faverge, près de Salcignieux. A l'Ouest, en approchant de Saint-Chamond, le gore blanc proprement dit semble disparaître, ou plutôt, il passe à un véritable dépôt siliceux, tantôt en place, tantôt bréchiforme, ou remanié, mais pourtant encore associé à la *Talourine* sur quelques points, comme au puits du Fay de Saint-Chamond.

§ 72. — Occupons-nous d'abord des **dépôts siliceux**. — Le plus considérable est celui de Saint-Priest, que j'ai fait connaître dans mon Mémoire sur la classification des principaux filons du plateau central[1]; j'en extrais les détails suivants :

A 3 kilomètres au Nord de Saint-Étienne s'élève, du fond de la vallée houillère, une butte conique, entièrement isolée, que couronnait jadis un château féodal, et sur le flanc duquel se dresse encore aujourd'hui le village de Saint-Priest. Sur le revers Nord du cône on voit la brèche qui sert de base à l'étage de Rive-de-Gier et, au-dessous, dans le lit du Furens, auprès de Létra, le schiste micacé. Du côté opposé, au Sud, paraît le poudingue stérile de Saint-Chamond qui sépare Rive-de-Gier de Saint-Étienne, et, au sommet du cône, le dépôt siliceux en question. Ce dépôt fait donc lui-même

---

1. *Mémoires de la Société d'agriculture et d'histoire naturelle de Lyon*, année 1855.

partie de l'étage stérile, et en réalité, comme nous le verrons, il surmonte d'environ 200 mètres les couches de houille de Rive-de-Gier.

En gravissant le versant Sud de la colline, on rencontre, le long du chemin, avant d'arriver à l'ancienne église, le grès de l'étage stérile. La roche est plus ou moins altérée, endurcie et celluleuse. Non loin de là, sur le flanc Ouest, le même grès se charge de ciment siliceux ; il passe à *l'arkose*. En amont de la vieille église on trouve enfin l'amas siliceux pur ; c'est de la calcédoine diversement colorée et zonée, profondément fissurée et parfois celluleuse. Au sommet du cône on constate aisément les rapports de ce dépôt siliceux avec la roche houillère.

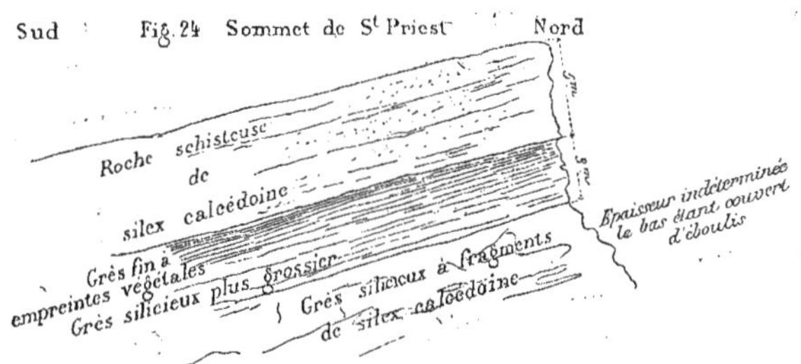

Comme le montre le croquis ci-joint, le sommet est formé d'assises régulières, plongeant légèrement du Nord au Sud, dans le sens de l'inclinaison générale des assises houillères. Elles forment, vers le Nord-Est, un escarpement de 7 à 8 mètres de hauteur. Le point culminant se compose d'un épais banc de calcédoine blanche, moins fissuré que celle du voisinage de l'église. Au-dessous viennent des bancs de grès fin et quelques lits de schistes avec nombreuses empreintes végétales, puis un grès à ciment siliceux, plus grossier, contenant des nodules de grès et de schistes houillers préexistants ; outre cela, on y discerne de petits fragments de houille et de tiges végétales silicifiées, avec morceaux anguleux de quartz calcédoine. Tout cela prouve un remaniement partiel, sur place, d'un dépôt arénacé et siliceux récemment formé.

24

Selon M. Grand'Eury, les plantes dont je viens de parler seraient en partie analogues à celles des couches les plus inférieures de Saint-Étienne; et les fragments charbonneux du grès inférieur seraient des débris ligneux et corticaux de Cordaïtes.

Enfin, dans le quartz rubané inférieur, voisin de l'église, qui est entremêlé vers la base de sédiments argileux, on trouve des parcelles de bois pétrifié avec restes de frondes et de pétioles de Fougères, et d'autres végétaux mal conservés. Sans nous occuper, pour le moment, de l'âge du dépôt siliceux de Saint-Priest, nous pouvons conclure de la silicification des plantes que la silice est d'origine aqueuse, que la source thermosiliceuse a dû couler pendant le dépôt même du poudingue houiller, au milieu duquel il se trouve, et cela pendant une période fort longue, puisque la puissance de l'amas siliceux supérieur est pour le moins de 10 à 15 mètres. La présence du grès grossier inférieur à galets calcédonieux et débris de houille, ci-dessus mentionné, prouve aussi que le cours de la source thermale a dû être troublé momentanément, et peut-être même à plusieurs reprises, par de violents ébranlements du sol, qui auront bouleversé les dépôts antérieurement formés. Nous verrons bientôt que l'étude des galets à graines silicifiées impose forcément une conclusion identique. En tout cas, l'origine *aqueuse* de l'amas de Saint-Priest ne saurait être mise en doute, et si la forme *conique* de la butte a fait supposer à quelques géologues une sorte d'éruption ignée de silice fondue ou gélatineuse, cette hypothèse ne saurait être soutenue en présence des faits que je viens de mentionner; la calcédoine alterne régulièrement avec le grès et ne les a ni traversés ni redressés. Le cône n'a pas été *soulevé*, il n'a pas *surgi* du sein de la terre; le dépôt a simplement mieux *résisté* sur ce point, parce que la silice avait durci la roche.

§ 73. — Sur l'autre rive du Furens, au Nord et à l'Est de Saint-Priest, il existe des masses analogues moins importantes.

Au Nord, dans le domaine de la Bertrandière, j'ai vu, dans une ancienne carrière, des grès à ciment siliceux qui renferment, comme celui de Saint-Priest, des débris de houille, provenant aussi, sans nul doute, d'un remaniement sur place; et M. Grand'Eury cite sur le même point un bouton de quartz concrétionné avec bois et débris de végétaux.

A l'Est de Saint-Priest s'élève le petit Mont-Reynaud, dont le sommet se trouve coiffé, comme celui de Saint-Priest, d'une calotte siliceuse d'origine identique, mais dont l'épaisseur n'est que de 4 à 5 mètres. C'est une sorte de lentille plate, à bords amincis, dont le grand axe mesure 100 mètres. Elle plonge au Sud-Est comme les assises voisines du poudingue houiller. C'est ici encore de la calcédoine diversement nuancée, et, à la base, un grès siliceux à grains verdâtres. Ce grès contient des débris de bois (*Dadoxylon*), et aussi, dit M. Grand'Eury, des indices de Fougères et de graines.

A peu de distance, au mur de la masse siliceuse, on rencontre ici, comme à Saint-Priest, la brèche de la base du terrain houiller.

Des dépôts siliceux peu différents se sont également formés ailleurs au même niveau géologique. En montant des bords de l'Onzon vers le village de Chana, au Nord de Sorbiers, j'ai rencontré, il y a trente ans, dans les champs, de très gros blocs de calcédoine grise, striée de blanc, qui, vu leurs arêtes vives, ne pouvaient venir de loin; et, plus au Nord, en se dirigeant vers Albuzy, on retrouve encore des silex identiques. Depuis lors, une route neuve fut ouverte entre Sorbiers et Valfleury, ce qui a permis à M. Maussier de voir les bancs siliceux de Chana en place, et là aussi associés à de véritables grès silicifiés [1]. Au mur de ces bancs, on peut observer, au Nord de Chana, avant d'atteindre la brèche, quelques assises de grès quartzo-feldspathiques qui doivent appartenir à l'étage proprement dit de Rive-de-Gier.

§ 74. — A l'Ouest de Saint-Étienne, dans la commune de Saint-Genest-Lerpt, près de la lisière occidentale du bassin houiller, j'ai signalé (voir le mémoire déjà cité de 1855) d'autres masses siliceuses fort importantes aux environs de Landuzière. Ainsi sur la crête du coteau, qui va de Saint-Genest vers le hameau de Trève, on exploite, pour l'entretien des routes, un grès houiller à ciment siliceux qui a tous les caractères d'une véritable *arkose*. Plus loin, en se dirigeant vers le *Mont*, hameau bâti sur le granit, on peut

---

1. Mémoire de M. Maussier. *Bulletin de la société l'Industrie minérale*, 2ᵉ série, t. I, p. 628.

observer, non loin de la limite du bassin, de minces veines de quartz calcédoine, alternant, d'une façon régulière, avec les strates du terrain houiller,
qui est ici, tantôt blanchi (*kaolinisé*), tantôt imprégné de fer oxydé hydraté.
Ce sont des témoins évidents de sources thermales aujourd'hui taries.

Entre Saint-Genest et la Fouillouse, MM. Maussier et Grand'Eury ont
de leur côté signalé des grès siliceux analogues au Crêt de Pioray et sur les
bords du ruisseau de Robertane.

Or, dans tous ces grès, on trouve des débris de plantes que M. Grand'-
Eury déclare plus anciennes que celles qui caractérisent la base de l'étage
de Saint-Étienne, et, en effet, ces roches siliceuses sont toutes intercalées,
comme le dépôt calcédonieux de Saint-Priest, dans le puissant étage stérile
qui sépare Rive-de-Gier de Saint-Étienne.

En résumé, on peut conclure de tout ce qui précède, — et les détails
de la deuxième partie le prouveront d'ailleurs surabondamment — que
les **dépôts siliceux**, dont nous venons de parler, sont, comme le **gore
blanc**, le produit de sources **Geysériennes** qui ont dû couler, à la suite
de mouvements volcaniques, vers le premier tiers de la longue période
pendant laquelle s'est déposé le poudingue stérile de Saint-Chamond.

§ 75. — Aux bancs siliceux **en place**, dont il vient d'être question, se
lient étroitement des **poudingues**, plus ou moins bréchiformes, également
ment formés d'éléments siliceux.

Rappelons d'abord qu'à Saint-Priest même on rencontre, avec les bancs
siliceux intacts, d'autres assises essentiellement formées de fragments de
silex, partiellement ressoudés sur place par un ciment siliceux. Mentionnons
également le dépôt de Chana, près de Sorbiers, qui se compose en partie
de bancs en place et en partie de blocs épars non roulés.

Eh bien, en un grand nombre d'autres points, et toujours au même
niveau géologique, il existe une sorte de **poudingue-brèche**, tantôt presque
exclusivement formée de fragments siliceux, tantôt de blocs siliceux entremêlés de débris de gore blanc et de Talourine. C'est ce poudingue, à fragments souvent anguleux et multicolores, que M. Ractmadoux a signalé le
premier, lors du creusement du puits Notre-Dame, au plateau de Planèze,

à la recherche de la couche de Rive-de-Gier. Frappé de son apparence
insolite et de ses nuances variées, il lui donna le nom de poudingue *mosaïque*,
sans y attacher pourtant une importance spéciale. Il ignorait les rapports
de ce poudingue brèche avec le gore blanc et les dépôts siliceux de l'étage
stérile supérieur de Rive-de-Gier. C'est M. Grand'Eury qui y découvrit, le
premier, des restes de plantes, pareilles à celles du silex en place de Saint-
Priest. Il trouva, de plus, dans un grand nombre de ces galets, de véritables
graines et des fleurs, parfaitement conservées dans leur prison siliceuse.

Les galets sont, les uns blancs, bleus ou verts, comme les silex de
Saint-Priest et du Mont-Reynaud; les autres, bruns plus ou moins enfumés.
Les dimensions des blocs sont parfois considérables et leurs arêtes à peine
émoussées; il en est même qui ont été ressoudés par la silice elle-même,
comme à Saint-Priest. Ailleurs les galets sont arrondis et réunis par un
ciment plus ou moins argileux; mais, même dans ce cas, il ne semble pas
qu'ils aient été charriés au loin, car alors ils se trouveraient mêlés à diverses
roches du terrain ancien, ce qui n'est pas. Comme je l'ai dit, on rencontre
uniquement, avec les galets siliceux, des fragments peu roulés de Talourine et de gore blanc, et cela même seulement sur quelques points. L'usure
des galets doit plutôt s'expliquer par le roulis des fragments, sans cesse
soulevés et agités dans les cuvettes du fond desquelles s'élevaient avec force
les sources thermo-siliceuses.

Les galets, dont je viens de parler, ont été trouvés, comme nous le
verrons, dans plusieurs puits du district de la Grand'Croix, ainsi que dans
les deux puits du Fay et de Notre-Dame, foncés à Planèze, dans la concession de Saint-Chamond. A la surface du sol, on les rencontre, dans le
profond ravin de la Faverge, au Nord de la Grand'Croix; ils affleurent aussi
à la Jusserandière, à Salcigneux, à Combérigol, et, plus à l'Ouest, le long
du flanc Sud du Mont-Crépon, à Truzeau, Chantacros, etc. On les retrouve
également, comme je l'ai dit, à Chana, au Nord de Sorbiers, et même, ainsi
que nous le dirons dans la description spéciale des districts Nord de Saint-
Étienne, presque sur toute la ligne depuis Chana, par la Giraudière et
Maniquet, jusqu'au ruisseau qui précède Ecullieux, à l'Est de la Fouillouse.

Enfin, M. Grand'Eury le signale également le long de l'étroite bande houillère qui va de Tartaras à Givors, en particulier à Saint-Jean-de-Toulas, Fontanas et Montrond.

Si maintenant on se demandait, d'où viennent ces dépôts siliceux et à quelle époque ils se formèrent, nous rappellerions, d'une part, qu'ils appartiennent, comme le porphyre vert sombre des environs de Givors, à l'étage qui sépare Rive-de-Gier de Saint-Étienne, et nous renverrions, d'autre part, au mémoire déjà cité de 1855, dans lequel nous avons établi les rapports intimes des roches éruptives avec les nombreux dépôts et dykes siliceux de la période carbonifère en général; et alors, il nous sera permis de conclure que les sources siliceuses **Geysériennes** du bassin houiller de la Loire doivent se rattacher aux éruptions porphyriques basiques, qui sillonnent la bande houillère entre Rive-de-Gier et Givors, et que le **gore blanc** et surtout la **Talourine** pourraient bien être les produits plus ou moins boueux, cendreux ou tufacés, de ces éruptions volcaniques de l'époque houillère supérieure.

Avant de quitter les dépôts siliceux du bassin de la Loire, je mentionnerai encore quelques minces lits de schistes siliceux (**Kieselschiefer**) d'un gris bleuâtre foncé, que l'on trouve, régulièrement stratifiés, dans l'étage le plus élevé du dépôt stéphanois, appartenant peut-être déjà au grès rouge permien. J'en ai rencontré, il y a longtemps, sur l'ancienne route du Puy, entre le Deveix et Firminy, et M. Grand'Eury m'en a montré dans les récentes fouilles de Patroa et du Crêt de Saint-Roch, qui domine le jardin des plantes de la ville de Saint-Étienne.

§ 76. **Grisou.** — Je crois devoir mentionner ici un produit *gazeux* spécial de la formation houillère qui, sans être d'origine éruptive, en affecte pourtant certains caractères tout en se rattachant en réalité à la houille proprement dite, le **Grisou.** — Il serait peu naturel, en effet, de passer complètement sous silence ce redoutable ennemi du mineur; et pourtant les questions nombreuses qui s'y rattachent me semblent trop sortir de notre sujet, pour que nous nous arrêtions longtemps à cet élément secondaire du terrain houiller.

Le grisou on le sait, est le gaz combustible, hydro-carburé, que l'on rencontre, à peu près partout, dans les mines de houille. Non mêlé d'air, il est formé de 80 à 95 pour 100 d'hydrogène proto-carboné (gaz des marais), auquel se trouvent associées de faibles doses d'un autre carbure plus riche en carbone.

Outre cela, on y trouve aussi, assez souvent, un peu d'azote et d'acide carbonique. L'oxygène libre ne semble s'y rencontrer que là où il est mêlé d'air, auquel cas la proportion d'azote est toujours forte. Le grisou, *non mêlé d'air*, brûle tranquillement, avec flamme blanche jaunâtre, et non avec la nuance bleue de l'oxyde de carbone, comme on l'a affirmé assez souvent. La couleur bleue ne se manifeste que là où le gaz est mêlé d'air, dans l'intérieur des lampes de sûreté par exemple. Comme preuve de la couleur blanche, on peut mentionner les jets, ou soufflards enflammés de certaines houillères, qui ont servi à l'éclairage : Je citerai aussi l'expérience suivante qui m'est personnelle. En 1834, on avait encore l'habitude, dans certaines mines de Saint-Étienne, d'enflammer chaque matin le gaz accumulé pendant la nuit. Voulant m'assurer du degré de danger qu'offrait le métier d'allumeur de grisou (*canonnier* ou *pénitent*), je fis mettre le feu au gaz, en ma présence, dans les travaux de la treizième couche de la mine de Méons, après m'être assuré, avec une lampe de sûreté, que le gaz n'occupait réellement que les parties hautes de certaines galeries. Couché à terre, je vis alors une nappe lumineuse blanche envahir toute la partie haute de la galerie et y persister sans détonation pendant plusieurs secondes.

La densité du grisou est voisine de celle du gaz des marais, c'est-à-dire en moyenne d'environ 0,60; il s'accumule, par suite, dans le haut des chantiers montants et dans les cavités (*cloches*), que présente le toit des galeries de niveau. Dès qu'il est mêlé d'air, il peut faire explosion comme tout gaz tonnant. L'explosion atteint le maximum d'intensité, d'après Davy et M. Mallard, lorsque le mélange contient 12 à 14 pour 100 de grisou proprement dit; mais il ne prend plus feu, au contact d'une lampe allumée, dès que l'air en renferme moins de 6 à 7 pour 100, du moins à la température *ordinaire*; mais il se pourrait que le mélange détonât, s'il était fortement chauffé, même avec une teneur plus faible. S'il en était ainsi, une explosion, provoquée dans un mélange riche, pourrait se propager dans les régions occupées par un mélange pauvre ; aussi n'est-il pas certain qu'une atmosphère, tenant moins de 6 pour 100 de grisou, puisse être considérée comme inoffensive en toutes circonstances. D'autre part, lorsque la proportion d'hydrogène carboné atteint 30 pour 100, une lampe de sûreté s'y éteint à cause du défaut d'oxygène, mais une lampe ordinaire déterminerait l'inflammation immédiate du gaz qui brûlerait alors, en présence de la nappe d'air inférieure plus dense, sans détonation, à la façon de la masse gazeuse ci-dessus mentionnée.

Et maintenant d'où vient ce gaz? L'expérience prouve que, le plus souvent, il se dégage de la houille elle-même. Dans les chantiers, où se montre le gaz, on entend une sorte de bruissement, de crépitation, provenant de la rupture de minces pellicules de houille. Le gaz paraît renfermé, sous forte pression, dans les pores du charbon minéral, et s'y trouve très probablement à l'état de carbure liquide. La majeure partie se dégage de là, dans les premières heures après l'abatage, lors de la mise à nu du front de taille; mais le dégagement se poursuit néanmoins, presque indéfiniment, quoique très affaibli, car le *grisou* se renouvelle et s'accumule sans cesse dans les montages et les *cloches,* même lorsque de longues années se sont écoulées depuis le percement de la galerie en question. C'est de ces cachettes, et surtout des vieux travaux incomplètement remblayés, que le grisou tend à envahir le reste de la mine, dès que le baromètre subit une dépression intense et rapide. Il importe donc de veiller spécialement sur l'état de la mine, quand le baromètre est resté longtemps fort élevé, et d'activer l'aérage dès que la baisse commence à se manifester.

Enfin, une dernière question se présente au sujet du grisou. Y a-t-il quelque rapport entre la nature de la houille et l'abondance du grisou? Les observations sont encore insuffisantes pour pouvoir répondre, dès maintenant, d'une façon positive. Cependant il semble résulter, des faits recueillis à Saint-Étienne et ailleurs, que le gaz est d'autant plus abondant que l'oxygène est en proportion moindre dans le combustible. Dans les mines où

on exploite les houilles sèches et les lignites non bitumineux, le gaz est
rare.

A Saint-Étienne, le grisou abonde surtout dans les mines donnant du
charbon à coke; ce sont la huitième et la treizième couche, tandis que
la troisième et la cinquième en dégageaient peu. Les houilles grasses à
longue flamme (les charbons à gaz) de Montrambert et la Béraudière
fournissent moins de grisou que les charbons à courte flamme de la partie
Nord-Est du district de Saint-Étienne. On peut constater aussi qu'à Rive-
de-Gier le grisou s'est montré plus abondant à mesure que l'on s'est
avancé de l'Est à l'Ouest, c'est-à-dire des houilles *raffords* de Couzon aux
charbons gras à courte flamme de la Grand'Croix et de la Péronnière.

A Saint-Étienne, le grisou semble augmenter avec la profondeur, ce
qui peut tenir en partie à la difficulté plus grande de l'aérage, mais
certainement aussi à la circonstance qu'avec la profondeur les houilles sont
moins oxygénées et laissent une proportion plus forte de carbone fixe.
Ajoutons que les houilles anthraciteuses et maigres fournissent souvent
autant de grisou que les houilles grasses. Or ces charbons maigres, quoique
pauvres en hydrogène, diffèrent surtout des houilles grasses par la rareté
relative de l'oxygène. Enfin les anthracites proprement dites dégagent
elles-mêmes du gaz inflammable dans certaines mines.

Je viens de dire que le grisou provient de la houille et s'y trouve comme
emprisonné, sous forte pression, dans les cellules du charbon. Cependant,
il se rencontre aussi accumulé le long des failles et au sein de cavités
souterraines. Il s'en échappe alors en abondance et d'une façon brusque
dès qu'une galerie de mines vient à les rencontrer. C'est alors surtout que
l'apparition du grisou offre les plus grands dangers, parce que nul signe
précurseur ne décèle ces réservoirs souterrains. Sont-ils simplement
remplis de gaz provenant de la houille même, ou de gaz venant des profondeurs du globe? Il serait difficile de le dire dans l'état actuel de nos
connaissances.

CHAPITRE VII

TERRAIN HOUILLER AU POINT DE VUE AGRICOLE

ET HYDROLOGIQUE.

§ 77. — Le terrain houiller a été formé aux dépens des terrains anciens ; il se compose de débris granitiques et micaschisteux ; par suite, les qualités de ses terres, au point de vue agricole et hydrologique, doivent différer peu de celles des districts granitiques. Ce sont, en effet, des terres sableuses et maigres, souvent même tout à fait rocailleuses dans les parties culminantes, où dominent les grès et les poudingues durs. On peut citer, à ce point de vue, le Mont Crépon, au-dessus de Saint-Chamond, le Crêt du Ronzy, entre Saint-Chamond et Saint-Étienne, le Montaud, le Montsalson et le Crêt du Deveix à l'Ouest de Saint-Étienne.

Mais ces grès et ces poudingues sont moins compacts, moins imperméables, que le granit massif ; aussi ne rencontre-t-on jamais, à la surface du terrain houiller, des sols tourbeux et humides, comme sur les hauts plateaux de la chaîne du Pilat. La seule région quelque peu marécageuse du terrain houiller est le plateau compris, à l'Est de Saint-Étienne, entre les vallées du Furens et du Janon. Ce plateau correspond à l'étage le plus élevé du terrain houiller, aux grès argilo-micacés rouges, que le puits de la Vogue, dans la concession de Villebœuf, a traversé sur plus de 400 mètres. Formés surtout d'éléments friables, provenant du micaschiste, ces grès houillers ont produit exceptionnellement des terres compactes et froides. En dehors de ce plateau et de celui que l'on traverse en allant de Roche-la-Molière à Firminy, on ne rencontre nulle part, dans le bassin houiller, sauf vers le fond des vallées, un sol quelque peu humide. Dans les vallées et les combes, où les détritus argilo-sableux des coteaux se sont accumulés, on voit, en effet, de belles prairies, où se rencontrent même quelques sources, venant des bancs argileux interstratifiés au milieu des grès. On peut citer les prairies de la vallée du Furens et celles qu'arrosent ses affluents de droite, l'Izérable et l'Onzon, ou les ruisseaux de gauche venant de Villards et du Cluzel. On peut rappeler aussi les vallons du Janon, du Gier, de l'Ondène et de Roche-la-Molière. Sur tous ces points, grâce à l'emploi judicieux des eaux, le sol houiller est recouvert de fort belles prairies naturelles. Ces vallées sont plus larges et plus unies que les étroites gorges des chaînons granitiques. Sur quelques points même, les noms des lieux marquent le contraste entre les coteaux arides des parties hautes et la fraîcheur verdoyante des bas-fonds ; tel est Saint-Jean *Bonnefonds* à l'Est de Saint-Étienne, et le *Chambon* à l'Ouest.

Cependant, à part ces bas-fonds privilégiés, on peut dire que le sol houiller est, dans son ensemble, plutôt aride et sec. Parmi les céréales, le seigle seul peut être cultivé ; pour le froment, la terre est trop peu calcaire et trop peu profonde. A cause de la rareté relative du feldspath, le sol houiller est même inférieur aux terres granitiques ; les genêts et les pins ne s'y développent pas spontanément avec la même facilité. Quant aux sources, elles sont rares et partout faibles. L'irrégularité des bancs du terrrain exclut jusqu'à la possibilité de véritables niveaux d'eau. Les sources ne se rencontrent, comme je l'ai déjà dit, qu'au bas des combes ou dans le flanc de certains coteaux ; et ces sources elles-mêmes sont peu persistantes et d'un faible volume. Notons enfin que les travaux de mines, à mesure qu'ils atteignent le voisinage des sources, les tarissent toutes. Quant à la qualité des eaux, elle est inférieure à celle des terrains granitiques ; on y rencontre des sulfates.

CHAPITRE VIII

DIVISION GÉNÉRALE DU BASSIN HOUILLER DE LA LOIRE.

§ 78. — Nous avons déjà vu (§ 7) que le terrain houiller de la Loire occupait, au sein des terrains anciens, une dépression triangulaire qui s'étend des bords de la Loire aux rives du Rhône, et qu'il dépassait même ce dernier fleuve, auprès de Givors, pour se perdre, dans la direction du Nord-Est, sous la plaine tertiaire et quaternaire du Dauphiné.

En 1813, lorsque l'ingénieur des mines Beaunier fut chargé de l'étude de ce bassin, les travaux souterrains étaient encore trop peu développés pour pouvoir fixer les rapports de superposition entre les couches de ses diverses parties. Beaunier dut se contenter de signaler les groupes de couches, dont les affleurements étaient visibles à la surface du sol, sans rechercher leur âge relatif. Chaque district était alors considéré comme une unité indépendante. On supposait en particulier que le bassin de Rive-de-Gier n'avait aucun rapport avec celui de Saint-Étienne, et cette opinion était encore assez générale, lorsque je commençai, en 1835, mes premières études du bassin de la Loire. Je ne m'occupais d'abord du bassin houiller qu'à *bâtons rompus*, car mon temps se trouvait alors absorbé par l'étude géologique générale du département.

Cependant, dès janvier 1845, je remis à M. Migneron, qui présidait alors la commission chargée d'évaluer les réserves disponibles du bassin de la Loire, une note manuscrite sur l'existence de trois séries ou faisceaux de couches dans le seul district de Saint-Étienne, et, peu après, je pus établir, avec non moins de certitude, que les assises de Rive-de-Gier devaient passer au-dessous des couches les plus anciennes de Saint-Étienne. Enfin, en mars 1847, je publiai, dans l'annuaire de la Loire, le résultat de ces premières études et, vers la fin de la même année, une carte d'ensemble du bassin houiller, à l'échelle de 1/50,000, indiquant les limites des quatre séries de couches, avec texte et coupes à l'appui. Depuis lors, je n'ai cessé de suivre le développement graduel des travaux souterrains, et, si, dans les détails, les divisions adoptées ont dû subir quelques légères modifications, la classification générale de 1847 est demeurée intacte. Le bassin de la Loire comprend réellement, comme nous allons le voir, quatre faisceaux de couches tout à fait distinctes : une première série, à la base, surtout développée à Rive-de-Gier, puis les trois séries de Saint-Étienne, dont la plus inférieure comprend Saint-Chamond, avec les régions Nord et Ouest du district stéphanois ; tandis que les séries supérieures n'en occupent que la partie centrale.

Les rectifications dont je viens de parler ont été signalées dans une notice insérée, en 1866, dans le bulletin de la Société de l'industrie minérale[1].

Ajoutons que les cartes et coupes que je fais paraître aujourd'hui, représentent, autant que possible, l'état *actuel* des connaissances acquises par l'ensemble des travaux souterrains.

§ 79. — Cela dit, avant d'aborder l'étude proprement dite du bassin de la Loire, il convient d'exposer les principes qui m'ont permis de fixer la succession des couches du bassin.

La question vaut la peine d'être approfondie, car elle n'est pas aussi simple qu'il semble au premier abord. Les failles sont tellement nombreuses et considérables dans le terrain houiller de la Loire ; les couches combustibles y varient si rapidement de puissance et de nature ; le toit, le mur, les roches, qui séparent les couches les unes des autres, sont sujets à de tels

---

1. *Bulletin de la société de l'industrie minérale, 1re série, t. XI.*

changements qu'il est souvent bien difficile de dire, d'une façon positive, si les veines de deux districts voisins sont parallèles ou d'âge différent. Si toutes les couches affleuraient d'une façon régulière, si aucune faille ne passait entre elles, ou bien si une série de puits voisins les avait toutes recoupées, ou encore, si les travaux souterrains étaient. partout contigus, il n'y aurait aucune difficulté; mais tout cela n'existe pas, et surtout n'existait pas, il y a trente à quarante ans, lorsque je commençai l'étude du bassin.

On supposait alors à *priori* que le bassin ne renfermait, dans son ensemble, qu'un petit nombre de couches, et en particulier une seule grande masse. C'était, en quelque sorte, un axiome admis, que personne ne songeait à prouver. Quant aux plantes fossiles, elles ne pouvaient être d'aucun secours, même en admettant qu'elles fussent parfaitement connues, et que j'eusse été apte à me servir de ce moyen, car chacun sait que l'on est naturellement exposé, en pareille matière, à se mouvoir dans un cercle vicieux. Avant de pouvoir se servir des fossiles pour reconnaître un groupe de couches, il faut nécessairement fixer d'abord, par la *stratigraphie*, dans une *partie* au moins du bassin, la succession réelle des couches. Or là est précisément la difficulté, lorsque les affleurements sont peu nets et que des failles viennent troubler la continuité des veines à la fois suivant le sens de la direction et suivant celui de l'inclinaison. Pour pouvoir s'orienter, il fallait trouver d'abord quelques repères fixes, en particulier *la base* et le *sommet* du dépôt.

En parcourant le bassin en divers sens, je reconnus d'abord qu'à la base du dépôt de Rive-de-Gier se trouvait une **brèche,** qui se prolonge à l'Ouest vers Saint-Chamond et Saint-Étienne, tout le long de la lisière Nord du terrain houiller, et que pareille brèche ne se rencontrait nulle part ailleurs dans les parties hautes du bassin.

Je constatai, en second lieu, qu'à cette brèche venait se superposer, à Rive-de-Gier même, d'abord un étage **houiller** puis un épais **poudingue stérile,** lequel se poursuit, à son tour, vers Saint-Chamond et Saint-Étienne, parallèlement à la brèche de la base. Je pus même reconnaître, en divers points, entre les deux massifs stériles, au Nord de Saint-Chamond et de Saint-Étienne, les traces de l'étage houiller, ou en tout cas sa ligne d'affleurement *théorique*, c'est-à-dire la ligne suivant laquelle le poudingue à galets roulés vient recouvrir la brèche à fragments anguleux.

J'observai ensuite, à Saint-Chamond et au Nord de la ville de Saint-Étienne, au-dessus du *poudingue stérile*, dont je viens de parler, un nouveau massif houiller, dont toutes les assises plongent en général au Sud-Sud-Est, vers l'axe du bassin, avec relèvement inverse le long de sa lisière Sud.

A Saint-Chamond même les couches de houille sont encore peu nombreuses ; mais au Sud de Sorbiers, vers le haut de la vallée du Langonan, on voit graduellement de nouvelles couches se superposer à celles de Saint-Chamond, et, si l'on traverse, à partir de Reveux, du Nord au Sud, le Crêt du Ronzy, puis la colline du Bois d'Aveize, en face de la Barallière, on recoupe successivement la plupart des couches du massif spécial de Saint-Étienne. C'est une sorte de coupe type des veines dont il se compose. Il ne faudrait pas croire cependant que la succession des assises soit parfaitement continue. Elle est troublée par des failles comme les autres parties du bassin, et quoique l'ensemble soit relativement régulier et assez complet, il devenait pourtant nécessaire de multiplier les coupes, dans les régions voisines, afin de combler les lacunes et de lever les derniers doutes. C'est ainsi qu'en comparant entre elles une série de coupes parallèles Nord-Sud, passant par la Chazotte, le Montcel, Chaney et Méons, j'ai pu arriver à fixer la succession des couches inférieures du massif stéphanois, je veux dire, de celles qui affleurent sur le versant *Nord* du Crêt du Ronzy. C'est ce que j'appellerai désormais l'étage **inférieur** de Saint-Étienne.

En descendant ensuite vers la Barallière, le long du revers Sud du coteau du Ronzy, on constate qu'au toit de la série *inférieure* succède un ensemble d'assises stériles dont la puissance est de 150 à 200 mètres, puis un nouveau groupe de couches qui affleurent auprès de la Barallière même, avec plongée, toujours identique, vers le Sud-Sud-Est. J'ai appelé ce deuxième faisceau, étage **moyen** de Saint-Étienne. Mais là encore, pour avoir un type plus complet de l'étage en question, il a fallu comparer entre elles une série de coupes parallèles voisines, passant par le Grand-Cimetière, la Barallière, la Tardiverie et Côte-Thiolière.

Poursuivant ces diverses coupes vers le sud, on franchit un nouveau massif stérile de 100 à 150 mètres, puis on arrive au pied du coteau d'Aveize, où affleurent les diverses couches du troisième faisceau, celles qui forment l'étage **supérieur** de Saint-Étienne. Gravissant le coteau, on trouve enfin, vers le haut de la crête, le deuxième repère dont j'ai parlé, le *sommet* du dépôt houiller du bassin de la Loire, un poudingue et grès quartzo-ferrugineux stérile. C'est bien le sommet, car si l'on redescend du haut du coteau, le long de la pente opposée vers le sud, on ne tarde pas à retrouver, sous le poudingue ferrugineux, les couches du faisceau supérieur, se relevant toutes, en sens inverse, vers la lisière Sud du bassin. Arrivé au pied méridional du coteau d'Aveize, dans la vallée du Janon, où est bâtie la forge de Terrenoire, on retrouve aussi l'affleurement Sud du massif stérile, que je viens de signaler entre l'étage supérieur et l'étage moyen ; mais ce dernier et surtout l'étage inférieur sont peu visibles ; ils viennent buter contre la faille-limite du Sud, et furent laminés, par le fait du brusque relèvement des assises houillères, le long du pied de la chaîne du Pilat.

Le repère du sommet une fois fixé, il devenait possible de retrouver ailleurs, dans le bassin de Saint-Étienne, les trois étages houillers dont je viens de parler. C'est ainsi qu'en partant du coteau de la Richelandière, et se dirigeant de là vers le Nord, on retrouve successivement l'étage houiller supérieur dans le flanc Nord de ce coteau, l'étage moyen sous la plaine de Bérard et du Treuil, l'étage inférieur, au Nord de la plaine du Treuil, dans les affleurements de l'Etivalière, enfin le grand massif stérile de Saint-Chamond au Mont-Reynaud, et au delà la brèche de la base.

De même, en partant de la crête arrondie du Mont-Ferret, au Sud de la ville de Saint-Étienne, et marchant vers le Nord Nord-Ouest, on rencontre l'étage houiller supérieur, au-dessus de Beaubrun, à l'extrémité Nord des travaux de la Chauvetière ; au-dessous, le massif stérile du sommet de Montsalson, ensuite, le long de la pente Nord du coteau, la série des affleurements de l'étage moyen, et finalement l'étage inférieur dans le fond de la vallée du Cluzel.

Ainsi encore, en partant du Deveix, prolongement occidental du Mont-Ferret, et descendant de cette hauteur dans la direction du Sud, vers la Ricamarie, on coupe transversalement, de haut en bas, à partir du poudingue supérieur, les nombreux affleurements des étages supérieur et moyen, aux lieux dits la Béraudière et le Brûlé; enfin, à la Ricamarie, on découvre, comme à Terrenoire, les traces de l'étage inférieur, relevé et laminé le long de la faille limite de la chaîne du Pilat.

Ces indications doivent suffire pour faire connaître la méthode suivie lors de ma première étude du bassin, vers les années 1843 à 1847, pour la détermination de la série complète des couches dont il se compose. Dans la deuxième partie de ce travail, dans la description spéciale des divers districts, je ferai connaître les quelques incertitudes qui subsistent encore au sujet du classement positif de certaines couches, et aussi les confirmations que les travaux, exécutés depuis trente ans, sont venues apporter aux conclusions de mon premier travail de 1847.

J'ajouterai que j'ai adopté, en général, les noms sous lesquels les couches exploitées étaient désignées dans les principales mines, avec leurs numéros d'ordre comptés de haut en bas.

Ainsi, dans l'étage de Rive-de-Gier, dont l'exploitation était déjà fort avancée, j'ai conservé les noms anciens de *Grande masse*, *Bâtarde* et *Bourrue*, ou couches n°s 1, 2 et 3.

A Saint-Étienne, où l'étage supérieur a été fouillé, il y a longtemps, au bois d'Aveize, j'ai aussi gardé les noms, donnés d'après certains caractères de la houille, tels que la *Mourinée*, la *Rouillat* ou *Rouillère*, le *Bon Menu*, la *Grande Masse*, etc. J'ai seulement ajouté à ces noms des numéros d'ordre, pour indiquer leur succession, depuis la plus élevée, la *Mourinée*, jusqu'à la plus basse, le n° 12. L'étage moyen fut entamé, au Treuil et dans la plaine de Bérard, vers les premières années de ce siècle. On y désigne les couches sous les n°s 1 à 7, la principale ou *grande* couche étant la troisième. Pour l'étage inférieur, j'ai continué, en descendant, la série de l'étage précédent, de sorte que la plus élevée est appelée *huitième* et la plus basse *seizième*. Ajoutons que la *treizième* est parfois désignée sous le nom de couche de *l'Étang,* jadis usité aux mines de Méons, et la *quinzième,* couche de *la Vaure,* du nom du hameau où cette couche affleure dans la concession de la Chazotte.

Enfin disons encore qu'entre la septième et la huitième, on rencontre parfois une, deux, ou même trois et quatre veines secondaires, auxquelles je n'ai pas attribué de numéro spécial, vu leur défaut de continuité. De même, la treizième couche se partage, sur certains points, au puits *Saint-Joseph* de Chaney entre autres, en quatre bancs plus ou moins isolés. Par ces motifs, et aussi parce que l'étage inférieur de Saint-Étienne est plus puissant et plus riche que les étages supérieurs, il ne sera pas inutile de le subdiviser en trois groupes, ainsi composés : celui de la *base* comprenant les couches 16, 15, 14 et 13 ; le groupe *moyen* les veines 12 à 9, et le plus *élevé,* la huitième avec les veines subordonnées peu constantes que je viens de mentionner. L'étage moyen peut se subdiviser de son côté en deux groupes, le supérieur, celui de la couche des *Rochettes,* et l'inférieur, celui de la *troisième* couche.

En résumé, ce qui précède prouve que le bassin houiller de la Loire comprend sept étages proprement dits, dont trois stériles et quatre houillers. Ces sept étages se succèdent de bas en haut dans l'ordre suivant :

I. — **Brèche de la base.**

II. — **Étage houiller de Rive-de-Gier.**

III. — **Étage stérile de Saint-Chamond,** *entre Rive-de-Gier et Saint-Étienne.*

IV. — **Étage houiller inférieur de Saint-Étienne.**

V. — **Étage houiller moyen de Saint-Étienne.**

VI. — **Étage houiller supérieur de Saint-Étienne.**

VII. — **Étage stérile servant de couronnement au terrain houiller.**

Disons de suite que, sur la carte d'ensemble, pour ne pas multiplier les divisions, j'ai réuni les étages II et III, ainsi que VI et VII, parce que, à la surface du sol, l'étage stérile III couvre presque entièrement l'étage II, et que l'étage VII cache également le massif houiller VI. D'après cela, on trouvera, sur la carte, en partant de la lisière nord du bassin, d'abord :

La Brèche (I), représentée par la teinte. . . . . Lilas.
Au-dessus, les étages (II et III) . . . . Jaune.
    —   l'étage (IV) . . . . Bleue.
    —   l'étage (V) . . . . Verte.
    —   les étages (VI et VII). . . . . Orange.

§ 80. — Lorsqu'on compare entre elles les limites de ces cinq divisions, on voit qu'elles forment une série de courbes grossièrement concentriques, à part quelques ressauts brusques occasionnés par les grandes failles transversales, qui affectent tout à la fois le sous-sol ancien et les étages houillers.

La superficie entière du terrain houiller, depuis la Loire jusqu'au Rhône, est approximativement de 20,690 hectares.

Celle des étages II et III de 18,050 hectares, du moins si l'on admet leur prolongement, vers Saint-Étienne, au-dessous de l'ensemble des étages supérieurs.

L'étage inférieur de Saint-Étienne (IV) mesure 10,090 hectares.

L'étage moyen de Saint-Étienne (V) 4,725 hectares.

Enfin les deux étages supérieurs (VII et VIII) 1,350 hectares.

Ainsi, des trois étages de Saint-Étienne, le plus ancien (IV) occupe la *moitié* de l'ensemble du bassin ;

Le second (V), un peu moins *du quart ;*

Le plus élevé (VI), à peine la *quinzième* partie.

Il suit de là que le marécage houiller a dû progressivement se rétrécir pendant la longue durée de la période houillère. Si cela n'était pas, il faudrait admettre qu'à Rive-de-Gier le grand massif Stéphanois, de 1,000 à 1,200 mètres d'épaisseur, ait été enlevé en totalité après son dépôt. Les étages supérieurs auraient dépassé de beaucoup, dans la vallée du Gier, les crêtes granitiques, qui l'encaissent aujourd'hui au Nord et au Sud, et tout cet ensemble, jusqu'à Givors et au delà, aurait été balayé ! Je sais bien que *l'ablation* a dû jouer un rôle fort important dans les hautes chaînes, comme les Alpes, et nous verrons aussi qu'à Saint-Étienne même la dénudation fut réellement considérable ; mais, d'autre part, pourquoi admettre, *à priori,* que la sédimentation houillère se soit nécessairement opérée, d'une façon complète et identique, sur tous les points d'un bassin donné? Les lacunes sont, en effet, partout nombreuses dans la série des terrains sédimentaires, et ces lacunes sont surtout fréquentes dans les dépôts houillers.

Le terrain carbonifère supérieur, en particulier, n'est nulle part aussi complet qu'à Saint-Étienne même; or, s'il n'est pas complet sur d'autres points du plateau central, pourquoi admettre *à priori* qu'il a dû se déposer d'une façon complète dans la vallée du Gier?

Les conditions ont pu être fort différentes, à Saint-Étienne et à Rive-de-Gier, pendant les longues périodes qui correspondent aux étages supérieurs. Rappelons, en deux mots, ce que nous avons dit à l'occasion des bancs de grès cunéiformes (§ 22) et du mode de formation des sédiments houillers (§ 65 et suivants). Par le fait même du dépôt des grès et des poudingues, les limites du bassin se sont peu à peu modifiées et graduellement rétrécies; de plus, au centre du bassin, auprès de Saint-Étienne, le sous-sol ancien s'est affaissé davantage, et pendant une période de temps plus grande, le long de la lisière Sud-Est qu'au Nord, entre Saint-Priest et Rive-de-Gier (§ 45). Il faut que des failles aient affecté le dépôt houiller pendant le cours même de la période carbonifère, et que les parties centrales aient continué à glisser, le long de ces cassures, tandis que les régions voisines, situées au Nord et à l'Est, restaient émergées et ne furent ainsi jamais ensevelies sous les étages supérieurs. Mais nous touchons là à l'une des questions les plus importantes du problème houiller, que nous ne pourrons approfondir qu'après la description détaillée des divers districts dont se compose le bassin (Voy. Chap. XIV).

En attendant, ce qui importe, c'est de connaître l'étendue *actuelle* des étages houillers et surtout le nombre et la nature des couches qu'ils renferment. Passons donc à la description détaillée de chacun des étages, et commençons par le plus ancien, la **brèche** de la base.

I

BRÈCHE DE LA BASE

§ 81. — La base du dépôt houiller de la Loire est formée par un puissant amas de débris anguleux de granite, de gneiss et de micaschiste, auxquels sont çà et là mêlés quelques rares fragments de porphyre quartzifère de nuance claire. On rencontre ces derniers spécialement aux environs de Cellieux. La grosseur des fragments varie depuis celle du poing jusqu'à celle de plusieurs mètres cubes, et cés dimensions sont les mêmes dans toutes les parties de l'énorme amas, aussi bien vers le haut qu'à la base. L'intervalle entre les blocs est rempli de débris finement broyés des mêmes roches, c'est une sorte de ciment qui donne à l'ensemble tous les caractères d'une véritable *brèche* à tissu lâche. Il n'y a pas, en général, comme dans les poudingues supérieurs, de ciment arénacé à grains arrondis ; cependant, on peut signaler, au milieu de la brèche, quelques bancs dont les éléments ont dû subir l'action des eaux ; certains fragments sont partiellement émoussés ; mais, c'est plutôt par une sorte de remaniement sur place que par le fait d'un charriage lointain. On y constate aussi quelques lits de véritables grès. Ainsi, sur le revers Nord du Mont-Crépon, non loin de Valfleury, j'ai vu, au milieu de la brèche, une faible assise de grès avec empreintes de Calamites. Malgré cela, l'ensemble a plutôt les caractères d'un véritable *éboulis,* comme on en rencontre au pied de tout escarpement. Seulement le gouffre, dans lequel les débris se sont accumulés, dut être en partie rempli d'eaux agitées, tenant en suspension des restes de végétaux.

La proportion relative des diverses sortes de débris varie notablement d'un point à un autre ; elle dépend essentiellement de la nature des roches encaissantes du voisinage.

Au Mont-Crépon et aux environs de Cellieux, à la base du dépôt, le gneiss et le micaschiste s'y montrent presque seuls ; tandis que vers le haut de l'amas, sur les deux rives du ruisseau des Arques, près de la Bréassière, les blocs granitiques forment à peu près la moitié de la masse totale. Il en est de même au puits du *Chêne* de la concession de la Peronnière, et dans un travers banc de la Faverge, tous deux percés jusqu'aux premières assises de la brèche. A la Madeleine, sur les bords du canal, et tout le long de la lisière Sud du bassin houiller, entre Egarande et le Dorlay, le nombre des blocs granitiques atteint même les huit ou neuf dixièmes de l'ensemble. Le granite n'est d'ailleurs ni schisteux ni à deux micas comme celui de la Crête du Pilat ; il appartient au granite éruptif, plus moderne, à gros grains, qui souvent devient porphyroïde.

Ce granite éruptif forme de véritables dykes, dans le gneiss de la chaîne de Riverie, au Nord du bassin, et y constitue entre autres un puissant culot, ou dôme, entre Tartaras et le bourg Saint-Andéol, sur la route de Givors à Rive-de-Gier.

La puissance de la brèche est extrêmement variable. Sur les bords du Féloin son épaisseur est au-dessous de 20^m ; tandis qu'au Mont-Crépon elle est certainement supérieure à 200^m. Il est difficile, au reste, de l'apprécier exactement, parce qu'aucun puits de mine ne l'a traversée. Mais sa grande épaisseur ressort de la largeur de la zone qu'elle occupe à la surface du sol. Auprès de Saint-Genis-Terre-Noire, la brèche mesure 800^m horizontalement vers la lisière Nord. En face, auprès de Grézieux, le long de la lisière Sud, 450 à 500^m. Entre Cellieux et Saint-Chamond, au Mont-Crépon, la zone du Nord atteint 1,000 à $1,500^m$, et même $2,400^m$ auprès de la Bréassière. Au delà elle se poursuit, dans la direction de Saint-Étienne, jusqu'à la Fouillouse, avec une largeur variable de 500 à $1,000^m$.

Comment et dans quelles circonstances cette brèche s'est-elle formée?

Rappelons d'abord que, le long du bassin houiller, le gneiss et le micaschiste se montrent presque partout, entre Rive-de-Gier et Saint-Étienne, en strates verticales ou renversées. Ainsi, au Nord, entre Latour-en-Jarrêt près de Saint-Étienne, et Saint-Martin-la-Plaine près de Rive-de-Gier, les

bancs de gneiss oscillent constamment autour de la verticale ; le renversement apparaît en particulier, d'une façon nette, à la Croix du Plat, près
de Valfleury, sur le revers Nord du Mont-Crépon, au contact même du terrain houiller (§ 17, fig. 3). Au Sud, le micaschiste est même renversé sur
le terrain houiller auprès du hameau de la Rivoire, comme le prouvent la
coupe (fig. 5, § 17) et les travaux du puits Picpierre à Couzon. A la vérité,
le long de cette lisière Sud, le renversement du micaschiste se fit en partie
après le dépôt du terrain houiller, puisque les couches houillères sont
elles-mêmes fortement inclinées ; mais, au Nord, comme cela résulte de la
coupe (fig. 3) que je viens de rappeler, le gneiss fut positivement redressé
avant l'origine du terrain houiller, ou, du moins, il a dû recevoir à cette
époque même une secousse nouvelle qui aura déterminé la formation de la
brèche. Voici comment les choses ont dû se passer, selon moi, au début de
la période houillère supérieure, dans la région aujourd'hui occupée par le
bassin de la Loire. Le sol ancien a dû s'effondrer le long d'une grande
faille, ou plutôt le long des deux failles, à pentes inverses, que l'on constate, à une certaine distance l'une de l'autre, à droite et à gauche du grand
axe actuel du bassin (Voy. la carte générale du bassin).

Dans la profonde dépression, ainsi produite par l'affaissement du sous-
sol ancien, ont dû se précipiter pêle-mêle les nombreux débris des parois
de la faille et, avec ces débris, les eaux des contrées voisines.

Il se forma ainsi un premier bassin, dans lequel les fragments s'accu-
mulèrent par le fait des ébranlements secondaires, qui succèdent toujours, pendant quelque temps, au cataclysme primitif. Aux secousses vio-
lentes du début, qui ont formé la brèche, est venue se joindre ensuite la
sédimentation ordinaire, due aux torrents intermittents qui ont amené
périodiquement, dans le bas-fond, à chaque crue, des galets et des sables.
De la sorte s'est peu à peu comblée la dépression résultant du premier
effondrement. Alors, durant la longue période de repos qui succéda au
comblement du bassin, a dû largement se développer, au fond du marécage, la première végétation houillère de la contrée.

Quant aux causes qui ont pu amener l'affaissement en question, nul

besoin n'est de recourir aux roches éruptives de l'époque houillère. Ces
roches elles-mêmes ne sont venues à la surface du sol qu'à la suite d'une
première rupture de la croûte solide du globe. Or ces ruptures, on le sait
de reste, furent assez fréquentes, pendant les anciennes périodes géologiques,
par suite de la contraction graduelle du noyau central. C'est ainsi que, pos-
térieurement à la période houillère, s'est ouverte, par les mêmes causes,
la vallée du Rhin entre les Vosges et la Forêt-Noire, et celle du Rhône entre
les Cévennes et les Alpes. Là aussi on peut constater, comme preuve de
l'affaissement en question, de puissantes failles le long du pied des massifs
montagneux restés en place.

La brèche dont je viens de parler caractérise d'une façon très nette
la base du terrain houiller de la Loire. Dans les poudingues supérieurs, on
rencontre bien çà et là quelques fragments de roches peu émoussés, comme
au Crêt du Ronzy, entre la 8ᵉ et la 9ᵉ couche, mais ce sont là de rares
exceptions; le ciment y est toujours arénacé et les galets dominent
constamment. Si le sol fut encore périodiquement ébranlé, lors du dépôt
des étages suivants, tout prouve que les éboulements postérieurs furent
pourtant beaucoup moins étendus, et que la sédimentation s'est toujours
faite sous l'influence d'une eau agitée. Partout donc où l'on rencontre la
brèche, dans le bassin de la Loire, on peut être sûr que l'on a affaire à la
base du dépôt. Comme dernier caractère de la brèche, je mentionnerai
encore la rareté, sinon l'absence presque totale, des galets quartzeux blancs
qui, au contraire, abondent surtout dans les poudingues supérieurs, où le
quartz, vu sa dureté, a beaucoup mieux résisté à la trituration, causée
par le roulis des eaux, que les roches anciennes ordinaires.

La brèche n'occupe pas seulement les bords du bassin; on l'a rencontrée aussi au fond de plusieurs puits de mines, vers 15 à 20 mètres
au-dessous de la plus ancienne couche de houille. On peut citer les puits
Égarande et du *Chêne*. Quelques autres, au Mouillon et à la haute Cappe,
furent, dit-on, foncés jusqu'au granite, mais le granite en place est rare
dans cette région; on l'a évidemment confondu avec la brèche granitique.
Un seul puits de Rive-de-Gier paraît avoir été approfondi jusqu'au sous-sol

ancien proprement dit, c'est le puits *Vellerut* de 415 mètres où, grâce à deux puissantes failles qui se croisent en ce point, le micaschiste a été rencontré, dit-on, à peu de distance du grès houiller ordinaire. Il serait toutefois possible que, même sur ce point, on eût pris la brèche pour la roche en place.

II

ÉTAGE HOUILLER PROPREMENT DIT DE RIVE-DE-GIER

§ 82. — A la brèche succède l'étage houiller proprement dit. Des bancs de poudingues et de grès grossiers lui servent de base; puis viennent des grès fins et des schistes, avec trois ou quatre couches de houille; c'est un ensemble de 100 à 120 mètres, facile à reconnaître, entre la *brèche* de la base et le *poudingue stérile supérieur*.

Les roches de l'étage houiller sont en général à grains fins. Ainsi, au toit de la grande masse, on exploite le grès (*taille*) comme pierre de construction dans les carrières du Mouillon, et à Assailly sur la rive gauche du Gier. Dans la partie haute, il passe graduellement au poudingue supérieur, en se chargeant peu à peu de grains plus grossiers.

Les schistes sont peu abondants et manifestent une certaine tendance à devenir arénacés; ce sont de *gros gores* et des *manifers,* où les empreintes végétales sont moins abondantes qu'à Saint-Étienne. A Rive-de-Gier, les couches de houille varient de puissance et de qualité en passant d'un point à un autre du bassin. Je puis donc être sobre sur ce point en ce moment, et renvoyer les détails à la description spéciale des districts.

Le nombre des couches de plus de $0^m,50$ d'épaisseur est de quatre; ce sont, de haut en bas : la grande couche ou *Grande masse*, les *Bâtardes*, la *Bourrue* et la *Gentille;* elles sont marquées sur la carte d'ensemble.

La première, ou plus élevée de l'étage, est appelée *Grande masse* à cause de sa puissance, qui est en moyenne de 7 à 8 mètres; elle varie cependant, en réalité, de 0^m,50 à 15 mètres, suivant le point où on la considère. Elle est le plus souvent divisée en deux parties d'inégale importance par un faible banc de grès fin, dit *nerf blanc*, ayant 0^m,25 à 0^m,30 d'épaisseur. Dans le district oriental de Rive-de-Gier, à Couzon, Égarande, les Verchères, le Gourdmarin, etc., la partie inférieure est du charbon dur, terne, oxygéné, appelé *rafford* par les mineurs; tandis que la partie supérieure est du charbon plus tendre, plus éclatant, plus gras, moins riche en oxygène, et, par suite, plus recherché pour la forge et le coke; c'est le charbon *maréchal* de Rive-de-Gier. Le *rafford* convient mieux, à cause de sa dureté, pour les fours à grille.

A la Cappe, et à la Grand'Croix surtout, la différence entre les deux parties est moins accentuée; le charbon de la couche entière peut être carbonisé, mais la partie haute est cependant, en général, plus pure et plus recherchée. Je rappelle, de plus, que la houille des deux parties est moins dure et moins chargée de matières volatiles à l'Ouest qu'à l'Est de la ville de Rive-de-Gier; qu'elle devient même anthraciteuse dans les dernières concessions voisines de Saint-Chamond, à Combérigol et au Plat-de-Gier, aux profondeurs de 500 à 600 mètres.

La *Grande masse* commence à zéro, ou tout au plus à 0^m,50, dans les concessions de la Pomme et de Montbressieux, vers l'extrême limite Est du territoire de Rive-de-Gier; elle atteint 2 à 3 mètres à Chantegreine et à Couzon, 6 à 8 mètres aux Verchères, 9 à 10 mètres vers le Sardon, et jusqu'à 15 mètres dans certaines parties du district de la Grand'Croix. Elle est d'ailleurs presque partout plus ou moins renflée dans le bas fond (*thalweg*) du bassin, mince ou étirée vers les bords.

Au Sud, l'amincissement paraît dû, au moins partiellement, au laminage causé par le relèvement postérieur des assises; mais au Nord, il provient plutôt des conditions locales, moins favorables à la végétation houillère.

Le toit de la Grande masse est en général assez solide; les schistes à empreintes y sont rares et le minerai lithoïde y fait défaut. Aux Grandes-

Flaches, à la Grand'Croix et au Ban le toit est surtout formé de grès ; aussi, dans ces régions, les cas d'*érosion* partielle et même de *complète disparition* de la couche sont-ils fréquents.

Le mur est plus tendre et plus schisteux; il tend à gonfler et à se soulever dans plusieurs mines. Au-dessous viennent des bancs de *manifer* et des grès fins, plus ou moins schisteux, qui vont jusqu'au toit de la couche suivante, dite les *Bâtardes*. Celle-ci se trouve en moyenne à 35 mètres au mur de la Grande masse. La couche est double, comme la précédente, mais le nerf qui la divise varie de $0^m,50$ à 8 mètres. Dans ce dernier cas, ce sont en réalité deux couches distinctes, appelées *première* et *deuxième* Bâtardes. L'intervalle est surtout considérable à l'Est de Rive-de-Gier, aux Grandes-Flaches ; il diminue au centre et disparaît presque entièrement au Reclus et vers la Grand'Croix. L'épaisseur des bâtardes croît, dans le même sens, de l'Est à l'Ouest, et aussi, comme la Grande masse, des bords du bassin vers le centre.

Dans les concessions de Combeplaine et de Frigerin, chacune des Bâtardes ne mesure que $0^m,40$ à $0^m,50$; au Gourdmarin et au Sardon, la Bâtarde inférieure atteint $1^m,30$ à 2 mètres; la Bâtarde supérieure $1^m,10$ à $1^m,50$. A la Grand'Croix, les deux couches réunies vont parfois jusqu'à 5 mètres. Le charbon s'améliore aussi de l'Est à l'Ouest, comme celui de la Grande masse; mais il reste toujours plus terne et plus chargé de cendres que ce dernier.

Le toit de la Bâtarde supérieure est assez souvent *bosselé*, comme celui de la Grande masse, c'est-à-dire, formé de grès, dont la première assise pénètre par érosion dans la houille même. J'ai pu constater ces amincissements, dus à l'érosion, au puits *Jamen* des Verchères, au puits du *Pré* dans la mine de Couzon et ailleurs.

Le toit de la Bâtarde inférieure est, par contre, uni et régulier, habituellement schisteux et pétri d'empreintes.

Sous la deuxième bâtarde, et dans un intervalle de 30 mètres, on rencontre spécialement des schistes, avec quelques bancs de manifer, puis la troisième couche, appelée *Bourrue*, nom qui dénote sa qualité inférieure.

Le charbon est effectivement moins pur encore que celui des Bâtardes, et presque toujours entremêlé de feuillets de schistes. Elle débute, à l'Est, comme les précédentes, avec 0^m,50 de puissance à peine vers Combeplaine ; elle atteint 1 mètre dans les concessions de Montbressieux et de la Pomme, 1^m,20 à 1^m,40 aux Grandes-Flaches et au delà, dans toutes les concessions où son existence a pu être constatée, telles que les Verchères, le Sardon et la Grand'Croix; mais elle disparaît vers la lisière Nord, au Mouillon et à Gravenand, et même, en général, sous tout le flanc gauche de la vallée, dans la région Ouest du territoire de Rive-de-Gier.

Au-dessous de la *Bourrue* on trouve presque partout des grès, plus ou moins grossiers, passant au poudingue, et plus loin, vers 30 à 40 mètres, la *Brèche* sans nouvelles couches de houille. Sur un seul point du bassin, à son extrémité Est, vers Combeplaine, existe une veine inférieure, dite la *Gentille,* que l'on a exploitée jadis, dans un taillis appelé *Bois-Forez,* vers 30 à 35 mètres au-dessous de la Bourrue. Elle en est séparée par un grès poudingue assez grossier. A peu de mètres au mur de la Gentille apparaît la Brèche à blocs de granite. La *Gentille* a les caractères d'un dépôt local, qui disparaît rapidement dans tous les sens. Aux affleurements, la couche mesurait jusqu'à trois mètres, mais déjà à la distance de 100 mètres, selon l'inclinaison, son épaisseur était réduite à 1^m,50, et, en direction vers Rive-de-Gier, elle se perd même entièrement. Aucun puits ne l'a rencontrée au delà du sous-district des Grandes-Flaches. Le charbon de la Gentille est feuilleté, terreux et pyriteux, moins pur encore, si possible, que celui de la Bourrue.

En dehors des couches principales, que je viens d'énumérer, on connaît à Rive-de-Gier quelques autres veines subordonnées, généralement inexploitables à cause de leur faible épaisseur, mais qui pourtant se renflent sur certains points jusqu'à 0^m,50 et même 0^m,80. Ce sont :

1° La couche, ou *mine de la Découverte,* située à 30 mètres au toit de la Grande masse. Son épaisseur ordinaire est de 0^m,20 à 0^m,30; mais aux Verchères, où elle a pu être exploitée, sa puissance atteignait 0^m,60, et même 1 mètre d'une façon exceptionnelle. Le charbon est pareil à celui de la Grande masse.

Les 30 mètres compris entre les deux couches se composent de grès fin, que l'on exploite pour pierres de taille dans les environs de Mouillon; tandis qu'au toit de la mine de la *Découverte* vient presque immédiatement le poudingue stérile.

2° Deux petites veines de $0^m,15$ à $0^m,20$, entre la Grande masse et les Bâtardes. Les mineurs du pays l'appellent *Première* et *Seconde petites veines de la Découverte*. Elles sont à 6 ou 8 mètres l'une de l'autre et en général plus rapprochées des Bâtardes que de la Grande masse.

La veine inférieure a été exploitée aux puits *Jamen* et *Maniquet*, où elle s'était renflée jusqu'à $0^m,80$. La houille était de qualité médiocre, chargée de schistes.

Ailleurs, à la Cappe et à la Péronnière, le banc inférieur de la Grande masse s'isole parfois sous forme de couche distincte de 1 à 2 mètres. On l'appelle alors *petite Bâtarde*.

3° Enfin, au milieu des schistes et des manifers qui séparent les Bâtardes de la Bourrue, existe, sur quelques points, une faible veine inexploitable de $0^m,10$ à $0^m,30$, appelée *dernière petite Mine*, et, à 3 ou 4 mètres au toit de celle-ci, un simple filet charbonneux de quelques centimètres.

La flore de Rive-de-Gier diffère considérablement, d'après M. Grand'-Eury, de celle de Saint-Étienne. Les *Sigillaria* et les *Stigmaria* sont beaucoup plus abondantes à Rive-de-Gier. Les *Odontopteris* y sont rares, les *Doleropteris* manquent; par contre, les restes de *Nevropteris flexuosa* sont nombreux; il en est de même du *Sphenophyllum Schlotheimii* et du *Saxifragœfolium*. Les *Cordaïtes*, si abondants à Saint-Étienne, sont rares à Rive-de-Gier; et les *Poa-Cordaïtes* manquent complètement : sont également fort rares à Rive-de-Gier le *Calamites cruciatus*, les *Pecopteris arguta, Alethopteris Grandini* et *ovata, Odontopteris Reichiana*; enfin les *Dictyopteris Brongniartii* et *Schützei* manquent entièrement. Les espèces exclusivement propres à Rive-de-Gier sont, entre autres, les *Calamites ramosus, Pecopteris arborescens* et *Lamuriana, Dictyopteris nevropteroïdes, Stigmaria minor*, etc.

III

ÉTAGE STÉRILE DE SAINT-CHAMOND, ENTRE RIVE-DE-GIER ET SAINT-ÉTIENNE.

§ 83. — A quelques mètres au-dessus du toit de la plus élevée des couches de houille de Rive-de-Gier (*Mine de la Découverte*), le grès fait place à un poudingue stérile d'une très grande épaisseur, car il occupe tout l'intervalle qui sépare Rive-de-Gier de Saint-Étienne.

Partout où la grande *masse* de Rive-de-Gier est à plus de 50 mètres de profondeur, le poudingue se voit à la surface du sol. Il forme le lit du Gier à Rive-de-Gier même, ainsi que les flancs abruptes de l'étroite vallée, au Nord et au Sud de la ville. Les puits du fond de la vallée, les puits *Jamen*, *Bourret*, du *Logis* et du *Château*, entre autres, le traversent sur une épaisseur moyenne de 150 mètres; les puits qui correspondent au thalweg souterrain, ceux d'*Égarande*, de *Saint-Martin*, du *Maniquet*, etc., l'ont recoupé sur une hauteur de 200 à 250 mètres; ceux du *Martoret* et de *Sainte-Barbe* sur 300 mètres.

A l'Ouest de la Péronnière et de la Grand'Croix, vers Combérigol et le Plat-de-Gier, sa puissance atteint 500 mètres, et à Saint-Chamond, près de 700 à 800 mètres. Le poudingue se compose, ou plutôt *semble* se composer, de deux parties distinctes : le sous-étage *inférieur*, partout visible à Rive-de-Gier même, et le sous-étage *supérieur*, qui affleure surtout aux environs de Saint-Chamond et tout le long de la lisière Nord du bassin jusqu'à la Fouillouse, et même encore au delà, le long de la lisière Ouest, jusqu'à Roche-la-Molière et Saint-Genest-Lerpt. Je désignerai à l'avenir, pour abréger, le premier sous le nom de *poudingue de Rive-de-Gier*, le second sous celui de *poudingue de Saint-Chamond*, mais nous verrons bientôt qu'au fond ce sont *moins* deux étages *superposés* l'un à l'autre que deux massifs *parallèles*, passant *latéralement* l'un à l'autre par l'apparition graduelle de débris micacés dans la direction de l'Est à l'Ouest.

Le poudingue de Rive-de-Gier est le conglomérat ordinaire du terrain houiller, celui que les mineurs du pays appellent *gratte* (§ 11). Le ciment se compose de grès houiller proprement dit; les galets, depuis la grosseur d'une noix jusqu'à celle de la tête d'un enfant, sont arrondis et non à arêtes vives comme les éléments de la brèche. Parmi ces galets, le *quartz* est toujours abondant, tandis qu'il manque dans la brèche. Le quartz blanc provient du micaschiste; mais à côté de lui on rencontre aussi, du moins à un certain niveau géologique, des galets *calcédonieux* du terrain houiller lui-même. Les premiers sont cristallins, les seconds toujours amorphes, zonés, enfumés ou multicolores. Ces derniers sont des débris de dépôts *Geysériens*, qui ont été formés, puis partiellement détruits, pendant la période même de l'étage stérile dont nous nous occupons.

Le poudingue de Saint-Chamond diffère du poudingue de Rive-de-Gier par l'abondance des éléments micacés; c'est la roche connue sous le nom de poudingue, ou de *gratte quartzo-micacée*. Là aussi le quartz ordinaire est blanc cristallin et provient du micaschiste, mais les galets calcédonieux y abondent plus encore, à un certain niveau, que dans le poudingue de Rive-de-Gier. En réalité, partout où apparaissent les dépôts Geysériens, le poudingue de Rive-de-Gier tend à perdre ses caractères propres, et celui de Saint-Chamond s'y substitue graduellement.

Le poudingue micacé se présente d'ailleurs sous forme de gros bancs, alternant avec des lits minces, plus ou moins schisteux, qui eux-mêmes sont presque toujours arénacés et micacés.

Je rappelle encore que les galets calcédonieux sont souvent très peu arrondis et n'ont pas dû subir un charriage lointain; ils furent réagglutinés sur les lieux mêmes où s'était formé le dépôt *Geysérien*. Enfin, ces galets sont remarquables par les restes de plantes, de fleurs et de graines que M. Grand'Eury y a découverts. J'en ai parlé dans les paragraphes précédents (§ 71 à 75) et n'y reviens pas.

La substitution *latérale* du poudingue de Saint-Chamond à celui de Rive-de-Gier est déjà très avancée à la Grand'Croix. Presque tous les puits ont fourni des roches micacées dans leurs parties hautes, et, à mesure que l'on avance de l'Est à l'Ouest, on voit la limite commune des deux poudingues se rapprocher de l'étage houiller inférieur; en d'autres termes, le poudingue de Rive-de-Gier fait place à celui de Saint-Chamond en se modifiant graduellement de haut en bas. Cette transformation latérale des roches houillères n'est, au reste, pas limitée à l'étage stérile qui sépare Rive-de-Gier de Saint-Étienne; nous verrons également de pareils passages dans les étages stéphanois supérieurs. Mais revenons au massif stérile de Saint-Chamond. Au puits *Saint-Luc,* il a déjà presque entièrement pris la place de celui de Rive-de-Gier, et au delà, entre Saint-Chamond, Sorbiers et la Fouillouse, l'étage entier est bien réellement exclusivement micacé. La substitution *latérale* ne saurait donc être mise en doute.

Un caractère spécial des roches micacées est d'être colorées çà et là par un ciment ferrugineux. Ces bancs ferrugineux ne sont pas rares dans le poudingue de Saint-Chamond. On connaît depuis longtemps un pareil banc, appelé *gore rouge,* ou *grès rouge,* à la Péronnière, vers 400 mètres au-dessus de la grande masse de Rive-de-Gier. On a même étrangement abusé de ce fait. Plusieurs personnes avaient supposé que ce grès rouge devait correspondre à un niveau fixe comme le gore blanc siliceux. Voyant affleurer à Izieux, au Sud de Saint-Chamond, des bancs ferrugineux, on en avait conclu que le puits *Saint-Luc,* foncé non loin de là, devait rencontrer la grande masse de Rive-de-Gier entre 400 et 500 mètres de profondeur; tandis qu'il est certain que, sur ce point, on ne peut guère espérer la trouver à moins de mille mètres, dont 7 à 800 mètres appartiennent au poudingue stérile. Le fait est que, dès cette époque, on savait que, non seulement dans le poudingue micacé de Saint-Chamond, mais encore et surtout dans les poudingues micacés supérieurs, les bancs ferrugineux ne sont pas rares et se rencontrent à tous les niveaux, sans jamais s'étendre au loin le long d'un horizon donné.

Nous avons dit ci-dessus que les gros bancs de poudingue micacé alternaient souvent avec de minces lits schisteux plus ou moins micacés. Ces schistes renferment alors des empreintes végétales et deviennent même, çà et là, quelque peu charbonneux; on peut même citer de véritables veines de houille. Mais ces veines ne sont pourtant jamais exploitables. Partout où les roches sont *micacées,* les couches de houille s'en ressentent; le terrain devient *sauvage,* selon le langage expressif des mineurs. Les couches de houille régulières sont toujours accompagnées, dans le bassin de la Loire, de véritables *gores,* ou de grès *quartzo-feldspathiques,* en bancs continus. Là où le mica apparaît, la roche semble s'être déposée dans une eau plus ou moins agitée, peu favorable au tranquille développement de la végétation houillère. Malgré cela, les empreintes prouvent que, même à cette époque troublée, les rives des cours d'eau se trouvaient garnies de végétaux abondants. Or M. Grand'-Eury, qui a aussi étudié ces débris épars, a constaté qu'ils correspondaient à une flore spéciale, à la fois distincte de celle de Rive-de-Gier, qui est plus ancienne, et de celle de Saint-Étienne, qui est plus récente. Donnons ici les principaux résultats auxquels cette étude l'a amené.

La flore de l'étage des poudingues comprend beaucoup de *Cordaïtes,* spécialement les *C. borassifolius* et *æqualis;* le *Samaropsis bissecta,* les *Sphenophyllum dentatum, saxifragafolium* et *pseudo-oblongifolium;* l'*Asterophyllites hippuroïdes* et l'*Annularia brevifolia.* Outre cela, de nombreux *Calamites Cistii,* beaucoup de *Pecopteris oreopteridia,* et quelques *Pecopteris arborescens* comme à Rive-de-Gier. De plus, l'*Alethopteris aquilina,* les *Allipteridium ovatum* et *densifolium,* et l'*Odontopteris Reichiana.* Enfin, c'est dans cet étage que commencent à paraître les *Dictyopteris Brongniarti* et *Schützei* et le *Pecopteris Pluckeneti* ordinaire.

En consultant les flores on peut ainsi facilement distinguer, à Saint-Chamond et à Saint-Étienne, les affleurements de l'étage de Rive-de-Gier de ceux de l'étage stérile. Au reste, même en dehors de la flore, il n'est pas difficile de reconnaître, le long de la lisière Nord du bassin houiller, les affleurements des deux étages que je viens de nommer. A la base, sur le terrain ancien, repose la brèche, et sur celle-ci, soit directement par voie de stratification transgressive, l'étage stérile, ou d'abord celui de Rive-de-Gier, et ensuite l'étage des poudingues. Dans le premier cas, le contraste des deux terrains est en général frappant, du moins au-dessus de Saint-Chamond. La brèche se reconnaît à ses fragments anguleux, souvent grani-tiques; le poudingue stérile, à ses galets quartzeux et à ses éléments micacés. A la Fouillouse, ou plutôt entre le pont de Ratarieux et la Fouillouse, on constate cependant une sorte de passage de la brèche ou poudingue; la partie basse du poudingue renferme sur ce point quelques assises plus ou moins bréchiformes. Dans le deuxième cas, où l'étage de Rive-de-Gier affleure entre deux, ce dernier se distingue à la fois de la brèche et du poudingue, par l'absence de l'élément micacé, l'apparition de véritables *gores*, et surtout, par la présence constante de véritables grès quartzo-feld-spathiques (*taille*).

IV

ÉTAGE HOUILLER INFÉRIEUR DE SAINT-ÉTIENNE

§ 84. — A l'étage stérile, qui sépare Rive-de-Gier de Saint-Étienne, succède le plus important des trois étages houillers du territoire propre-ment dit de Saint-Étienne.

Il commence à se montrer au Nord de Saint-Chamond, se développe dans les régions Nord et Ouest du territoire de Saint-Étienne, et se prolonge de là, par son aval pendage, sous les étages moyen et supérieur, c'est-à-dire sous la partie centrale du bassin de la Loire.

Sa puissance totale atteint 850 à 900 mètres, et le nombre des couches de houille est de 10 à 12, parmi lesquelles trois au moins ont plus de 3 mètres, et souvent 4, 5 et 6 mètres d'épaisseur. Ailleurs, les couches se dédoublent en deux ou trois veines distinctes, de sorte que, sur quelques points, on compte jusqu'à 12 et même 15 couches exploitables. D'autre part, non seulement la puissance des couches varie rapidement et entre de grandes limites, mais leur qualité aussi souffre de fréquents changements. Ainsi la huitième et la treizième couche, qui l'une et l'autre donnent d'excellents charbons à coke dans certaines régions, deviennent ailleurs tellement pierreuses que leur exploitation en est rendue impossible. En un mot, la variabilité des couches est beaucoup plus grande dans l'étage inférieur de Saint-Étienne qu'à Rive-de-Gier, et cette variabilité semble se rattacher étroitement à la nature des roches. Les couches s'altèrent dès que les grès fins et les schistes deviennent *sauvages*, c'est-à-dire, lorsqu'ils font place aux roches micacées et aux poudingues grossiers irréguliers. Le caractère distinctif de l'étage stérile, la prédominance de l'élément quartzo-micacé, se conserve partiellement entre les couches de houille de l'étage inférieur de Saint-Étienne; il apparaît surtout à Saint-Chamond et dans la partie orientale du territoire stéphanois, dans les communes de Sorbiers et de Saint-Jean-Bonnefonds. Dans toute cette région, les roches sont éminemment micacées, tandis que le grès quartzo-feldspathique (*taille*), en bancs réguliers, n'apparaît qu'exceptionnellement à Saint-Chamond et assez rarement dans la commune de Sorbiers.

L'étage inférieur de Saint-Étienne se divise, comme nous l'avons dit, en trois groupes qui sont, de bas en haut, les couches 16 à 13, 12 à 9, et vers le haut la huitième avec ses satellites.

§ 85. — De ces trois groupes, le plus *ancien* est seul connu à Saint-Chamond ; les couches y sont peu puissantes et au nombre de 7 ou 8. La couche la plus élevée semble correspondre au n° 13 de Saint-Étienne. Elle est divisée en quatre veines, comme à Chaney et au Montcel. Le terrain, qui est *sauvage* dans la partie orientale du district de Saint-Chamond, devient plus régulier au centre, dans les quartiers appelés le *Parterre* et le *Paradis ;* mais il redevient quartzo-micacé et grossier dans la partie Ouest, et ne s'améliore de nouveau qu'à Sorbiers et à Saint-Jean-de-Bonnefonds. Or c'est précisément dans ces deux quartiers que les couches de houille sont aussi plus régulières et plus nombreuses ; tandis qu'à l'Est, vers la Grand'Croix, et à l'Ouest, avant d'atteindre le district proprement dit de Saint-Étienne, elles s'oblitèrent et disparaissent presque entièrement. Elles

renaissent là seulement où l'élément micacé tend à s'amoindrir, à la
Chazotte au Nord, au Grand-Cimetière et à la Barallière au Sud. La puissance moyenne de ce premier groupe est comprise, à Saint-Étienne, entre
300 et 350 mètres. Les charbons sont à courte flamme et souvent même
anthraciteux. Au voisinage des couches 13 et 14 on trouve assez souvent
du fer carbonaté lithoïde.

§ 86. — Le *deuxième groupe* (9 à 12) ne se montre qu'à partir du Crêt-
du-Ronzy, dans les concessions de Chaney, Reveux et Saint-Jean-de-
Bonnefonds. Ce sont quatre couches assez constantes, de 0^m,80 à 1^m,50 de
puissance chacune ; elles plongent au Sud-Ouest, sous l'étage moyen, puis
reparaissent, plus épaisses et plus importantes, au Cluzel et à Roche-la-
Molière, à l'Ouest de Saint-Étienne.

Les roches de ce groupe sont également assez régulières ; elles se
composent de grès fins et de schistes peu micacés. Les charbons sont plus
gras que ceux du groupe inférieur, quoique encore à courte flamme. Les
minerais de fer s'y montrent peu.

L'épaisseur totale du groupe, comme celle des couches de houille, est
peu considérable ; elle dépasse rarement 80 à 100 mètres.

Le massif stérile, qui sépare ce groupe du groupe inférieur, est formé
d'une nombreuse alternance de minces bancs arénacés et schisteux, peu
chargés de mica. A l'Est de Saint-Étienne, la puissance de ce massif se
maintient, d'une façon assez régulière, entre 120 et 135 mètres.

Au toit de la neuvième couche le terrain redevient micacé et contient
même assez souvent, à Reveux par exemple, d'assez gros galets. Ailleurs,
au Bessard et à Montheil, les bancs sont plus fins et plus réguliers et comprennent même trois veinules de houille de 0^m,10 à 0^m,30 d'épaisseur. Dans
cette région, la distance de la neuvième au groupe supérieur est de 120 à
125 mètres. C'est aussi ce que l'on vient de trouver, comme terrain et comme
épaisseur, au puits de la *Culatte* n° 1 de Beaubrun.

A la Barallière et à Saint-Jean-de-Bonnefonds, où, comme à Reveux,
le terrain est plus grossier, le massif stérile atteint 150 à 200 mètres.
Entre Roche-la-Molière et Saint-Genest-Lerpt, ainsi qu'à Villards, on

retrouve 120 à 125 mètres. Au Sud-Ouest de Roche, à mi-chemin de Firminy, auprès de Troussieux, il y aurait même moins de 100 mètres, à en juger par les affleurements des huitième et neuvième couches, qui se rapprochent graduellement l'un de l'autre dans cette direction. Mais on peut se demander si ce que l'on prend pour la neuvième couche ne serait pas plutôt sur ce point l'un des satellites de la huitième.

§ 87. — Le groupe *supérieur*, qui succède à ce massif stérile, ne comprend en réalité qu'une seule couche, la *huitième* avec ses congénères. L'une de ces veines accessoires se trouve à peu de distance du mur; une autre s'éloigne au maximum de 10 à 15 mètres du toit; deux enfin se montrent à mi-distance entre la septième et la huitième couche, c'est-à-dire, au milieu du massif stérile qui sépare ailleurs l'étage inférieur de l'étage moyen de Saint-Étienne. On connaît ces couches secondaires à la Chana, Villards, Montsalson, Villebœuf, etc. J'en parlerai dans la description spéciale des districts.

La huitième couche est l'une des plus importantes de Saint-Étienne. Pendant quelque temps elle fut confondue avec la troisième de l'étage moyen dans les mines de Monthieux, Montheil et le Bessard, et avec la treizième dans celles de Montsalson, le Cluzel, Villards, etc.

Sous la plaine du Treuil et de Bérard, où on l'exploite aujourd'hui à 300 mètres de profondeur moyenne, sa puissance ordinaire est de 4 à 5 mètres. Au Bessard et dans la mine Bréchignac où, grâce à deux failles transversales à pentes inverses, les puits l'ont rencontrée à moins de 80 mètres du jour, son épaisseur était souvent de 5 à 6 mètres, et dans les mines de Beaubrun, de Montsalson et du Cluzel on constate 6 à 8 mètres; à Villards elle redescend à 4 ou 5 mètres, et, à l'Est, dans les concessions de la Barallière, du Ronzy et de Saint-Jean-Bonnefonds, sa puissance est, au maximum, de 2^m,60, et s'abaisse souvent au-dessous de 1 mètre. Dans cette région, grâce à la nature micacée des roches, le toit est bosselé et le charbon plus ou moins enlevé par érosion. Outre cela, comme les couches du groupe inférieur, la huitième aussi est exposée à se transformer graduellement en schistes, entre autres à Monthieux et au puits Jabin, vers la limite Sud de ces champs d'exploitation.

Bref, si le deuxième groupe est caractérisé par une certaine constance et régularité relative, le troisième groupe et le premier sont au contraire assez variables, soit comme puissance, soit comme pureté de houille. Au toit de la huitième couche on retrouve aussi des rognons de fer carbonaté comme au voisinage des treizième, quatorzième et quinzième couches. Le charbon de la huitième couche est partout gras, mais généralement à courte flamme et riche en *grisou,* dès que l'on a atteint les profondeurs de 300 à 350 mètres. Au point de vue de la teneur en cendres, le charbon de la huitième couche est de qualité ordinaire. Il faut laver le menu pour avoir de bons cokes; la proportion de soufre y est cependant toujours faible.

Au-dessus de la huitième couche reparaît le terrain micacé, du moins à l'Est de Saint-Étienne, dans les concessions de Terre-Noire, Monthieux, Côte-Thiolière, Méons, la Baralière, etc. Au centre du bassin, à Beaubrun, le Treuil, Villebœuf, Montsalson, etc., où plusieurs faibles veines occupent l'intervalle qui sépare la huitième de la septième, les roches se composent d'une nombreuse série de bancs minces, à grains fins, alternativement arénacés et schisteux. Cet ensemble si varié, allant de la huitième jusqu'à la septième, mesure en moyenne 180 à 200 mètres. On pourrait à la rigueur le joindre indifféremment à l'étage inférieur ou à l'étage moyen, ou bien le partager entre les deux. Au fond la ligne de séparation est quelque peu arbitraire. Si je joins la partie basse du massif à l'étage inférieur, c'est uniquement parce que l'élément *micacé* y est fort répandu, comme dans les autres parties de ce dernier étage; tandis que les roches du faisceau moyen en sont généralement privées.

D'après cela, voici, en résumé, la composition de *l'étage inférieur* de Saint-Étienne :

Groupe supérieur (8° couche).	Puissance 200ᵐ, (y compris l'intervalle de la 8ᵉ à la couche 7ᵗᵉʳ).	Une seule couche principale, la 8°, avec 4 à 6ᵐ de charbon.
Groupe moyen (couches 9 à 12).	Intervalle stérile 120 à 125ᵐ. Massif houiller 80 à 100ᵐ.	4 couches, contenant ensemble 5ᵐ de charbon.
Groupe inférieur (couches 13 à 16).	Intervalle stérile 120 à 135ᵐ. Massif houiller 300 à 350ᵐ.	7 ou 8 couches comprenant 12 à 15ᵐ de charbon.
Soit : Étage inférieur.	Puissance totale 830 à 900ᵐ.	10 à 12 couches avec 20 à 25ᵐ de charbon.

Avant de quitter l'étage inférieur, indiquons, d'après M. Grand'Eury, les plantes caractéristiques de ce faisceau de couches, ou plutôt, séparément, la flore des trois groupes dont il se compose.

Le groupe *inférieur* (couches n°s 16 à 13) est surtout caractérisé par les *Cordaïtes,* qui forment presque à elles seules toute la houille.

On distingue surtout les *C. lingulatus, tenuistriatus, angulosostriatus* et *foliatus,* et les graines appelées *Cordaïcarpus emarginatus.* Les *Alethopteris Grandini, ovata* et *nevropteroïdes* deviennent abondants; il en est de même des *Pecopteris oreopteridea* et *cyathea.* On rencontre aussi l'*Odontopteris Reichiana,* le *Calamites cruciatus,* les *Dictyopteris Brongniarti* et *Schützei,* des *Psaroniocaulon* et les *Doleropteris orbicularis* et *gigantea.*

Dans le groupe *moyen* (couches n°s 12 à 9), on rencontre surtout abondamment les *Pecopteris cyathoïdes* et *polymorpha,* avec les *Stipitopteris* et *Psaroniocaulon,* l'*Odontopteris Reichiana* et les *Dory* et *Poa-Cordaïtes.*

L'*Odontopteris Brardii* commence à paraître, le *Calamites cruciatus* est encore fréquent. Les espèces propres au groupe sont : le *Sphenophyllum majus* et le *S. truncatum,* le *Rhabdocarpus carnosus,* etc. La houille paraît formée, avec quelques *Cordaïtes,* de *Stipitopteris,* d'*Aulocopteris,* de *Psaroniocaulon* et d'écorces de Calamites.

Enfin la végétation de la huitième couche diffère sensiblement de celle des deux groupes précédents. Les *Alethopteris* paraissent atteindre leur maximum de développement, ainsi que le *Doleropteris orbicularis,* le *Schizopteris pinnata* et l'*Aphlebia paterœformis.* Les *Odontopteris Brardii* et *Reichiana* deviennent abondants; l'*Od. Schlotheimii* fait sa première apparition. Sont également nombreux les *Dictyopteris Brongniarti* et *Schützei,* les *Pecopteris alethopteroïdes* et *hemitelioïdes,* le *Sphenophyllum angustifolium,* les *Poa-Cordaïtes;* beaucoup de graines, parmi lesquelles surtout le *Carpolithes lenticularis.* La houille est surtout formée de *Cordaïtes* et de *Cordaïflogos,* de *Stipitopteris,* de *Psaroniocaulon,* d'*Aulacopteris* et de *Calamites Cistii* et *cruciatus.*

La huitième couche renferme moins d'*Odontopteris Reichiana* et de *Pecopteris polymorpha* que le groupe moyen, mais une proportion plus forte de *Cordaïtes.* Ces cordaïtes sont d'ailleurs moins variées que dans le groupe inférieur et presque réduites aux *C. striatus* et *principalis*. Enfin, la huitième couche renferme beaucoup plus de *Pecopteris* et d'*Alethopteris* que le groupe inférieur.

V

ÉTAGE HOUILLER MOYEN DE SAINT-ÉTIENNE

§ 88. — L'étage houiller *moyen* ne dépasse pas, comme importance, l'un des groupes de l'étage inférieur; sa puissance totale atteint au maximum 350 mètres; mais ses caractères sont assez tranchés pour motiver le classement adopté. Il renferme, à l'état normal, 8 ou 9 couches, que l'on peut diviser en deux groupes : celui de la troisième, ou *grande masse,* nom bien justifié par sa grande puissance, qui est de 10 à 12 mètres sur certains points, comme son homonyme de Rive-de-Gier, quoique son épaisseur moyenne soit de 4 à 5 mètres seulement; en second lieu, le groupe de la couche des *Rochettes,* placée vers 130 à 140 mètres plus haut.

Le groupe inférieur se compose, dans sa partie haute, outre la *troisième,* de deux veines peu épaisses, de qualité inférieure qui, par ce motif, sont souvent appelées *crues.* Elles renferment en général des rognons de fer lithoïde, ou des troncs de conifères, dont le tissu ligneux est transformé en minerai carbonaté. Entre ces couches et la grande masse, le terrain est généralement schisteux et entremêlé de veinules charbonneuses; aussi la deuxième couche est-elle fréquemment unie à la troisième, ou à peine séparée de celle-ci par un simple nerf de quelques centimètres. La puissance des deux couches supérieures est rarement de plus d'un mètre chacune. Au Quartier Gaillard la seconde se renfle cependant exceptionnellement jusqu'à 3 mètres, et l'emporte même alors, en divers points, sur la troisième comme épaisseur et pureté de charbon. Mais le plus souvent, les deux couches n°s 1 et 2 ont été négligées par les exploitants à cause de leur faible épaisseur et du nombre des veinules schisteuses mêlées à la houille; elle est également puissante à Beaubrun.

Les empreintes de Fougères et de Calamites sont extrêmement abondantes au toit des couches n⁰ˢ 1 à 3 de l'étage moyen. C'est aussi dans les grès fins schisteux de ce premier faisceau que l'on rencontre des forêts de Calamites droites, entre autres celle du Treuil, précédemment citée.

A vingt et quelques mètres au-dessous de la troisième couche vient la quatrième veine, de 1ᵐ,20 à 1ᵐ,60, avec un toit de schiste criblé de Sigillaires. Le massif stérile, qui succède au schiste, est un banc de grès quartzo-feldspathique (*taille*), dont la puissance normale est en général d'une vingtaine de mètres; cependant, sur divers points, ce grès, en passant au schiste fin, se réduit à quelques décimètres. Ainsi, au Treuil et sous la plaine de Bérard, la distance de la troisième à la quatrième est partout de 20 à 24 mètres, tandis qu'au puits *Jabin* elle est réduite à 0ᵐ,20 ou 0ᵐ,30.

Il en est de même à Côte-Thiolière où, aux affleurements, l'intervalle est de 20 mètres, et, à la profondeur de 100 mètres, de quelques décimètres seulement. Il suit de là que, dans certaines mines, la troisième couche devient exceptionnellement puissante par l'adjonction des veines n⁰ˢ 4, 2 et 1. On peut aussi conclure de là qu'après la formation de la quatrième couche, le sol s'est inégalement affaissé, sur divers points, avant la période de repos qui correspond à la formation de l'énorme amas de la troisième couche.

A 20 ou 25 mètres sous la quatrième couche vient la *cinquième*, renommée par sa qualité dans le district oriental de Saint-Étienne. Son épaisseur est de 1ᵐ,40 à 1ᵐ,70. Tout l'intervalle entre les couches 4 et 5 est occupé par un banc unique de grès (*taille*), qui descend bien souvent jusqu'à la houille, de façon à l'entamer par *érosion*.

Ailleurs, où le toit n'est pas *bosselé*, on rencontre une véritable forêt de Syringodendrons, dont les racines reposent sur la houille de la cinquième couche; telle, entre autres, la forêt inférieure du Treuil.

Au-dessous de cette couche et jusqu'au toit de la septième, le terrain est schisteux, formé de minces bancs de grès fins et de véritables *gores*, de tous points différents des énormes massifs, sans intercalations schisteuses, qui couvrent les quatrième et cinquième couches. La *sixième* couche est mêlée de schistes et mesure souvent moins de 0ᵐ,80 ; la *septième* est plus forte et un peu meilleure, quoique encore de qualité inférieure. La puissance des deux dernières veines croît cependant de l'Est à l'Ouest, et, dans cette direction, elles sembleraient même parfois se réunir en une couche unique.

A peu de distance, au mur de la septième couche, commence le massif micacé, qui sépare l'étage moyen de l'étage inférieur.

La puissance totale de l'ensemble houiller de ce premier groupe, comprenant les sept couches dont je viens de parler, varie en général entre 80 et 100 mètres, puis vient, en montant, un massif régulièrement stratifié, formé de schistes et de bancs de grès plus ou moins schisteux, qui est stérile ou renferme à peine quelques veinules de houille ; son épaisseur est de 130 à 140 mètres à l'Est, entre Côte-Thiolière et le bois d'Aveize ; de 100 à 120 mètres à la Béraudière et à Montrambert. Au toit de ce massif pierreux vient le deuxième groupe, comprenant la couche des *Rochettes* et ses congénères.

La couche des *Rochettes* est caractérisée par sa flore, laquelle se distingue aussi nettement du groupe de la *troisième* que de l'étage supérieur. Cependant la constance de son allure et les poudingues qui apparaissent au-dessus, la rapprochent davantage des couches moyennes. C'est le motif pour lequel je crois plus naturel de la réunir à l'étage moyen. Ce deuxième groupe comprend deux couches dans la coupe type du bois d'Aveize, et trois, quatre ou cinq veines sur la rive gauche de Furens, dans les concessions de Montsalson et de la Béraudière.

La couche des *Rochettes* mesure en moyenne 3 à 4 mètres, mais avait parfois, à la Tardiverie, jusqu'à 5 ou 6 mètres. Les affleurements contournent le pied Est et Nord de la colline d'Aveize et se poursuivent de là jusqu'à la Richelandière, où la faille du Gagne-Petit la rejette en profondeur. Le charbon est dur et cru, c'est-à-dire à longue flamme et mêlé de schiste. Au-dessus, à faible distance, succède une petite couche, d'apparence analogue, dont l'épaisseur est de 1ᵐ,10 à 1ᵐ,30. Elle est connue au puits *Saint-Jean* de Monthieux et sur le flanc Nord du coteau de la Richelandière. Au toit et au mur on observe quelques faibles bancs de grès. Le nombre des couches se multiplie à l'Ouest, ou plutôt elles s'y dédoublent; ainsi, à Beaubrun, on connaît quatre couches, sans compter deux ou trois faibles veines de 0",25 à 0",50; mais la plus puissante des quatre couches ne dépasse pas 1",50.

A la Béraudière on trouve également quatre couches de même importance, et çà et là des veines subordonnées. La plus estimée est la couche des *Littes*, vers le haut du faisceau; la flore de cette couche serait, d'après M. Grand'Eury, exactement celle de la couche des Rochettes. Par suite, l'ensemble correspond bien, par sa position et sa flore, à ce groupe. A Firminy, le même groupe reparaît, au-dessus de la troisième, sous le nom de couches *Chaponost*.

En résumé, l'étage moyen renferme deux groupes, comprenant, selon les lieux, sept ou neuf couches, dont la puissance réunie varie entre 15 et 25 mètres. Cet étage apparaît, à l'Est, dans la partie orientale de la concession de Terrenoire, au Montgarat; ses affleurements traversent ensuite, de l'Est à l'Ouest, les concessions de la Barallière et de Côte-Thiolière, ainsi qu'une partie de celle de Monthieux. Interrompus par la faille du Soleil, ils reparaissent à Bérard et au Treuil, puis sont de nouveau rejetés au Nord par la grande faille du Furens. A l'Ouest du Furens, ils contournent la haute colline de Montaud, puis le flanc Nord du Montsalson, et se dirigent de là vers Firminy. Dans la vallée de l'Ondaine, entre la Ricamarie et le Chambon, l'étage moyen remonte au jour avec pendage inverse vers le Nord.

Les houilles de l'étage moyen appartiennent au type des houilles *grasses* ordinaires dans la partie orientale du bassin stéphanois, et à celui des houilles à *gaz*, ou à longue flamme, dans les concessions de la Béraudière, de Montrambert et de Firminy.

La flore des deux groupes, avons-nous dit, n'est pas identique. Celle du groupe *inférieur*, ou de la *troisième* couche, est remarquable par l'abondance des *Pecopteris* et *Odontopteris*, surtout de l'*Od. Reichiana;* tandis que *l'Od. Brardii* tend à disparaître. On rencontre aussi beaucoup d'*Alethopteris Grandini* et *ovata,* ainsi que de nombreux *Psaroniocaulon, Psaronius, Stipitopteris* et *Aulocopteris*. Le *Sphenophyllum angustifolium* est fréquent et de même le *Poa-Cordaïtes linearis*. Les Sigillaires réapparaissent au toit de la quatrième couche. Les *Calamodendrons* commencent à devenir abondants, tandis que les Cordaïtes diminuent. La houille paraît surtout formée d'*Aulacopteris, Psaroniocaulon* et *Stipitopteris,* entremêlés de *Calamites cruciatus;* Quant au fusain, il provient de *Calamodendrons,* de *Tubiculites* et de *Medullosa*.

Le groupe *supérieur* de la couche des *Rochettes* est caractérisé par un grand nombre d'*Odontopteris Schlotheimii* et *minor;* tandis que l'*Od. Reichiana* du groupe inférieur est devenu rare. Les *Calamodendrons* deviennent abondants. On trouve aussi beaucoup de *Calamites* et d'*Asterophyllites equisetiformis*. On rencontre encore d'assez nombreux échantillons d'*Alethopteris Grandini,* d'*Annularia,* de *Sphenophyllum,* de *Dictyopteris,* de *Pecopteris unita,* de *Callipteridium gigas,* de *Sphenopteris integra* et *leptopteroïdes*.

VI

ÉTAGE HOUILLER SUPÉRIEUR DE SAINT-ÉTIENNE

§ 89. — L'étage houiller supérieur est fort peu étendu à Saint-Étienne. Il forme une simple bande de mille à quinze cents mètres de largeur sur 11 kilomètres de longueur. Cette étroite bande commence, à l'Est, au pied de la colline d'Aveize, vers le village de Terrenoire; se poursuit, à l'Ouest, par la Richelandière, le jardin des plantes et Villebœuf jusqu'au Furens, puis au delà, par le Mont-Ferret et la crête du Deveix, le long de l'ancienne route du Puy, jusqu'au hameau de la Bargette, ou celui des Trois-Ponts près de Firminy. C'est une superficie d'environ 1,350 hectares. La puissance totale du massif houiller est de 200 à 250 mètres. Dans la région, où il est complet, au bois d'Aveize, il comprend 10 ou 12 couches, dont la puissance réunie est de 15 à 20 mètres; mais cette épaisseur diminue rapidement à l'Ouest; à la Chauvetière elle est réduite à 5 ou 6 mètres, et à Montrambert à moins de 3 mètres. A la région riche du bois d'Aveize correspondent des grès et des schistes fins, régulièrement stratifiés; à la partie pauvre de l'Ouest, des grès quartzo-micacés ou des schistes sableux, riches en mica, en un mot, un dépôt *sauvage*. Les bancs micacés se rencontrent déjà dans les puits *Ambroise* et *Pélissier* de Villebœuf; ils se développent, plus encore, au delà du Furens, vers le haut des travaux de la Chauvetière, et surtout dans le tunnel du chemin de fer de Montrambert, sous le village de la Béraudière.

Au pied du bois d'Aveize le groupe de la couche des *Rochettes* est séparé de l'étage supérieur par un massif stérile de 55 mètres, dont 40 mètres se composent de poudingues ou de grès grossier; à ce massif succèdent les trois premières veines de l'étage supérieur; ce sont des couches de $0^m,80$ à 1 mètre, formées de charbon cru et de veinules de schistes, difficilement exploitables. Au-dessus, à faible distance (voir les coupes du bois d'Aveize), vient la couche la plus importante du bois d'Aveize, celle qui est connue sous le nom de *Grande Masse* du bois d'Aveize. Elle a 6 à 7 mètres de puissance et fournit du charbon de bonne qualité. Au toit de cette couche, composée de schistes fins, succède une faible veine d'un mètre, la *Petite Masse*, puis un banc de grès qui conduit à la couche dite du *Bon Menu*, de $2^m,50$ à 4 mètres. Elle fournit, comme son nom l'indique, du charbon tendre, mais pur. Le toit de cette couche se compose de grès fin, entremêlé de schistes; c'est un massif de 20 à 25 mètres, au-dessus duquel vient une nouvelle couche, dite la *Rouillat*, ou *Rouillère*, de 2 à 3 mètres, ainsi nommée à cause des plaquettes de rouille, dont le charbon se trouvait taché, par le fait de travaux antérieurs fort anciens, ou parce que les cendres en sont rougeâtres. C'est du charbon dur assez médiocre.

Enfin, la couche la plus récente du bassin, vers le haut de la colline d'Aveize, est appelée la *Mourinée*, à cause de la consistance friable (*moureuse*) de la houille [1]. C'est une sorte d'amas dont la puissance varie de 3 ou 4 mètres, jusqu'à 10 mètres et plus.

---

1. On appelle, à Saint-Étienne, *moure*, ou charbon *moureux*, une houille qui s'écrase entre les doigts et ne renferme aucune partie dure.

Jusque-là, les roches du bois d'Aveize sont peu micacées. A partir de la couche *Mourinée*, les schistes et grès schisteux du toit se chargent, au contraire, de mica et même çà et là de galets de quartz; c'est la base de l'étage stérile supérieur. On l'a traversé, sur 100 mètres de hauteur, au puits *Bel-Air* du bois d'Aveize. Ce sont des grès schisteux, alternativement verts et roses, entremêlés de quelques bancs de *gratte*. Cet ensemble si riche est réduit à la Chauvetière à 3 ou 4 couches, dont la puissance utile est d'environ 5 mètres. Enfin à Montrambert ces 5 mètres sont eux-mêmes ramenés à une seule veine, quelquefois double, ayant au maximum 2 mètres d'épaisseur; en même temps le massif stérile, qui sépare l'étage moyen de l'étage supérieur, croît dans de fortes proportions, en sorte qu'en réalité l'épaisseur totale de l'étage entier reste toujours à peu près, comme au bois d'Aveize, de 200 à 250 mètres.

Les houilles de l'étage supérieur sont toutes grasses et à longue flamme; celles du bois d'Aveize fournissent d'ailleurs, par la distillation graduée, au delà de 12 pour 100 de goudron, et l'ensemble des matières volatiles atteint souvent 36 et même 38 pour 100. (Voy. dans le tableau des houilles, les n°ˢ 12, 13, 22, 23, 26 et 32.)

La flore de l'étage supérieur renferme en abondance le *Pecopteris Schlotheimii* avec les *Psaronius, Caulopteris* et *Stipitopteris* de formes en partie nouvelles. On peut citer aussi les *Pecopteris rigida* et *rectinervis*, et le *Sphenopteris integra*. Les *Alethopteris Grandini* et *ovata* disparaissent; de même les *Od. Reichiana* et *nevropteroïdes*; tandis que l'*Od. minor* est abondant. Les *Annularia* et *Sphenophyllum* diminuent. Les *Dory-Cordaïtes* sont nombreux. On trouve encore le *Calamites foliosus*. La houille paraît formée surtout de *Psaroniocaulon*, de *Stipitopteris* et de *Cal. cruciatus*.

VII

ÉTAGE STÉRILE SERVANT DE COURONNEMENT AU TERRAIN HOUILLER

§ 90. — Nous venons de dire que le puits *Bel-Air* d'Aveize traversait 100 mètres de terrain quartzo-micacé, vert et rose, avant de rencontrer la couche *Mourinée*. C'est la base de l'étage stérile, couronnant le terrain houiller de la Loire. Mais cet étage est loin d'être complet au bois d'Aveize. Sa puissance totale paraît, pour le moins, atteindre 500 mètres. Ainsi le puits de la *Vogue* de la concession de Villebœuf, au Sud de Saint-Étienne, est arrivé à 512 mètres, sans avoir rencontré l'étage houiller supérieur. Jusqu'à la profondeur de 80 mètres, ce sont des grès tendres argilo-micacés rouges, qui ont tous les caractères du grès rouge (*Permien*) de Saône-et-Loire et de Ronchamp. Au-dessous, 12 mètres de grès blanc plus ou moins micacé, puis 38 mètres de schistes argilo-micacés avec quelques rares veinules charbonneuses ; ensuite, jusqu'à la profondeur de 375 mètres, de nouveaux grès rouges, alternant çà et là, comme au puits *Bel-Air*, avec des bancs verts ou blancs, le tout essentiellement micacé. A partir de là jusqu'au fond du puits, viennent des alternances de schistes, de grès et de poudingues quartzeux, criblés de nombreuses paillettes micacées, auxquelles se mêlent de faibles lits charbonneux. A cette profondeur de 512 mètres l'inclinaison des assises était de 45° ; aussi préféra-t-on, à l'approfondissement ultérieur, le percement d'une galerie à travers bancs, qui fut poussée jusqu'à 320 mètres, vers le Sud-Ouest, du toit ou mur. Dans tout ce trajet on ne quitta pas le même terrain *sauvage*, quartzo-micacé, gris ou vert. Mais, comme la stratification se montra irrégulière et tourmentée, on pourrait, dans cette direction, avoir rencontré la grande faille du Furens, qui traverse du N.-N.-O au S.-S.-E. tout le territoire de la ville de Saint-Étienne.

En tout cas, il est tout au moins positif que l'étage supérieur mesure 500 mètres au minimum, et qu'il est partout formé de bancs argileux, ou quartzo-micacés, de couleur rouge ou verte, avec prédominance du rouge vers le haut. Les poudingues à gros galets quartzeux blancs dessinent, à la surface du sol, des crêtes rocheuses saillantes. On les voit au crêt Saint-Roch au-dessus du jardin des plantes, au mont Ferret près de la Chauvetière, et tout le long de la vieille route du Puy, depuis le Deveix jusqu'à la Bargette. Les bancs rouges sont très apparents, non seulement à Villebœuf et à Patroa, mais encore au-dessus du Chambon, où on les prit même, un instant, pour du minerai de fer en roche. Dans tout ce grand massif de 500 mètres, je ne connais, en dehors des veinules déjà signalées au puits de la *Vogue*, qu'un seul affleurement houiller, celui de $0^m,40$ à $0^m,50$, auprès de la petite chapelle de Valbenoîte, au Sud de Saint-Étienne ; et même cette veine semble plutôt appartenir à la base du massif, ou peut-être au groupe des *Rochettes,* d'après les plantes examinées par M. Grand'Eury. L'essai du charbon figure sous le numéro 13 dans le tableau des houilles. Le charbon est gras et à longue flamme (38 pour 100 de matières volatiles) ; la veine est entremêlée de beaucoup de schistes, par suite non exploitable.

Disons, en terminant, que les deux derniers étages du terrain houiller, celui des couches de houille du bois d'Aveize et surtout le massif stérile qui couronne le bassin, sont caractérisés par de nombreuses traces de *pistes d'annélides,* que les mineurs appellent *grès à tiges.* Ce sont des grès fins micacés, verdâtres ou couleur olive, sillonnés de tiges cylindroïdes, irrégulièrement entrelacées, de $0^m,004$ à $0^m,005$ de diamètre. J'en ai vu au-dessous du puits de Bel-Air, au point culminant du chemin vicinal qui conduit de Saint-Étienne à la forge de Terrenoire, et entre Valbenoîte et la Sainte-Chapelle, sur la route de Rochetaillée. Ces deux points appartiennent à l'étage stérile supérieur ; mais on en trouve également au voisinage des couches les plus élevées de la Chauvetière et de la Béraudière.

Rappelons aussi que les grès supérieurs renferment assez souvent de minces lits, régulièrement stratifiés, de schistes siliceux noirs (*Kieselschie-fer*).

L'étage servant de couronnement au terrain houiller de la Loire comprend une flore spéciale, qui dénote un acheminement évident vers le Permien. M. Grand'Eury indique : la disparition presque complète des *Odontopteris*, des *Alethopteris*, des *Annularia* et *Sphenophyllum*. Par contre, les *Pécopteris cyatheoïdes*, *Schlotheimii*, *Pluckeneti*, *hemiteloïdes*, *rigida*, *crispata*, *inflexa* et *oreopteridia* dominent. De nouveaux *Cordaïtes* apparaissent; ce sont les espèces *C. simplex*, *rarinervis*, *platyrachis*, *suborassifolius* et *palmœ-formis*. Les *Poa-Cordaïtes* sont rares. Parmi les graines, des *Rabdiocarpus subtunicatus* et *Astrocaryoïdes*, des *Carpolithes ovoïdeus*, *Ottonis*, etc. On peut citer encore le *Sphenopteris leptopteroïdes*, le *Nevropteris recentior*, le *Pecopteris Beyrichi*, le *Sphenopteris integra*, le *Sphenophyllum subangustifolium*, le *Sph. Thonii*, etc.

§ 91. — Si maintenant nous récapitulons, avant de passer à la description détaillée des divers districts, les éléments essentiels des puissants étages dont se compose le bassin houiller de la Loire, nous pourrons former, abstraction faite de la brèche de la base, le tableau suivant :

NOMS DES ÉTAGES.	PUISSANCE des étages.	NOMBRE des couches de houille.	ÉPAISSEUR RÉUNIE des couches de houille.
II. Étage de Rive-de-Gier	100 à 120^m	3 à 4	10 à 15
III. Étage stérile entre Saint-Étienne et Rive-de-Gier . . .	500 à 700	»	»
IV. Étage houiller inférieur de Saint-Étienne.	820 à 900	10 à 12	20 à 25
V. Étage houiller moyen de Saint-Étienne.	300 à 350	8 à 9	15 à 25
VI. Étage houiller supérieur de Saint-Étienne	200 à 250	6 à 7	5 à 15
VII. Étage stérile servant de couronnement au terrain houiller.	450 à 500	»	»
Total.	2370 à 2820	27 à 32	50 à 80

Ainsi, en résumé, l'épaisseur totale du dépôt houiller de la Loire est d'environ 3,000 mètres en y comprenant la brèche. Le nombre des couches de houille, de plus d'un mètre de puissance, est de *trente* en moyenne, et la somme des épaisseurs utiles des couches de houille varie, selon les districts, de 50 à 80 mètres. Mais il importe de ne pas oublier que, même au centre du bassin, au Sud de la ville de Saint-Étienne, il n'est guère probable que ces trente couches, comprenant 50 à 80 mètres de houille, soient réellement toutes superposées les unes aux autres, le long d'une même verticale. Il se pourrait que plusieurs d'entre elles fussent partiellement oblitérées en profondeur. En tout cas, au centre du bassin, dans les concessions de Terrenoire, Villebœuf et Beaubrun, on ne peut guère s'attendre à trouver la grande masse de Rive-de-Gier à moins de 2,000 mètres de profondeur. Là où l'étage stérile supérieur est complet, il se pourrait même que l'on eût à descendre jusqu'à 2,500 mètres. Rappelons enfin qu'entre les deux failles limites opposées, le bassin devient d'autant plus étroit que l'on descend à de plus grandes profondeurs.

Paris. — Imp. A. Quantin, 7, rue Saint-Benoît.